国家社科基金项目成果

灾害信息传播研究

徐占品　著

地震出版社

图书在版编目（CIP）数据

灾害信息传播研究 / 徐占品著.—北京：地震出版社，2021.10
ISBN 978-7-5028-5309-9

Ⅰ.①灾…　Ⅱ.①徐…　Ⅲ.①灾害－信息学－传播学
－研究　Ⅳ.①X4-05

中国版本图书馆CIP数据核字（2021）第049861号

地震版　XM4854/X（6046）

灾害信息传播研究
徐占品　著
责任编辑：刘素剑
责任校对：鄂真妮

出版发行：**地震出版社**
　　　　　北京市海淀区民族大学南路9号　　　　邮编：100081
　　　　　发行部：68423031　　　　　　　　　传真：68467991
　　　　　总编办：68462709　68423029
　　　　　编辑室：68467982
　　　　　http://seismologicalpress.com
　　　　　E-mail：dz_press@163.com

经销：全国各地新华书店
印刷：北京广达印刷有限公司

版（印）次：2021年10月第一版　2021年10月第一次印刷
开本：787×1092　1/16
字数：336千字
印张：15
书号：ISBN 978-7-5028-5309-9
定价：58.00元

版权所有　翻印必究
（图书出现印装问题，本社负责调换）

自序

从 2008 年分析主流媒体对南方雨雪冰冻灾害的报道框架算起，不觉已在灾害信息传播这一领域探索 13 年了。

在这 13 年里，国内外不断发生各类自然灾害和安全事故，对人类社会发展产生了深远影响。2008 年我国四川汶川发生 8.0 级特大地震，使 8 万多鲜活生命骤然消逝，上万个家庭永失至爱。2011 年东日本 9.0 级大地震，引发的海啸高达二三十米，超过 1.5 万人死亡或失踪。美国卡特里娜飓风、澳大利亚森林火灾，这些灾害触目惊心，充分显示出人类在大自然的威力面前常常力有不逮。

在这 13 年里，全球媒介格局发生了翻天覆地的变化。以互联网为代表的新媒体迅速勃兴，以信息容量、传播速度、互动体验方面的显著优势逐渐打破了传统媒体对信息传播的控制，建构起新的传播生态。论坛、贴吧、博客、微博、微信、短视频，在媒介发展历程中都正在或曾经闪耀着（过）主角光环。但是，在媒介竞争的角力场上，谁都难以预言未来的媒介技术会催生何样的媒体形态，也并不确定现有的媒介形式谁会率先退场。

在这 13 年里，我国灾害信息传播理念和实践发生了重大变化。党的十八大以来，党中央高度重视应急管理和防灾减灾救灾工作，站在"两个大局"的高度，坚持以人民为中心的发展思想，对灾害事件中信息公开、舆论引导、科学普及、典型宣传、对外传播提出了明确要求，为灾害信息传播提供了根本遵循和行动指南。灾害信息是特殊的传播内容，除具有鲜明的意识形态色彩之外，还具有显著的实用性特征，因其直接影响灾害救助，在有效减轻人民生命财产安全方面发挥着重要作用。

2005 年大学毕业后，笔者来到防灾科技学院工作，先后从事过 11 年学生工作、2 年舆情监测工作、3 年宣传管理工作。其间蒙得领导和同事的支持、帮助，才有机会开展新闻传播教学科研工作。2008 年春节期间，目睹雨雪冰冻灾害对湖南、贵州、广东等地群众生活造成极大不便。同年9月，笔者参加中国地震应急搜救中心组织的科考队到汶川和都江堰实地调研，走访政府部门、工厂、学校、社区，在映秀镇的活动板房里第一次体验了震感。2014年12月，笔者到云南鲁甸6.5级地震震中附近的龙头山镇、包谷垴乡、火德红镇、乐红镇、水磨镇、小寨镇等地实地调研，再一次了解到地震灾区信息传播的真实情况。

此外，笔者亲身经历过日本"3·11"地震海啸之后的抢盐风波，也从媒体上看到过天津港"8·12"特大火灾爆炸事故后新闻发布会的窘状，在朋友圈里详细了解过河北邢台"7·21"暴雨后因信息公开不及时导致舆情井喷的过程。在各类灾害事件之中，真相与谣言赛跑，供给与需求拉锯，信息令人目不暇接，不时出现的反转新闻令人迷离慌恍。社会公众亟需权威媒体发出权威声音，传播事实真相，形成灾害救助合力。

灾害信息传播研究正是在这样的背景下展开的。从一个个观点，到一篇篇文章，逐渐勾勒出一个包括历史、理论和业务在内的知识体系。按照拉斯韦尔的"5W"模式，分别对灾害信息传播者、灾害信息、灾害信息传播媒介、灾害信息传播受众和灾害信息传播效果进行了论述。受前期实地调研的启发，对灾害信息传播机制、灾害信息传播功能进行了阐释，并增加了灾害信息传播案例分析。由于这些研究历时13年，不同时期的思考也不尽相同，难免出现观点、数据、例证的相互抵牾，还请读者批评指正。

在成书过程中，得到了家人的暖心鼓励，得到了中国传媒大学王宇教授和河北广播电视台刘利永高级编辑的鼎力帮助，得到了防灾科技学院郭子辉教授、刘晓岚教授以及迟晓明、樊帆、牛晓龙等老师的大力支持，得到了地震出版社刘素剑编审的悉心指导，在此一并感谢。

本著作得到国家社科基金、河北省社科基金等项目资助。

目 录

第一章 灾害信息传播概说

第一节 研究背景与理论框架

人类与灾害密切相伴，自然灾害既带给人类难以磨灭的伤痛记忆，也在一定程度上促进人类进化和社会发展。火的使用与火灾关系密切；水利工程是人类同洪水灾害持续斗争的产物；喜马拉雅造山运动使我国西部地区隆起，太平洋上的湿润空气在此抬升遇冷形成降雨，避免我国形成同纬度其他国家那样的干旱半干旱气候，从而涵育出璀璨的华夏文明。灾害的另一面则是狰狞不堪，给人类沉重的打击。《明史》记载，嘉靖三十四年（1556年）发生在陕西华县的一次特大地震导致"河、渭大泛，华岳、终南山鸣，河清数日。官吏、军民压死八十三万有奇。"1976年发生的唐山大地震，短短23秒时间夺去了24万人的生命，一座百年工业城市瞬间被夷为废墟。2004年发生的印度洋海啸，造成22.6万人丧生。2008年汶川8.0级特大地震，震中烈度达到Ⅱ度，导致8.6万人遇难或失踪，直接经济损失8452.15亿元，占当年全国GDP的2.65%。《荀子·天论》曰："天行有常，不为尧存，不为桀亡。"灾害是自然现象，不以人的意志为转移，我们无法将其完全消灭，只能选择与其和谐共处。同自然灾害抗争是人类生存发展的永恒课题，要更加自觉地处理好人和自然的关系，正确处理防灾减灾救灾和经济社会发展的关系，不断从抵御各种自然灾害的实践中总结经验。[①]

■ 一、灾害信息传播的研究背景

随着经济的快速发展，社会财富不断积累，灾害造成的损失越来越重，人们对生命财产安全的关注度也越来越高。互联网技术打通了"地球村"的信息隔阂，各类灾害信息在媒介平台上聚集建构的拟态环境加重了社会公众的恐慌心理。在当前的政治语境中，无论是"总体国家安全观"，还是"坚持以人民为中心"的发展思想，都要求大力提高自然灾害防治能力，提升社会公众的防灾减灾救灾意识，这为开展

---

① 新华社. 习近平在河北唐山市考察时强调 落实责任完善体系整合资源统筹力量 全面提高国家综合防灾减灾救灾能力 [N]. 人民日报：2016-7-29（1）.

灾害信息传播理论研究和实践探索提供了宏观背景。

（一）自然灾害严重是我国的基本国情

2016 年 7 月 28 日，在唐山大地震 40 周年之际，习近平总书记赴河北唐山调研考察指出，我国是世界上自然灾害最为严重的国家之一，灾害种类多、分布地域广、发生频率高、造成损失重，这是一个基本国情。[①]

我国幅员辽阔，东西横跨 60 多个经度，南北相差 50 多个纬度，多样化地形造就了旖旎的自然风光，多种多样的气候类型涵养了地域鲜明的中华文化，这也成为我国灾害种类多的重要原因。我国的自然灾害种类包括气象灾害、海洋灾害、洪水灾害、地质灾害、地震灾害、农作物生物灾害、森林生物灾害和森林火灾 8 大类数十小类，人为灾害包括环境和空气污染、安全生产事故、火灾事故和交通事故等。

我国灾害分布地域广。全国所有省份都不同程度受到自然灾害影响，70% 以上的城市和 50% 以上的人口分布在气象、地震、地质、海洋等自然灾害严重地区，60% 以上的国土面积受到洪涝灾害威胁。东、南沿海地区及部分内陆省份经常遭受热带气旋侵袭。东北、西北、华北等地区旱灾频发，西南、华南等地时常发生严重干旱。我国东南沿海、西南、西北、华北和台湾地区地震灾害严重。约占国土面积 69% 的山地和高原区域频繁发生滑坡、泥石流、山体崩塌等地质灾害。

我国灾害发生频率高。以 2018 年为例，中国共发生 4.0 级以上地震 179 次，有 10 个台风在我国登陆，共出现 39 次强降水天气过程，金沙江、雅鲁藏布江相继发生 4 次严重山体滑坡堰塞湖灾害，全国共发生森林火灾 2478 起。如此高频率的灾害事件，对人们生产生活造成了极大影响。

我国灾害损失严重。据应急管理部和民政部统计，我国"十三五"时期各种自然灾害共造成 7.28 亿人次受灾，因灾死亡和失踪 4820 人，造成直接经济损失超过 1.7 万亿元（表 1.1）。

表 1.1　我国"十三五"时期自然灾害损失情况表

年份	受灾人次（亿）	死亡/失踪人数（人）	直接经济损失（亿元）
2016 年	1.9	1706	5032.9
2017 年	1.4	979	3018.7
2018 年	1.3	635	2644.6
2019 年	1.3	909	3270.9
2020 年	1.38	591	3701.5
合计	7.28	4820	17668.6

① 新华社. 习近平在河北唐山市考察时强调 落实责任完善体系整合资源统筹力量 全面提高国家综合防灾减灾救灾能力［N］. 人民日报，2016-7-29（1）.

（二）以习近平同志为核心的党中央高度重视防灾减灾救灾工作

党的十八大以来，习近平总书记从实现"两个一百年"奋斗目标和中华民族伟大复兴中国梦的战略高度，多次就防灾减灾救灾作出重要指示批示，要求坚持以防为主、防抗救相结合，坚持常态减灾和非常态救灾相统一，努力实现从注重灾后救助向注重灾前预防转变，从应对单一灾种向综合减灾转变，从减少灾害损失向减轻灾害风险转变，全面提升全社会抵御自然灾害的综合防范能力。习近平总书记关于防灾减灾救灾的重要论述，深刻回答了我国防灾减灾救灾领域一系列重大理论和实践问题，明确了防灾减灾救灾体制机制改革创新发展的理念、原则和重点，充分体现了以人民为中心的发展思想，彰显了尊重生命、情系民生的人民情怀，是新时代防灾减灾救灾工作的行动指南和根本遵循。

2016年底，党中央、国务院出台《关于推进防灾减灾救灾体制机制改革的意见》（以下简称《意见》），深刻分析我国面临的自然灾害形势，认为防灾减灾救灾体制机制有待完善，灾害信息共享和防灾减灾救灾资源统筹不足，重救灾轻减灾思想还比较普遍，一些地方城市高风险、农村不设防的状况尚未根本改变，社会力量和市场机制作用尚未得到充分发挥，防灾减灾宣传教育不够普及，并明确提出要落实责任、完善体系、整合资源、统筹力量，切实提高防灾减灾救灾工作法治化、规范化、现代化水平，全面提升全社会抵御自然灾害的综合防范能力。[①]《意见》提出了新时期防灾减灾救灾改革的顶层设计，明确了改革的总体要求和具体改革举措。

2018年10月10日，中央财经委员会召开第三次会议，专门研究提高我国自然灾害防治能力和川藏铁路建设。会议上强调，加强自然灾害防治关系国计民生，要建立高效科学的自然灾害防治体系，提高全社会自然灾害防治能力，为保护人民群众生命财产安全和国家安全提供有力保障。会议还就提高自然灾害防治能力部署了"九项重点工程"，为做好灾害防治工作提供了思想和行动的指南。[②]习近平总书记从人类文明发展史的宽广视野，系统阐述了加强自然灾害防治的重大意义、指导思想和原则，明确了自然灾害防治的总目标和重点工程，是指导我国自然灾害防治工作的纲领性文献，充分体现了以人民为中心的发展思想，体现了中国共产党人为人民谋幸福、为民族谋复兴的初心使命，体现了对自然规律、共产党执政规律和人类社会发展规律的科学把握。

---

① 中共中央 国务院.中共中央国务院关于推进防灾减灾救灾体制机制改革的意见［Z］.2016-12-19.
② 新华社.习近平：大力提高我国自然灾害防治能力 全面启动川藏铁路规划建设［N］.人民日报，2018-10-11（1）.

（三）新媒体环境下灾害信息传播呈现新形态

新媒体的出现和快速发展，打破了传统媒体一统天下的局面。互联网的低门槛准入，逐渐改变了受众的信息获取习惯，并进一步形塑了受众的信息需求和思维方式，促使受众形成新的信息消费习惯。信息需求决定信息生产，这种新的消费习惯客观上推动了传统媒体信息传播观念和信息传播方式的转变。此外，在灾害事件语境下，无论是灾前预警，还是灾情传播，抑或是灾害救援和灾后重建，都迫切需要全面、真实的信息，既包括人际传播、群体传播和组织传播中的信息，也包括大众传播中的信息。正是在这种背景之下，大众媒介在信息传播政策允许的范围内大力调整报道方式，最大限度满足受众的知情权和灾害救助的信息需求。灾害信息传播影响到灾情收集 / 发布、灾害救助和灾后重建，提升全社会灾害信息传播能力将有助于营造良好的社会舆论氛围，有效遏制虚假有害信息的传播，切实维护人民生命财产安全与国家意识形态安全。国家层面也高度重视灾害信息传播，《中共中央 国务院关于推进防灾减灾救灾体制机制改革的意见》中明确规定，要建立健全与灾害特征相适应的预警信息发布制度，明确发布流程和责任权限，发挥国家突发事件预警信息发布系统作用，充分利用各类传播渠道，通过多种途径将灾害预警信息发送到户到人，显著提高灾害预警信息发布的准确性和时效性，扩大社会公众覆盖面，有效解决信息发布"最后一公里"问题。完善信息共享机制，实现各种灾害风险隐患、预警、灾情以及救灾工作动态等信息共享，健全重特大自然灾害信息发布和舆情应对机制，完善信息发布制度，拓宽信息发布渠道，确保公众知情权，规范灾害现场应急处置、新闻发布、网络及社会舆情应对等工作流程，完善协同联动机制，加强新闻发言人队伍和常备专家库建设，提高防灾减灾救灾舆情引导能力。[①] 正是基于这种社会需求背景，灾害信息传播现象及其规律越来越受到研究者的重视。

灾害信息传播属于传播学研究的一个分支，是对与灾害事件相关的信息传播系统进行的研究。灾害信息传播实证研究正在成为当前传播学研究的一个热点。邵培仁、杨丽萍对《传播学刊》于 21 世纪第一个 10 年内发表的 332 篇论文进行分析，发现当前的传播学研究中"对于美国'9·11'事件、炭疽病毒、欧洲的疯牛病等突发性、紧急性、高度不确定性、社会影响极大的异常疾病和危机事件的及时关注和跟踪研究，既体现了高度的现实敏感性，也体现了学者强烈的社会责任感"。[②] 可以

---

① 中共中央 国务院 . 中共中央国务院关于推进防灾减灾救灾体制机制改革的意见 [Z] .2016-12-19.
② 邵培仁，杨丽萍 .21 世纪初国际传播学研究的现状与趋势——以 SSCI 收录的《传播学刊》为例 [J] . 杭州师范大学学报：社会科学版，2010（2）.

说，在对突发事件信息传播现象进行研究的基础上，形成一套完整的灾害信息传播理论，对丰富和深化传播学研究具有重要的学术价值。

■ 二、灾害信息传播的研究框架

灾害信息传播研究包括三方面内容，一是理论维度，主要是灾害信息传播要素研究；二是实践维度，主要是灾害信息传播业务和灾害信息传播案例分析；三是历史维度，主要是不同时期的灾害信息传播状况研究。

（一）灾害信息传播理论

拉斯韦尔的"5W 模式"奠定了传播学研究的基本框架，灾害信息传播的理论研究也在这个框架中展开，主要包括：灾害信息传播者研究、灾害信息传播媒介研究、灾害信息传播受众研究、灾害信息研究、灾害信息传播效果研究。

灾害信息传播者研究。在常态的信息传播活动中，媒体传播者凭借扎实的专业知识和媒介组织提供的物质保障，成为灾害信息传播的主导力量。灾害事件具有突发性和难以预测性，这就决定了媒体传播者在灾害事件发生过程中往往"缺席"，很难在第一时间第一现场记录和传递信息。随着影像技术的进步和社会公众媒介素养的提高，业余的公众传播者在灾害信息传播中发挥的作用越来越明显。截至 2020 年 12 月，我国网民规模达到 9.89 亿，互联网普及率为 70.4%，其中网民使用手机上网的比例达 99.7%，这意味着公众传播者已经无处不在。[①] 他们的"在场"有效填补了媒体传播者的"缺席"，利用随身携带的手机、Ipad、相机等设备记录灾害发生的瞬间，利用微博、微信、网络论坛等社交平台传播信息。2001 年美国"9·11"事件、2004 年印度洋海啸、2008 年汶川 8.0 级地震和 2011 年东日本 9.0 级地震，都是公众传播者记录了灾害的发生过程，为受众了解灾害事件和灾害学研究提供了重要的第一手资料。完整有效的灾害信息传播过程，需要各类传播者之间的紧密合作。灾害突发时，需要公众传播者迅速捕捉第一现场的信息；灾害发生后，媒体传播者和政府传播者要充分发挥自身优势，接手信息传播的主动权，按照传播规律和新闻政策的要求传播信息、反映和引导舆论。

灾害信息传播媒介研究。重大自然灾害事件往往造成电力、交通、通信中断，从而阻碍灾害信息传播，进一步激发公众信息需求与媒介传播能力之间的矛盾。无论是纸质媒介还是广播电视等电子媒介，抑或是互联网媒介，在灾害事件这一特殊

---

① 中国互联网络信息中心.第 47 次《中国互联网络发展状况统计报告》［EB/OL］. http://www.cnnic.net.cn/hlwfzyj/hlwxzbg/hlwtjbg/202102/t20210203_71361.htm

语境中，所用的传播行为都呈现出新的特点。时效性是纸质媒介的"阿喀琉斯之踵"，但是新闻评论和深度报道可以助力其在灾害信息传播中占据一席之地。广播媒介凭借较低的物质依赖性在灾区信息传播中发挥着生命线作用，[①] 指导灾区公众开展自救互救，成为灾区公众获取外界信息和开展人际传播的重要信息来源。电视媒介以多种节目形式介入灾害信息传播，但是也存在过度报道、煽情报道等问题，如何把声、光、画综合传播手段转化为灾害信息传播的效能是摆在电视媒介研究者面前的重要课题。互联网、物联网时代，网联一切，移动产品将传播者、受众、媒介和信息紧密联系在一切，互动性、碎片化、多元化等特点在满足受众信息需求的同时也带来了纷繁复杂、谣言多发等问题。

灾害信息传播受众研究。按照所处区域的不同，可以将灾害信息传播受众分为灾区受众和外围受众。灾区受众是灾害事件的直接目击者和受害者，他们往往遭受财产损失和心理创伤，对灾害信息的需求迥异于外围受众。灾区受众的信息需求相对单一，往往只关注与灾害紧密相关的信息。受到恐慌情绪的影响，灾区受众在信息接收方式上常常缺乏理性，要求针对灾区的信息传播更加浅显易懂，避免产生歧义。正是因为灾害信息需求的不同和理解方式的差异，这就要求必须针对灾区受众和外围受众进行差异化传播，保证灾害信息传播效果的最大化。

灾害信息研究。灾害信息是指与灾害事件相关的信息，既包括大众传媒传播的信息，也包括人内传播、人际传播、群体传播和组织传播中与灾害相关的信息。灾害信息具有重要性特征，灾害事件往往对人类社会造成较大影响，其传播常常影响着社会安全稳定和意识形态安全。灾害信息具有敏感性，一旦传播不当，就可能影响灾害救助顺利开展，甚至引发次生灾害。灾害信息具有强时效性，任何不及时传播灾害信息的行为都违背了受众的知情权，甚至触犯了相关法律法规。对灾害事件中的谣言研究也是灾害信息的重要内容。近年来，灾害事件频繁发生，社会公众更加关注安全问题，灾害信息需求和供给之间的矛盾，导致新媒体成为谣言传播的"温床"。

灾害信息传播效果研究。灾害信息传播要充分考虑社会效益，将新闻政策和市场需求紧密结合起来，把社会效益放在首位。中华人民共和国成立以来，学界和业界围绕灾害信息的管控和公开产生过争论。严格管控虽然可以在引导社会舆论方面发挥积极作用，但是在一定程度上也容易忽略受众的知情权。媒体竞争的加剧和公

---

① 郭子辉，徐占品，郗蒙浩.广播媒介在灾害救助中的积极作用——基于汶川等十县市的调查结果 [J].防灾科技学院学报，2009（1）：102-105.

众素养的提升，对灾害信息传播提出了更高要求。衡量灾害信息传播效果要充分考虑灾害救助需要、受众知情权、社会舆论和防灾减灾救灾科普宣传四个方面。实现灾害信息传播效果的最大化，需要政府、媒体和社会公众的共同努力。政府层面要以习近平新时代中国特色社会主义思想为指引，坚持以人民为中心，完善灾害信息传播机制；媒体方面，要坚持马克思主义新闻观，大力推进媒介融合，形成传播合力，正确引导社会舆论；受众层面，要积极参与灾害信息传播，开展有效的信息监督，及时反馈信息传播中存在的问题。[①]

（二）灾害信息传播业务

灾害信息传播业务主要包括灾害信息生产、发布、反馈等环节的运行，灾害舆情的监测、研判和应对，以及灾害信息传播实践批评。

灾害信息传播机制研究。灾害信息形式多种多样，生产主体也不尽相同，无论是新闻信息、科普信息还是个人化信息，其生产活动都会经历灾害感知、价值确认、体式/渠道选择和符号化呈现等环节。灾害信息生产是一个主观过程，不可避免会出现时效性、真实性、客观性等方面的偏差。灾害信息发布是将灾害信息产品经由灾害信息传播媒介传递给灾害信息受众的过程，是灾害信息传播三个环节中最为关键的一个环节，既是生产环节的出口，也是反馈环节的基础。科学的信息发布可以极大避免灾害信息对社会造成的负面影响，甚至会凝聚起磅礴的社会力量投入灾害救助和灾后重建。灾害信息反馈具有向灾害管理和灾后救援组织提供信息的功能，对灾情调查、精准救助、灾区稳定具有重要作用，主要有技术反馈、主动反馈和被动反馈三种形式，加强对反馈内容的利用，通过反馈之再反馈来引导社会舆论，是灾害信息传播的重要作用。

灾害舆情研究。新媒体时代，网络成为社会舆论的集聚地，尤其是灾害事件中，各类人员集中发声，既表诉求又带节奏。为了满足公众的信息需求，及时回应社会关切，切实维护意识形态安全，开展灾害舆情监测成为重要的信息手段。灾害舆情监测要在大数据的基础上考虑监测范围、监测手段、监测平台。监测到的海量信息需要充分结合灾种的不同进行分析研判，地震地质等突发性灾害和洪涝干旱等缓发性灾害的舆情特征具有明显区别，根据数据和文本来客观分析舆情走势并科学研判舆情趋势，意义重大。灾害舆情应对要更加强调时效、态度和行为，掌握灾害事件的定义权，防止各种谣言滋生蔓延，并以灾害救助信息主导灾后信息传播，聚焦公众关注点，营造良好的舆论氛围。

---

① 郭子辉，刘晓岚，刘伟.论自然灾害事件的信息发布策略［J］.新闻爱好者，2010（13）：12-13.

灾害信息案例研究。每一次灾害事件发生之后，都有人对这次灾害事件中的信息传播活动进行专门研究。这种以案例形式开展的研究并未完全停留在就事论事的单纯媒介批评的层面，对灾害信息传播的未来走向提出过很多很好的建议。例如2003年非典事件中，新闻理论界对新闻媒体在非典初期的"失语"现象进行了批评，有效督促了新闻媒体对灾害事件的及时介入；2008年雨雪冰冻灾害的报道也被社会公众所诟病，但紧随其后的汶川地震新闻报道有效弥合了新闻报道的矛盾，成为新时期灾害信息传播的典范。随着网络资源共享的发展，资料的搜集整理工作也变得更简单，便于研究者更大限度收集灾害事件的报道内容，从而开展案例研究。

（三）灾害信息传播历史

灾害信息传播历史与人类的历史一样源远流长。人类诞生之前的自然界，就存在着生物群体和自然现象之间的博弈。人类在诞生之前就已经介入到这种关系之中，诸如地震、火灾、洪水等自然现象已经对它们的生活造成影响，只是当他们进化成"人类"之后，这些自然现象才被称为"灾害"。按照传播手段的不同，可以将灾害信息传播历史分为原始传播时代、传统大众媒介时代和新媒体时代。

原始传播时代的灾害信息传播是人类生存的需要。人类从诞生以来，就面临着大自然的种种考验，必须群居才能够增强抵御外部危险的能力。群居的特征决定了信息交流的必然性，这种信息传播的主要内容就是灾害信息。灾害信息传播是原始传播时代社会进步和文明发展的推动力量。人类在与大自然打交道的过程中，不断探索新的方法以应对外部环境的变化，为了营造安全舒适的生存环境，需要掌握正确的方法以应对灾害事件。受到时代认知和媒介技术的限制，这一阶段的灾害信息传播受到明显的时空限制并带有较强的主观性。

传统大众媒介时代是指从现代报纸的诞生直到新媒体出现的一段历史时期。在这个阶段中，现代报刊、广播、电视等媒介诞生并逐渐成为人们获得信息的重要渠道。这个阶段新闻媒体构建了"灾害—救灾—重建"的灾害报道模式，对灾害信息传播进行干预，重灾害报道轻宣传事实。这一阶段形成的灾害信息传播惯性思维，对此后的灾害信息传播实践产生了消极影响。

新媒体时代是相对于原始传播时代和传统大众传播时代而言的。由于各国新媒体应用技术普及时间不同，这一传播时代的起点也不一样，但是开启新媒体时代的共同标志都是互联网技术的兴起和普及。以互联网和手机为载体的新媒体技术的广泛应用，推动了媒体本位向受众本位的转变，标志着新媒体时代的到来。新媒体时代的灾害信息传播呈现出新的特点，主流媒体的议程设置与草根媒体的反议程设置并存，自媒体在信息发布、灾害救助与舆论监督中发挥了重要作用，传统媒体与新媒体之间的互动和融合不断加强，在此背景之下，政府组织的灾害信息传播能力和危机控制能力也得到了显著增强。

第二节 灾害信息传播概念

对灾害信息传播进行专门研究，首先要解决灾害信息传播概念问题。灾害信息传播是一个新的学术增长点，属于自然科学与社会科学的交叉领域，只能从"传播"这一概念入手来探寻灾害信息传播的内涵和外延。

一、传播的概念

传播学研究已经走过百年历程，传播学家一直试图明确传播这一概念的全部内涵和外延。但是直到今天，有关传播的定义仍是争执不休、莫衷一是。1976年，美国传播学者丹斯在《人类传播功能》一书中对传播的定义做过统计，发现有126个各不相同的定义。其中具有代表性的定义大概分为五类：

第一，共享说。亚历山大·戈德将传播定义为"就是使原为一个人或数人所有的化为两个或更多人所共有的过程"。威尔伯·施拉姆则将传播定义为"即是对一组告知性符号采取同一意向"，这个定义强调了传播者和受传者对符号的共有性和共享性，但是没有明确指出传受双方要分享的是其意义而并非符号。因为，同一个符号对传受双方可能有完全不同的含义。诚如徐佳士所称，传播"乃是设法建立共同性，也就是设法共同享有一则消息、一个观念，或者一个态度。"但是，在一些特定社会条件下，共享信息也是很难做到的。

第二，影响说。霍夫兰、贾尼斯和凯利的定义为"传播是指某个人（传播者）传递刺激（通常是语言的）以影响另一些人（接受者）行为的过程"。奥斯古德等人认为"传播就是一个系统（信源），通过操纵可选择的符号去影响另一个系统（信宿）。"沃伦·韦弗说"传播是一个心灵影响另一个心灵的全部程序。"这些定义都强调了传播者传递信息的目的性和影响性，尤其重视传播者通过信息的传递对受众所产生的影响。这一类定义具有鲜明的功利性，忽视了人类传播活动中还有一些信息并没有明显的传播意图，比如人际传播中的"打招呼"等。

第三，反应说。这类定义吸收了心理学中"刺激－反应论"的观点，其含义极为广泛和模糊。史蒂文斯的定义是"传播是一个集体对于某种刺激的各不相同的反应"。理兹的看法是"一个来源透过对信息的传达，能使接受者引起反应的过程"。定义在强调传播的广泛性和受者反应的必然性的同时，抛弃了传播的社会性和受者的能动性，甚至混淆了人类传播与动物传播、传播学与心理学/生物学之间的界限与区别，使传播学成了一门无所不包的百科全书。

第四，互动说。G.格伯纳认为传播是"通过信息进行的社会的相互作用"。瓦茨罗维克等人也认为"在互动的情境中，有信息价值的所有活动都是传播"。这些定义借用社会学术语，强调了传播者与受众之间通过信息传播相互作用、相互影响的双向性和互动性。但是，人类传播毕竟不是简单意义上一来一往的信息互动，而是一种复杂的、多向的、有目的和需求的信息交流与沟通。同时，随着信息传播的持续进行，每个参与交流的人所拥有的信息非但不会减少，也不限于对等交换，而且会一起增加、共同积累。

第五，过程说。希伯特认为"传播的确可视为一个过程，过程就是一系列的活动及运行永远向着一个特定的目标在行动。传播不是一个被时间和空间所固定的静止的实体。传播是一个恒动过程，用以运送意义，传递社会价值，并分享经验。"彼得等人在《媒介：美国大众传播解析》一书中的看法与此相近："大众传播就是通过某种媒介向许多人传递信息、思想和观念的过程。"德弗勒和丹尼斯在《大众传播通论》一书中的定义更全面些："大众传播是一个过程，在这个过程中，职业传播者利用机械媒介广泛、迅速、连续不断地发出信息，目的是使人数众多、成分复杂的受众分享传播者要表达的含义，并试图以各种方式影响他们。"定义强调了信息由传播者经媒介流向受传者这一过程的完整性和连续性，它要求传播有始有终，而且传播的效果最终能够显示出来。如果传播缺乏基本要素或者传播中断、阻塞，就不能构成传播的过程和发挥特有的功能。这似乎是一种渐趋成熟的定义。它既标明了信息传播的轨迹，也指定了传播研究的要素，已被不少中国传播学者所采用和接受，但它仍有模糊、宽泛和难以把握的缺陷。

上述几类定义，我们指出了各自的不足和缺点，也许稍显苛刻。由于任何定义都具有突出和遮蔽的双重作用，即它必然只限于有选择地强调和突出传播的某些方面，同时又回避和遮蔽了传播的其他方面，而不可能全面详尽地指称和列举它的具体情境和所有义项，从而使得任何高明的定义都带有局限性。可见，要想给传播下一个统一的、科学的定义，是十分困难的。但是，我们对上述定义进行拆解，发现几乎所有的定义都集中在这样几个元素之上：

首先，传播是人类社会所特有的、普遍存在的信息交流沟通现象。尽管自然科学中也存在大量所谓"传播"现象，但传播学所研究的对象则被严格限制在人类社会领域之中。其实，人类社会中的传播现象比自然界的传播复杂得多，因为人类传播的传受双方都是活生生的人，都有自己的思想和情感，对外界环境的认知各不相同、瞬息万变。

其次，任何传播活动都必须具有传播者和受传者的存在，二者缺一不可。口头传播时代的传播活动，由于信息符号的时空限制，要求传播者和受传者必须处于共同的时空环境之中，这也制约了传播效果在更大范围内实现。随着文字的出现，传受双方开始逐渐脱离时空限制，传播效果明显改善。电子媒介出现以后，传受双方彻底脱离了时空限制，传播内容得以快速大量复制，传播效果显著增强。传播者是传播活动的开端，是将事实转变为可以传播的信息符号的中介，充当着"把关人"的角色，到达受传者的信息，往往带有浓重的传播者的主观色彩。受传者在整个传播过程中并不是传播的终点和末端，受传者可以对信息进行反馈，从而实现对传播活动效度的检测。

再次，信息是传播过程中不可缺少的要素。参与传播的双方都希望在传播活动中进行良性的信息交换，信息是传播得以正常进行的基础和材料。传播行为得以产生的前提是传受双方信息差的存在，传播总是从信息量大的一方流向信息量小的一方，如果在信息传播活动中，传受双方达到了信息平衡，即二者的信息差为零，传播活动就会中止。

最后，信息的传播是借助于一整套信息符号和传播媒介而得以开展的。事实作为信息的本源，并不具有延展性和传播性，人们通过自身感受自然界和人类社会发生的各种变化是一个输入的过程，而要将这些感知输出，传播者必须对这一客观事实进行编码，这就需要存在一套完整的信息符号系统。编码之后的信息是以符号形式出现的，由于符号具有承载性和复制性，这就使信息符号进入传播过程之中并到达受传者。信息符号只有被受传者解码并接受，这一单向的传播过程才算完成。信息从传播者到达受传者的过程，离不开媒介参与，作为技术手段的传播媒介的发达程度直接影响社会传播的速度、范围和效率。

▌二、灾害信息传播的概念

研究灾害信息传播，就要先明确灾害信息传播的概念，才能增强研究的针对性，也才能明确我们的研究范围。对灾害信息传播进行定义，和对传播进行定义一样困难。到底什么是灾害信息传播呢？我们认为：所谓灾害信息传播，即灾害信息的传递以及灾害信息传递过程中各要素的总和。

不同于常态的信息传播，灾害信息传播具有明确的内容限制，也就是说传播的内容必须是与灾害相关的信息，这里既包括对灾害事件的直接表述，也包括由灾害衍生而来的所有信息。比如在一场重大灾害中，信息传播除了直接涉及灾害的发生、救助、损失、重建等内容，还涉及社会公众在灾害事件中的反应、受众的心理状态、灾害谣言等信息，这些都统统归为灾害信息传播的研究范畴。[①]

灾害信息传递是一个动态的过程，它包括"事实—编码—传播—解码—反馈"这样一套循环的线路。在这一动态过程中，任何一个环节都直接影响信息传播的速度和效度。要想强化灾害信息的传播效果，确保灾害信息传播发挥正向的积极作用，既能为灾害救助提供帮助，又能满足社会受众的知情权，并在灾害事件中建构良好的社会秩序，就要保证传播全过程中每一个环节的正常运转。

灾害信息传播还包括信息传递过程中的各个静态要素，包括传播者、受传者、信息、媒介、传播环境，这些要素在灾害事件中常常呈现出非常态特点。专业传播者在灾害事件的第一现场中往往缺席，公众传播者则弥补了这一缺憾。受众在灾害信息传播活动中的反馈往往不是简单的信息，而是具体的行为，灾区受众和外围受众因为所处地域的不同而对灾害信息的需求明显不同。媒介抗灾害能力的不同导致了其在灾害信息传播中发挥作用的差别很大，比如广播作为灾害救助生命线媒介的地位就需要被明确。此外，灾害信息传播的外部环境也具有特殊性，灾害事件常常成为影响社会稳定的导火索，一旦处置不当，就会产生消极影响，中国古代历史上的农民起义往往与灾害事件密切相关。这就要求灾害信息传播必须坚持党性原则，坚持"团结稳定鼓劲，正面宣传为主"的方针，把维护社会稳定和意识形态安全放在满足受众知情权同样的地位甚至更高的地位。[②]

三、需要注意的几个问题

灾害信息是人类生产生活中最为重要的信息内容之一，这是由灾害事件的特征决定的。这类信息是人们了解灾害事实、采取避灾举措、进行灾害救助的重要渠道，这是灾害信息传播的价值和意义所在。

在灾害信息传播概念中，我们需要注意以下几个问题：

首先，灾害信息传播是以灾害为前提的。所谓灾害，是对能够给人类和人类赖以生存的环境造成破坏性影响的事物总称。破坏性是衡量一个事件是否属于灾害的重要指标，同样是地震，如果发生在人类生活的陆地上，我们称其为灾害，但是

① 徐占品，李华，邹弯，等.在探索中发展：《新闻联播》灾害事件报道的嬗变 [J].防灾科技学院学报，2008（3）：104-107.

② 徐占品.论灾害信息传播的背景、维度与价值 [J].新闻爱好者，2012（7）：34-35.

如果发生在没有人类活动的地区，且不对人类生活产生任何影响，就只是一种自然现象。因此，灾害信息传播必须满足灾害事件已然发生或者将要发生这一条件。灾害信息传播还具有一定的时效性，即纳入灾害信息传播研究视野的一定是那些灾害事件带来的消极影响尚未终结，也就是说，灾害信息传播不同于灾害史研究，它所关注的是正在发生的事实，而非已经结束的事实。没有灾害就没有灾害信息传播，灾害是第一位的，灾害信息传播是第二位的，灾害的发生决定了灾害信息传播的开展，灾害信息传播则会影响灾害救助、灾后重建等问题。灾害的发生具有客观性，是不以人的意志为转移的，灾害信息传播应该遵循这一规律。

其次，灾害信息传播既要遵循新闻传播的客观规律，更要注重社会效果，必须在新闻传播规律的框架下进行，新闻传播相关法律法规和方针政策也同样适用于灾害信息传播。2008年汶川地震发生后，国内媒体及时全面报道，成为灾害信息传播的一座里程碑。但在灾害信息传播过程中，也要进行新闻选择。灾害事件往往造成重大生命财产损失，有些场面甚至惨不忍睹，如果媒介不加选择地全景呈现，不去考虑受众的接受程度和社会秩序，就有可能产生消极的社会影响。

其三，灾害信息传播是一个历史概念，这一概念的外延随着媒介的发展而不断丰富，不仅包括更新换代的媒体形式，还包括各类媒介之间的融合趋势。原始传播时代的灾害信息传播手段单一，传播环境简单，信息传播具有较强的客观性和实用性，但是传播范围小，信息时效性得不到保障，口耳相传过程中容易出现信息变异，这就是早期人类灾害神话出现的重要原因。随着文字的出现，信息传播就摆脱了时间的限制，造纸技术的出现使得信息的传递摆脱了空间的限制，印刷术的广泛应用使得灾害信息可以被大量复制，强化了信息传播效果。在此情形之下，灾害信息传播对外部环境的敏感性越来越强，影响到传播效果的因素也越来越多，尤其是新媒体技术的广泛应用，灾害信息传播的开放性和自由性大幅提升，进一步扩展了灾害信息传播的要素。

第三节　研究方法和研究意义

灾害事件的破坏性和异动性使其具有较大的新闻价值。在媒介竞争日趋激烈的今天，快速全面的灾害信息传播成为各类媒介极力追求的目标，灾害信息传播也是

检验媒体运行的重要标准。近年来，灾害频繁发生，灾害信息传播理论和实践越来越受到学界和业界的重视。

一、灾害信息传播研究方法

传播学在发展过程中，由于学者们的方法论和学术立场不同，形成了各种各样的流派，其中影响最大的两个学派是经验学派和批判学派。

经验学派主张从经验事实出发，运用经验性方法研究传播现象。经验性方法是一种运用可观察、可测定、可量化的经验材料来对社会现象或社会行为进行实证考察的方法，反对从观念到观念地对社会现象做纯主观抽象的说明，强调切实可靠的经验材料或客观数据的重要性，主张从环境或外部条件的变量出发来揭示社会现象和社会行为的原因和客观规律，在现代社会科学中有着广泛的应用。经验学派的成果累积是丰富的，20 世纪 20 年代的培恩基金会关于电影对少年儿童影响的研究开创了以经验调查方式考察大众传播效果的先河，此后的"火星人入侵地球"广播引起的恐慌研究、"伊里调查"、"创新—扩散"传播过程研究、"耶鲁项目"、"里维尔项目"、"议程设置"研究等，都具有里程碑式意义。[①]

批判学派是在社会科学的法兰克福学派的影响下，以欧洲学者为主形成和发展起来的学派，无论在方法论还是在学术立场上都与经验学派有着很大的区别，在社会观和传播观上存在着根本的对立和分歧。在批判学派形成的过程中，由于学者们研究的对象课题、分析问题的角度和方法的差异，也形成了各种各样的流派，包括以英国累斯特大学大众传播研究中心的默多克和多尔丁为代表的政治经济学派、以英国伯明翰大学现代文化研究所的霍尔和莫利等人为代表的文化研究学派（即"伯明翰学派"）、以意大利共产党创始人葛兰西为代表的意识形态"霸权"理论、德国哲学家和社会学家哈贝马斯的批判理论等。

传播学研究越来越重视对经验学派和批判学派的研究方法进行综合，不再局限于一种方法或一派方法，而是根据研究需要进行合理使用。在灾害信息传播研究中，经常会用到以下几种。

（一）定量研究与定性研究相结合

定量研究和定性研究都属于社会学方法。定量研究是指运用现代数学方法对有关的数据资料进行加工处理，统计数据，建立反映有关变量之间规律性联系的各类预测模型，并用数学模型计算出研究对象的各项指标及其数值的一种方法。定性研究主

---

① 郭庆光.传播学概论［M］.北京：中国人民大学出版社，1999：266-270.

要是由熟悉情况和业务的专家根据个人的直觉、经验，凭研究对象过去和现在的延续状况及最新的信息资料，对研究对象的性质、特点、发展变化规律作出判断的一种方法。一般认定，定量研究是定性研究的基本前提，定性研究是定量研究的进一步深化。

　　在灾害信息传播研究中，既需要利用经验学派的调查和统计等方法了解"如何"传播，也要通过批判学派的质疑和思辨来考察"谁"在传播，"为何"传播。针对特定灾害事件，往往需要选取具体的媒介平台进行内容分析，分析该平台上灾害事件的曝光率，还需要统计信息的数量、位置、长度；如果是纸质媒介，就考察灾害信息在全部内容中所占比例，这些内容的刊载位置；如果是广播电视媒介，除了考察位置、数量之外，还要考察信息时长及其比例。这些都无法通过定性研究实现，只用运用数学统计方法，量化统计结果，才更具有科学性。但是人文学科的研究毕竟不能完全靠数字说话，定性的描述也必不可少，只有对量化研究的结果进行判断，才能深刻了解特定社会制度和传播体制下的灾害信息传播本质，才能立足于现行传播体制之外，分析其矛盾，解剖其弊端，从而认清传播现实中存在的不合理一面而最终弃绝之、改变之。[①] 只有将定量分析与定性研究相结合，才能将灾害信息传播研究引向深入、指导实践。

（二）田野调查法

　　田野调查又叫实地调查或现场研究。科学的人类学田野调查方法，是由英国功能学派的代表人物马林诺夫斯基奠定的，我国在这方面研究卓有成绩的是著名社会学家费孝通先生。田野调查最重要的研究手段之一就是参与观察。它要求调查者要与被调查对象共同生活一段时间，从中观察、了解和认识他们的社会与文化。在灾害信息传播研究之中，田野调查是一个非常重要的研究方法。任何缺乏调查的学术猜测都带有很大的不确定性，一些看似微小的数据或观点的差错，往往导致研究结果与真理大相径庭。

　　灾害事件发生之后，人内传播、人际传播、群体传播、组织传播、大众传播等各种类型的传播形式同步运行。收集大众传播中的灾害信息不受空间和时间限制，但是群体传播和人际传播系统中的信息无法摆脱时空限制，需要通过田野调查才能更加深入全面地了解其存在状态和传播效果。

　　汶川地震发生后，中国地震局组成科考小组深入四川、甘肃、陕西三省的十个县市，就灾后的社会救助和灾害信息传播等问题进行了实地调查。[②] 在调查中，通过与灾区公众同吃同住，询问和体验灾害信息传播的全过程，匡正了之前对灾害信

　　① 李彬.传播学引论（增补版）[M].北京：新华出版社，2003：313-314.
　　② 郭子辉，徐占品，郗蒙浩.试析广播媒介在灾害救助中的积极作用——基于汶川等十县市的调查结果 [J].防灾科技学院学报，2009（1）：102-105.

息传播的许多错误认识，收获颇多。同样的，在 2014 年云南鲁甸地震之后，我们去震中地区开展田野调查，再一次纠正了一些错误认识，可见，灾害信息传播实践受到不同地域经济、文化、社会结构的影响，具有较大差异，必须开展深入的实地调查，才能准确掌握灾害信息传播的运行规律。

（三）个案研究法

个案研究法就是案例研究法，是通过对个案的深入分析以解决有关问题的研究方法。具体来说，是以一个人或多个人组成的团体为研究对象，检验某一对象的多方面特征，研究某一特定对象或案例在一定时期内的全部情况。

灾害事件是非常态的，灾害信息传播也具有明显的非常态特征。以灾害事件为核心形成一个灾害信息传播场，这种传播现象有利于开展个案研究。以具体的灾害事件为个案，对某一媒体或各类媒体的信息传播资料进行收集和梳理，厘清灾害全过程的信息传播脉络，从而从宏观视角对灾害信息传播实践进行考察。2008 年南方雨雪冰冻灾害和汶川地震都是具有代表性的灾害信息传播案例，我们以《新闻联播》为研究对象，通过量化方法研究权威主流媒体涉灾新闻报道的时效性、全面性和客观性，据此分析出现这种现象的原因，并对现有的灾害信息传播机制提出批评及改进建议。灾害信息传播领域的个案研究不是针对具体的受众，而是针对具体的媒介平台对灾害事件的报道，从而以小见大，管窥灾害信息传播的全貌。

二、灾害信息传播的研究意义

国际国内灾害事件频发，人们出于对自身安全的考虑，对灾害事件格外关注。灾害信息传播一旦失控，极易引发社会恐慌，不利于灾害救助的开展，甚至酿成社会危机。开展灾害信息传播研究，具有重要的理论意义和实践价值。

（一）扩展和细化了传播学研究范围，实现传播学和灾害学之间的交叉研究

传播学萌芽于 20 世纪 20 年代，至今发展近百年。在这一个世纪的时间里，传播学获得了应有的学科地位，并对其他学科的发展产生了指导和借鉴意义，正在逐渐成为一门"显学"。

随着理论研究的深入广泛开展，传播学与其他学科的交叉研究逐渐进入研究者的视野，包括政治学与传播学、新闻学与传播学、民俗文化学与传播学、经济学与传播学、管理学与传播学、教育学与传播学、社会学与传播学、体育科学与传播学、文学与传播学等之间的交叉研究，几乎所有人文社会科学的研究领域都可以找到与传播学之间的交叉。近年来，政治传播学、健康传播学、气候传播学、乡村传播学、影视传播学、艺术传播学、教育传播学、体育传播学等方面都取得了丰硕的

成果，为传播学的发展作出了贡献。灾害信息传播学是灾害学与传播学的交叉研究，重点考察灾害事件中的信息传播现象，是对传播学研究的进一步细化和扩展，为传播学理论谱系增加了新的成员。

（二）探索灾害信息传播规律，为灾害救助提供帮助

灾害事件发生后，灾害救助成为了政府组织的行为目标，也成为了大众传播媒介新闻报道的重要方向，同时也是广大受众最为关注的新闻内容。灾区内部、灾区与外部的信息畅通与否，直接决定了灾害救助能否顺利开展。

灾害事件中的信息传播不同于常态的信息传播，具有自身的规律：不同类型的传播者在灾害事件的不同阶段发挥不同的作用；灾害信息传播受众要按照与灾区范围的远近来进行划分；灾害信息本身具有的破坏性甚至超乎想象；常态的媒介选择习惯在灾害事件中有可能完全失灵；灾害信息传播效果首先要有利于灾害救助的顺利开展；在灾害信息生产—发布—传播—反馈过程中，反馈具有灾情收集和舆情收集的双重功能，反馈之反馈则成为灾害事件中舆论引导的重要形式。

在承认灾害信息传播具有特殊规律的前提下，去探索和认识这些规律，才能真正服务于灾害救助和维护意识形态安全。

（三）有利于提升全社会民众在灾害频发背景下的媒介素养

灾害事件具有敏感性，在信息传播过程中稍有不当，就有可能产生消极的社会影响，甚至引发恶性社会事件。随着大众传播媒介的发展，灾害事件与大众传媒之间的关系更加密切，这种关系不只表现为媒介成为传播灾害信息的通道，还表现为大众媒介成为保障灾害救助及时、高效开展的重要条件。

新媒体信息发布的随意性较强，缺乏必要的信息"把关"过程，新媒体呈现给受众的是不确定的碎片化信息，容易诱导受众形成错误认知，为公众利用媒介获取/传播真实有效的信息带来了困难。对灾害信息传播的各要素和全过程进行研究，有利于指导灾害频发背景下社会公众的媒介素养教育，指导社会公众正确利用媒介获得信息，理解媒介在防灾减灾救灾中的重要作用，形成良好的媒介使用习惯，掌握灾害事件中借助媒体进行灾害救助的方法，满足灾害事件背景下的公众需求。

第二章　灾害信息传播简史

第一节　原始传播时代的灾害信息传播

原始传播时代就是指大众传播媒介产生之前的一个漫长的历史时期。在这个长达数百万年的历史阶段中，人类为了生存和发展的需要，对信息传播进行了有益的探索并取得了丰硕的成果，固定的行为符号、语言符号、图画（片）符号、文字符号的产生成为信息传播史上的一个个里程碑，直到今天，行为、语言、图画（片）和文字仍然是人类传递信息的主要载体。当信息传播符号的形式确定下来以后，人类就开始探索如何最大限度地利用这些符号，在这种目的性的驱使下，竹（木）简的使用、毛笔的出现、造纸术的发明、印刷术的发展，一次次改写着人类信息传播的历史，使得信息传播沿着时间纵轴和地域横轴无限延伸和扩展。

■ 一、原始传播时代灾害信息传播的意义

灾害信息传播是原始传播时代人类生存的需要。人类从诞生以来，就面临着大自然的种种考验，必须群居才能够增强抵御外部危险的能力。群居的特征决定了信息交流的必然性，这种信息传播的主要内容就是灾害信息。个人在各种灾害面前显得微不足道。但是，当时的人类尚无法认识灾害的发生规律，对他们来说，灾害时时处处都可能发生，个体无法抵御灾害，为了生命安全只能依靠群体的力量，这就需要进行灾害信息传播来沟通群体以共同抵御灾害。

灾害信息传播是原始传播时代社会进步和科技发展的推动力量。人类在与大自然打交道的过程中，不断探索新的方法以应对外部环境的变化，为了营造安全舒适的生存环境，需要掌握正确的方法以应对灾害事件。东汉时期，我国地震灾害多发。据《后汉书·五行志》记载，自和帝永元四年（公元 92 年）到安帝延光四年（公元 125 年）的三十多年间，共发生了 26 次大地震。地震波及区域有时达到几十个郡，地裂山崩、江河泛滥、房屋倒塌，造成了巨大的损失。地震殃及的郡县和信息传播到的郡县，民众惶惶不可终日，政府和社会公众迫切需要"地震速报"，以作出及

时正确的灾害救助举措。张衡对地震有不少亲身体验，为了掌握全国地震动态，他经过长年研究，终于在阳嘉元年（公元 132 年）发明了候风地动仪——世界上第一架地震仪。在信息不发达的古代，候风地动仪为人们及时了解震情和确定大体位置提供了科技支撑。

■ 二、原始传播时代灾害信息传播要素

原始传播时代的信息传播具有鲜明的实用性和自发性特征，其传播类型主要包括人内传播、人际传播、群体传播和组织传播，没有现代意义上的大众传播，传播的基本要素也具有明显的原始传播时代的印迹。

（一）传者和受者

原始传播时代的传播者没有明确的身份标签，他们并非以此为生，信息传播只是他们生产生活和参与社会事务的手段。传统的农耕社会和君主统治的政策不需要建构强大的信息传播系统，为了维护社会的稳定，灾害信息成为官方严格控制的传播内容。

灾害事件发生之后，信息传递分为两种形式，即官方传递和民间传递。官方传递的传播者具有一定信息传播经验，在固有的信息传播范式中运行，这些传播者主要是具有行政职责的地方官吏，他们在信息传播过程中寻求自身利益和民众利益的契合点，往往精心构思灾害信息内容，以期得到上封直至皇帝的优抚。因此，在原始传播时代灾害信息的官方传递中，时间、地点等要素往往是客观真实的，但是灾害损失和救助情况常带主观性。灾害信息的民间传递，以灾害发生地为中心向外辐射，越往外，信息传播的噪音越大、速度越慢，信息的确定性越弱。灾害信息的民间传播者身份不确定，信息传播活动只是人际交往的附属品，因此，灾害信息的民间传播对时效性和准确性的要求并不高，为了满足信息接受者的猎奇心理，传播者往往对信息进行加工，糅进过多的主观臆测。

原始传播时代的经济特点决定了灾害信息受众具有鲜明的被动性特征。自给自足的生产生活方式和落后的信息传递技术，使得民众既没有过多关注外部信息的需求，也没有关注外部信息的可能。这就使得受众缺乏对灾害信息的基本鉴定能力和知识体系，加之受到中国传统文化中"天人合一"观念的影响，受众对自然灾害信息的解码常常落入"天谴""报应"等符号的窠臼，成为了王权在精神上奴役民众、减低管理成本、增强管理效能、引导受众自我反省和自我约束的重要手段。

（二）信息

在原始传播时代，由于信息传播受到时间和空间的限制，信息呈现区域性、模

糊性等特征。原始传播时代的灾害信息传播是从实用这一价值维度自发进行的，信息在传递过程中受到了传播技术的限制，很难在广阔的空间范围和连续的时间范围内展开。

目前，我们对原始传播时代灾害资料的了解主要依靠地方志中的记载和各地口耳相传的民间传说以及二者的综合考察。信息传播的客观性原则要求对信息编码和解码之后进入人们主观世界中的内容与客观世界中发生的事实最大限度地吻合，当然，客观性只是一个信息传播的终极目标，只要信息传播中存在"人"的因素，这种客观就不可能实现。一直以来，传播技术的发展使得信息传播在两个方面取得了长足的进步：一是传播能力的提升，也就是说信息传递摆脱了时空的限制，使得传播活动可以在时间和空间上无限延展；二是传播价值的提升，信息和事实之间的差距越来越小。

无论是在哪个传播时代，符号都是信息传播行为赖以存在的基本前提，没有符号就无法对客观世界进行描述，也无法使客观事实在不同个体的主观世界之间流动。在原始传播时代，语言、图画、文字的出现使灾害信息传播（所有的信息传播活动）成为可能。和灾害事实一样，灾害信息也是客观的，在整个灾害信息传播过程中，只有编码和解码过程是主观的，这是两个产生信息差异的过程，也就是说，客观世界、媒介世界和主观世界三者存在的差异都是由于编码和解码过程中鲜明的个体化特征决定的，如果消除了编码和解码过程中的个体化特征，客观世界、媒介世界和主观世界将会消除差异，但是，事实上，这种个体化特征是客观存在并无法消除的，它是个体生命在社会生产生活中的独特际遇和大量不可复制的人内传播活动综合形成的。

灾害信息在原始传播时代的社会生产生活中具有重要作用，信息能否快速、准确传递往往影响着人们的生命安全，野兽出没、战争频繁、自然灾害多发都是重要的灾害信息，这些信息往往能够引发受众的直接行动反应。

（三）传播媒介

一是语言媒介。口耳相传是最为古老、迄今仍然发挥重要功能的传播形式。语言的产生和发展是推动人类社会进步的重要力量，言说能力和听觉能力成为了人们赖以生存的生理基础。在原始传播时代，文字的普及程度较低，普通公众一生中几乎所有的信息传播活动全部依靠语言这一媒介。灾害事件发生之后，灾区公众将所看所感向外传播，形成灾害信息传播的第一次扩散。这些信息会在一段时间内持续扩散，原来的受众成为新的传播者，将灾害信息继续传递出去。在无数个由受众向传播者角色转变的过程中，灾害信息通过口耳相传的方式向外辐射。

二是文字媒介。文字的出现使得人类文明向前迈进了一大步。从此以后，灾害信息的复制方式更加丰富，信息传播的确定性大大增加。文字出现以后，人类迫切需要寻找一种载体，用以记录文字。在漫长的历史进程中，人类尝试过各种材质来保留文字，比如早期的岩石、金属器皿、兽骨、龟甲，后来的竹简、木简、丝帛，这些载体都有明显缺点，很难大范围普及。造纸术的发明促进了知识传播，改变了人类的信息传播习惯，信息传播摆脱了时间和空间的限制。纸质媒介和文字符号是分不开的，文字是语言的固定模式，二者具有天然的密不可分的关系。但是中国古代的文字和语言不一致的现象和语言的极简表达都导致灾害信息传播的模糊性。我们在分析历史灾害事件时常常遇到这样的问题，如《明史》记载的陕西华县大地震导致"官吏、军民压死八十三万有奇"，这里的"八十三万有奇"是一个概数，那么准确的人数是多少，其中官吏多少人，军民多少人，我们则无从获知。

（四）传播环境

环境既是媒介生存和发展的基础和条件，也是人类进行传播活动的基础和条件。环境作为人类进行传播活动的"场所"和"容器"，传播活动既在它里面表演，也在它里面存放和发展，它对传播起着维护和保证的作用。[①] 在原始传播时代，统治阶级严格控制体制外的灾害信息传播活动，灾害事件发生之后，他们采取各种手段异化灾害，使异化后的灾害信息按照统治者的意愿进入传播渠道，其根本目的就是为自己的统治服务，而这都是在传播环境的重重挤压之下完成的。

经济环境。在原始传播时代，社会生产力落后，恶劣的生存环境使得人们常常面临各种灾害的侵袭，因此，人与人之间交流最多的就是灾害信息。随着生产力的发展和社会交往的扩大，人们的信息传播活动活跃起来，积累了更多抵御灾害的经验和本领，灾害在人们生产生活中的地位开始下降。随着社会分工的扩大，商品交换成为信息传播发展的驱动力。但是，生产力和生产关系水平限制了信息传播的频率和空间范围，灾害信息传播未能被客观描述并广泛扩散。

政治环境。原始社会的灾害信息传播完全依靠人类的本能和群体的需要，其时并没有政治团体的出现，因此也不可能受到政治环境的制约。一直到真正意义上的国家出现之后，政治环境才开始对灾害信息传播施压。原始传播时代，人们对灾害的认知能力有限，往往将其和政治统治建立联系，在长期的磨合之后，这种联系得到了统治者和被统治者的共识。我们可以从大量典籍中看到，自然灾害发生之后，君主下"罪己诏"，向苍天和黎民检讨自己的过失，以期得到上天的饶恕。如唐太

① 邵培仁.传播学［M］.北京：高等教育出版社，2000：135.

宗贞观二年（公元 628 年），旱、蝗并至，诏曰："若使年谷丰稔，天下乂安，移灾朕身，以存万国，是所愿也，甘心无吝。"再如康熙十八年（公元 1679 年），三河－平谷发生 8 级大地震，康熙皇帝下罪己诏："朕御极以来，孜孜以求，期于上合天心，下安黎庶……地忽大震，皆因朕功不德，政治未协，大小臣工弗能恪共职业，以致阴阳不和，灾异示儆。"这是一种行之有效的政府危机公关手段，既平衡了社会关系，又增强了民众战胜灾害的精神力量。但这种行为带有一定的政治风险，容易引起社会民众对君主德行的猜疑，一些大的灾害可能成为一个王朝灭亡的导火索。因此，为了不使政绩受损，政府往往通过封锁灾害信息传播渠道来掩盖灾害事实。

■ 三、原始传播时代灾害信息传播的特征

原始传播时代的灾害信息传播具有鲜明的特点，这是和特定的经济社会环境紧密相关的，归结起来主要有以下两点：

（一）原始传播时代灾害信息传播受到明显的时空限制

原始传播时代的灾害信息传播局限于"当地当时"，很难摆脱时间和空间的限制。目前，我们从各种途径搜索到的历史灾害信息，其实只占到实际发生灾害数量的很小一部分，也就是说，在原始传播时代，大多数灾害信息在小范围内短时间传播后就消失了，未能冲破时空藩篱而流传下来。

经济状况和科技水平是造成上述现象的主要原因。生产关系决定了统治阶级占有大量生产资料并在产品分配中占据优势地位，他们审慎对待灾害信息传播，防止灾害事件对已得利益构成威胁。而被统治阶级只有极少数生产资料，往往缺乏必要的信息传播能力和对灾害信息的独立思考，并没有主动传播灾害信息的意愿。科学技术的发展水平也决定了灾害信息传播无法突破时空限制。在语言和文字发明之前，人类的信息传播能力很弱，只有极少的符号能够在种群之间传递，这些符号大都是象形符和指示符，多为对灾害的预警，比如野兽袭击、其他族群的袭击、自然灾害等。随着语言的出现，人类传递信息的符号开始增多，象征符开始在人们的信息传递中发挥重要作用，由于缺乏有效的信息载体，语言的信息传播能力具有明显的局限性：传播范围小、传播速度慢、信息内容不确定。文字的出现在某种程度上解决了这一问题，当文字成为符号开始进入人们的信息传播活动中，信息传递的确定性开始大大提高了，也逐渐打破时空限制。原始传播时代真正为信息传播带来革命性转折的则是造纸术的出现，它使得灾害信息传播更加便捷，范围更广且时间更久，改变了人类的信息传播习惯，提升了人类的信息传播能力。

（二）原始传播时代灾害信息传播多带有主观色彩

在原始传播时代，人们对自然灾害的认知十分有限，再加上受到统治阶级的压制和社会文化的影响，灾害信息并不能以其自身的客观形态进行传播，在对客观事实进行编码的过程中，传播者过多加入个人阐释，正是受到这种编码方式的影响，原始传播时代的灾害信息传播具有鲜明的主观色彩。

原始传播时代的灾害信息常常挟裹在神话中进行传播，如共工怒触不周山、女娲补天、夸父逐日、后羿射日、大禹治水等。这些先秦神话传说都是以自然灾害为背景的：共工触山描绘的是地震场景，女娲补天则是地震、火灾、洪灾、野兽的多灾种背景，夸父逐日和后羿射日直指一场旷日持久的旱灾，大禹治水则是对洪涝灾害的再现。以浪漫主义阐释残酷的灾害，我们也可以看出原始先民对待自然灾害时的乐观和豁达，他们没有沉浸在灾害带来的毁灭性打击之中，而是积极寻求治理灾害的方法。

灾害信息传播的主观色彩还表现为灾害信息传播缺乏独立性。在原始传播时代，灾害信息并不是被作为一个独立的事件进入传播渠道的，也就是说民众对灾害信息传播的认识还停留在集体无意识阶段，还没有认识到灾害事件巨大的新闻价值，因此各种各样的故事母体成为了灾害信息传播的载体。灾害信息传播具有两个重要的载体，一是文学载体，一是史学载体。目前我们对古代的灾害事件进行考察，一是依赖于浩如烟海的史书地方志，二是依赖于灿若繁星的古代文学作品。在这些作品中，灾害事件常常被赋予主观主义色彩，成为某个人物传记或者某篇文学作品的素材。

灾害事件是客观存在的，但是由于民众的灾害认知能力有限，在进行信息传播时往往加入自己的主观感受，这种信息在熟人社会中进行人际传播，传播者和接受者之间具有互信的社会关系，这就使得这些主观色彩浓厚的灾害信息得以继续传播并最终影响到人们对客观灾害事实的认知。

第二节　传统大众媒介时代的灾害信息传播

传统大众媒介时代是相对于原始传播时代和新媒体时代而言的。[①] 传统大众媒介时代是指从现代大众传播媒介的诞生直到新媒体出现的一段历史时期，在这个阶

---

① 徐占品，樊帆.原始传播时代的灾害信息传播［J］.新闻爱好者，2012（4）：11-12.

段，现代报刊、广播、电视等逐渐成为人们获取信息的主要渠道。我国从 1810 年代近代中文报刊的出现，到 1990 年代中期互联网开始进入大众生活为止，传统大众媒介时代延续了将近两个世纪。这期间，自然灾害和人为灾害频繁发生，大众媒体关注并给予报道。为了考察传统大众媒体时代的灾害信息传播特点，笔者选取了具有代表性的自然灾害事件进行分析。

■ 一、构建灾害传播模式："灾害—救灾—重建"

原始传播时代的灾害信息传播受到时空限制，并带有主观色彩，由于缺乏专门的新闻传播职业和从业人员，灾害信息传播没有固定的模式。进入传统大众媒介时代，现代报纸、广播、电视等传统媒介成为新闻报道的主要平台，专门的新闻采编机构和新闻采编人员是新闻报道得以开展的必要条件。传统大众媒介时代是新闻传播活动走向专业化的关键时期，也是新闻报道方式形成和完善的历史阶段。正是在这个历史阶段中，"灾害—救灾—重建"的灾害信息传播基本模式得以确立。

在传统大众媒介时代，中国境内影响较大的灾害当数 1920 年 12 月 16 日发生的海原大地震。在地震发生的次日，《申报》就报道了地震导致天津"杂物微有倾覆，电灯摇动，电话局电扇被震坠地"[①]。12 月 18 日报道了北京"八点半地震一分钟止"[②]。12 月 20 日报道了"西安西北因地震地塌毁屋数间"[③]。12 月 22 日报道了洛阳"地震约有五分钟"[④]。以上信息均为海原地震及其余震对其他地区造成的影响，大都十分简练，仅用三四十字，只有对洛阳地震的报道内容较为丰富，刊载 440 字对地震景象和灾害损失进行详细描述。关于极震区的报道最早见于 1920 年 12 月 24 日，这一天《申报》第 6 版刊登《甘肃大地震之惨象》：

大陆报甘肃平凉二十一日电云：本月十六日晚七时二十五分，此间大地震。四周乡间死者甚多，损失极大。先有剧烈震动，隆隆之声大作，若雷鸣然。继则霹雳一声，城垣倾陷一大部，压倒房屋。而全城房屋迭经撼震，相率坍塌。计九个小时内地震不下二十五次，此后每隔一小时，犹觉摇动焉。估计本境死人二千。灾情以四周乡村为尤甚，闻平凉以西数城有完全毁坏者，丧失生命亦多。地震之次夜，狂风大作，灾地房屋不毁于震亦毁于风。官场现方拯恤难民，惟外乡则不易施拯，以道路皆毁故也。[⑤]

---

① 国内专电 [N].申报，1920-12-17（3）.
② 专电二 [N].申报，1920-12-18（6）.
③ 北方近事记 [N].申报，1920-12-20（6）.
④ 洛阳地震之所闻 [N].申报，1920-12-22（6）.
⑤ 甘肃地震之惨象 [N].申报，1920-12-24 日（6）.

这是《申报》对于海原地震最直接最详细的报道。此后，《申报》还发表了《甘肃之抗捐与地震》（17227 号）、《陕西凤翔电告地震被灾惨状》（17246 号）、《甘肃地震之惨状》（17266 号）、《甘肃地震之救济法》（17290 号）、《青年会开演甘肃地震影片》（17370 号）、《甘肃固原又有猛烈地震讯》（17789 号）等文章，这些文章分别涉及灾害造成的损失、政府的灾害救助举措等内容。

中华人民共和国成立后，从 1966 年到 1976 年，中国境内发生了四次 7 级以上地震，分别是河北邢台地震、云南通海地震、辽宁海城地震和河北唐山地震。国内权威媒体对这些灾害事件进行了报道，并最终形成中国媒体灾害信息传播模式。

1966 年 3 月 8 日和 3 月 22 日邢台发生 6.8、7.2 级强烈地震。3 月 11 日出版的《人民日报》在头版头条位置刊发了题为《河北邢台地区发生强烈地震 党和政府领导人民大力救灾》的新闻，介绍了震中位置、震级、震中烈度，以及党和政府的救助开展情况。[1] 此后，直到 6 月 10 日，所有报道都指向抗震救灾，比如《中央慰问团到达邢台地区的地震中心地带 代表党中央毛主席和国务院慰问灾区人民 各方面发扬革命集体主义精神热情支援地震灾区》（1966 年 3 月 12 日）、《"下定决心，不怕牺牲，排除万难，去争取胜利" 邢台地震区救灾工作迅速进展》（1966 年 3 月 14 日）、《邢台地震区人民积极展开抗灾斗争》（1966 年 3 月 17 日）、《奋发图强 自力更生 重建家园 发展生产 邢台灾区群众发扬革命英雄主义精神 地震后的抗灾救灾斗争已经取得了重大成就》（1966 年 3 月 19 日）、《表达了百万翻身农奴的深厚阶级感情 西藏农牧民万里送马支援邢台灾区弟兄 邢台灾区干部社员集会热烈欢迎西藏慰问团》（1966 年 6 月 10 日）。6 月 13 日《人民日报》第 2 版发表文章《邢台地震区高举毛泽东思想伟大红旗 战胜严重自然灾害夺得了夏季好收成》称：这标志着地震灾害报道转入灾后重建。

《人民日报》关于唐山地震的报道进一步完善了"灾害—救灾—重建"的灾害报道模式。1976 年 7 月 28 日唐山地震发生，7 月 29 日出版的《人民日报》在头版位置刊发了两则消息：《河北省唐山、丰南一带发生强烈地震后 伟大领袖毛主席、党中央极为关怀 中共中央向灾区人民发出慰问电》和《河北省唐山、丰南一带发生强烈地震 灾区人民在毛主席革命路线指引下 发扬人定胜天的革命精神抗震救灾》。第一则消息全文刊发了中共中央的慰问电；第二则消息介绍了地震灾害的基本情况：

我国河北省冀东地区的唐山—丰南一带，七月二十八日三时四十二分发生强

---

① 新华社.河北邢台地区发生强烈地震 党和政府领导人民大力救灾 [N].人民日报，1966-3-11（1）.

烈地震。天津、北京市也有较强震感。据我国地震台网测定，这次地震为七点五级，震中在北纬三十九点四度，东经一百一十八点一度。震中地区遭到不同程度的损失。[①]

这可以看作是对客观灾害本身的报道。与邢台地震相比，此次灾害报道的时效性得到了加强。邢台地震是在震后第四天发布的信息，而唐山地震在第二天就被全国人民所知。《人民日报》7月31日在头版刊文《首都人民发扬人定胜天的大无畏革命精神　在毛主席党中央亲切关怀下坚守岗位英勇抗震》，8月2日在头版和第4版刊文《在毛主席党中央的亲切关怀和全国军民大力支援下唐山灾区人民　以人定胜天的革命精神英勇抗震救灾》和《抗灾害日夜奋战　为人民坚守岗位　天津市食品厂在震后三十二小时全部恢复生产》，拉开了京津唐救灾报道的序幕。此后的12天时间里，《人民日报》刊发了28篇文章报道抗震救灾的具体举措和涌现出的先进集体。8月14日，《人民日报》头版发表了题为《地动山摇何所惧——来自唐山的开始恢复生产的喜讯》的文章，标志着《人民日报》唐山地震报道由灾害救助为主转为灾后重建为主。

民国时期《申报》关于海原地震的报道和新中国成立后《人民日报》关于邢台地震、唐山地震的报道，都是传统大众媒介时代灾害报道的典型案例。通过这些案例可以发现，在巨灾大难的新闻报道实践中，传统大众媒介逐渐构建并完善了灾害报道的一般模式，灾情是灾害报道的首要内容。灾害救助是灾害报道的第二个阶段，也是最为重要的阶段，因为这个阶段直接关系到拯救灾区民众的生命财产和维护社会稳定。灾后重建承接灾害救助，是灾民恢复正常生活和灾区恢复生产、消除灾害物质影响和精神影响的媒体手段。这一模式的确立为传统大众媒介时代和新媒体时代的灾害报道提供了模板，对规范灾害报道、提升灾害信息传播效率发挥了积极作用。

二、灾害报道目标失衡：重宣传轻事实

《申报》关于海原地震的报道篇数不多，且内容笼统简单，报道中尽管多数直接描述灾害场景，表现出客观中立的态度，但是，其中的一些报道也带有明显的宣传色彩。

中华人民共和国成立后，尽管形成了较为固定的灾害报道模式，在灾害报道的

---

① 新华社.河北省唐山、丰南一带发生强烈地震　灾区人民在毛主席革命路线指引下　发扬人定胜天的革命精神抗震救灾［N］.人民日报，1976-7-29（1）.

时效性上也取得了突破，但是由于对灾害信息的不同认识，灾害信息传播往往无法满足受众的信息需求。

《人民日报》1966年3月11日头版头条《河北邢台地区发生强烈地震 党和政府领导人民大力救灾》导语为："中央慰问团到达灾区，转达党中央和毛主席的关怀，极大地鼓舞了当地群众和干部。当地人民发扬顽强斗争精神，依靠社会主义制度，依靠集体力量，群策群力，安排生活，恢复生产。"[①]

导语是一则新闻除了标题之外最重要的部分，这则新闻导语对地震损失报道较少。

除了灾害事件之外，灾害救助和灾后重建报道也存在重宣传轻事实的现象。

1976年7月29日至9月9日，国内媒体在对唐山地震为期50天的报道中，也是较少报道灾害的发生情况、灾害造成的损失、灾害救助过程等广大受众最为关心的内容。灾害救助是政府、公众面对灾害时的具体举措，具有客观性，是全国受众关注尤其是灾区受众关注的内容。在整个唐山地震的报道中，受众的这种关注并未成为灾害信息传播的第一原则。

第三节　新媒体时代的灾害信息传播

新媒体时代是相对于原始传播时代和传统大众传播时代而言的。[②] 由于各国新媒体应用技术普及时间不同，这一传播时代的起点也不一样，但是开启新媒体时代的共同标志都是互联网技术的兴起和普及。以互联网和手机为载体的新媒体技术的广泛应用，推动了媒体本位向受众本位的转变，标志着新媒体时代的到来。

近年来，国际国内自然灾害频繁发生，严重影响了国家和地区的经济社会发展，并威胁着人们的生命财产安全。2012年7月21日，北京遭遇60年一遇的暴雨袭击，暴雨形成的积水严重影响了市内交通，并引发了山洪和泥石流灾害。据北京市人民政府防汛抗旱指挥部办公室发布的《北京"7·21"特大暴雨山洪泥石流灾害遇难人员情况的补充公告》显示，遇难人数升至79人。这场灾害发生之后，媒体进行了大量报道。国内民众积极通过自媒体发布信息、评论新闻、表达观点，主流媒

---

① 新华社.河北邢台地区发生强烈地震 党和政府领导人民大力救灾 [N].人民日报,1966-3-11（1）.

② 徐占品，樊帆.原始传播时代的灾害信息传播 [J].新闻爱好者,2012（4）：11-12.

体和草根媒体之间既有冲突又有融合，灾害信息成为了政府危机应对、媒体新闻报道、受众新闻消费的重要依据和来源。新媒体时代的灾害信息传播不同以往，呈现出了新的特点。

一、主流媒体的议程设置与草根媒体的反议程设置并存

1972 年，美国传播学家麦库姆斯和肖通过实证研究提出了著名的"议程设置"理论，[①] 诠释了传统大众传播媒介时代媒介对受众认知、态度和行为的影响，成为了传播学上的经典理论。但是随着新媒体时代的到来，信息传播的主动权由媒体的一元传播转为媒体和受众的二元传播，主流媒体尽管仍然发挥自身的"议程设置"功能，但是社会公众传播意识的增强和媒介素养的提升，直接催生了草根媒体与主流媒体之间的对立，这种对立表现出明显的反议程设置特点。

反议程设置是主流媒体议程设置的阻力，是草根媒体对主流媒体议程设置的解构，通过虚拟的新媒体空间，在网民中间形成舆论，在一定的社会群体之中，打破主流媒体的信息传播意图，形成对抗性观点。反议程设置也属于议程设置，只不过是主流媒体意图之外的一种结构方式。在面临主流媒体的议程设置时，新媒体时代的受众不再像"魔弹论"中所描绘的那样"应声倒下"，而是根据"客观议程"迅速对"媒介议程"作出判断，并将判断的结果（或赞成或反对）通过新媒体或人际传播方式形成"小众议程"进而逐渐形成"公共议程"。[②]

7 月 21 日北京遭受特大暴雨，《人民日报》和中央电视台《新闻联播》迅速对这一事件进行了报道（表 2.1、表 2.2）。

表 2.1　《人民日报》对北京"7·21"特大暴雨山洪泥石流灾害的报道

时间	位置	标题	字数
7 月 23 日	报眼	北京暴雨 我们守望相助	2032
7 月 23 日		暴雨灾害考验城市精神（评论）	988
7 月 23 日	五版	北京迎战 61 年来最大暴雨	2880
7 月 23 日	六版	"身边的感动"——生命在暴雨中定格	1807
7 月 23 日	六版	微博讲述·感动瞬间	568
7 月 23 日		微博，暴雨中传递正能量	1164

① 郭镇之.关于大众传播的议程设置功能 [J].国际新闻界，1997（3）：18-25.
② 张健挺."议程设置"中的反设置 [A].中国传播学论坛，2006 中国传播学论坛论文集Ⅱ [C].北京：中国传媒大学出版社，2006：1116-1123.

表 2.2　《新闻联播》对北京"7·21"特大暴雨山洪泥石流灾害的报道

时间	位置	标题	时长
7 月 22 日	头版头条	京城暴雨夜：流淌温暖和感动	3 分 34 秒
7 月 22 日	头版二条	暴雨突袭京津冀等地	2 分 42 秒
7 月 22 日	头版三条	生活服务提示：车辆涉水要采取正确操作方法	1 分 18 秒
7 月 23 日	头版四条	北京十万干部群众奋战一线全力救灾	2 分 21 秒
7 月 23 日	头版五条	新闻特写：为救群众 派出所所长牺牲	2 分 6 秒

在这场灾害事件中，北京市委机关报的《北京日报》对此进行了持续的报道，在报道中相继使用了"应对强降雨　京城总动员"（7 月 22 日）、"抗击强降雨　大爱涌京城"（7 月 23 日）、"打好救灾善后维稳攻坚战"（7 月 24 日）、"救灾善后　众志成城"（7 月 25 日—8 月 8 日）、"最美北京人　厚德润京华"（7 月 23 日、24 日、26 日）等专版和专栏，进行连续、深入和全面的报道，这些报道内容主要集中在"灾情通报""灾害救助""政府行为""先进事迹"等方面。作为主流媒体，试图通过选择新闻和配发评论的方式来指导受众的新闻消费，形成"抗洪抢险"的社会合力，尽快实现灾区重建和恢复灾区生产的目标。

但是，这一场灾害事件中折射出的政府行为引发了社会公众的质疑，他们通过草根媒体发表了不同观点。有博客贴出 20 多张图片，指出"北京暴雨之后怎么如同发生强震海啸一般可怕？"图片中那些坍塌的路面、桥梁似有所指；有博客推文《北京"7·21"特大暴雨形成的探讨》，指出了首都的排水系统和预警工作中存在的问题；更有人在博客中发出"是天灾还是人祸"的追问。这样的反思和质疑还有很多，尤其是在微博上，人们借助新媒体发表观点的匿名性不断表达意见，其中不乏虚假的信息和偏激的言论，但是网友们来不及证实或者无心证实就到处转载，依靠新媒体巨大的影响力形成了针对主流媒体的反议程设置。

《北京日报》7 月 25 日头版报道了《市直机关为本市特大自然灾害救灾捐款》。北京市相关部门也号召机关党员干部带头，在全市范围内发起为"7·21"特大自然灾害救灾捐款活动，凝聚全市群众众志成城，以实际行动参与到救灾工作中来。民政部门随即公布了捐赠账号。但是捐款号召无论在舆论上还是行动上都未能实现目标，一部分社会公众通过草根媒体发表了不同声音，甚至用粗俗的网络语言进行对抗。与此同时，在 QQ 群、QQ 空间、微博中出现多条"抗捐"信息，这些信息具有自媒体的一贯特点，利用诙谐幽默的讽刺手法，吸引网民大量转载，解构主流媒体关于"捐款"的议程设置，以达到反议程设置的目的。

主流媒体的议程设置和草根媒体的反议程设置是并存的。正是由于网民的特殊年龄结构和学历结构，导致了我国网民具有叛逆性强、判断力弱的特点，影响了主流媒体议程设置效果的发挥。

二、自媒体在信息发布、灾害救助与舆论监督中发挥了重要作用

新媒体时代的一个重要特征，就是人人都可以成为传播者。随着传播技术的发展，互联网络和手机媒体逐渐成为人们生活中必不可少的重要沟通工具，阅读新闻和表达观点越来越便捷，能够满足每个人成为"中心"的愿望，新媒体得到了长足的发展。

自媒体信息传播是新媒体时代的重要特征。自媒体是普通大众经由数字科技强化、与全球知识体系相连之后，一种开始理解普通大众如何提供与分享他们本身的事实、他们本身的新闻的途径。这个概念，指出了自媒体最大的特点即平民化，表现为传者的平民化、受者的平民化、媒介的平民化以及信息的平民化。在灾害事件中，微博凭借其迅速、灵活又不乏真实的传播姿态成为了新媒体时代核心的草根媒介，在灾害信息发布、灾害救助和灾害事件中的舆论引导方面发挥着愈来愈重要的作用。

传播媒介的发展过程就是不断追求信息传播速度、信息传播质量和信息接收便捷程度的过程。在北京"7·21"特大暴雨山洪泥石流灾害中，自由灵活的自媒体主动承担起信息发布的责任。通过表2.1和表2.2可以看出，针对这次特大灾害的报道，《新闻联播》是从7月22日开始的，《人民日报》是从7月23日开始的。相对于灾害事件的发生来说，上述媒体的报道都稍显滞后。在7月21日晚上暴雨成灾的时候，微博上就已经出现了关于此次灾害的大量信息，网民"@夏芒""@摄影师陈杰""@周小平同志""@摄影师兔子"等博主在微博上发布新闻图片和暴雨信息，甚至有博主主动通宵播报路况信息，弥补了主流媒体信息报道滞后的不足，满足了受众尤其是灾区受众对灾害信息的需求，彰显了自媒体在灾害信息传播中的优势。

除此之外，在灾害救助方面，自媒体也发挥了非常重要的作用。此次灾害事件中的灾害救助主要分为两个阶段，第一阶段是灾害发生过程中的救助，第二阶段是灾害发生之后的救助。在这两个阶段中，尽管自媒体都发挥了作用，但是很显然，在第一个阶段发挥的作用更大一些。灾害发生时由于传统大众媒介无法报道现场，自媒体成为灾区公众自救和互救的主要渠道。例如，"@如刀岁月27"在微博中两次发布博文："本人公司在左家庄街甲2号北京国际友谊花园1号楼6H，公司有水有零食有电视有电脑有WIFI有床有沙发有三国杀能洗热水澡！全部免费提供！不是炒作！我也不是坏人！困在附近的可以过来避难！都是北京人就想做点儿自己能做的！可以私信我，我会通宵守在电脑旁！不用跟我客气！同时祝赶路的朋友平安"；而博主"@小蝎子熙熙"则通过微博发布了求救信息："求救！位于小西天牌楼内几

百米，志强北园门口，有一位骑摩的的北京大叔摔倒，导致脑出血，全身哆嗦。我已经拨打了无数遍120、999，他们都说全部救护车已经出去执行任务。好心人已经把大叔从水里拉起，大叔半身不遂，动都动不了了，谁能带大叔去医院啊？"。自媒体传播在灾害救助中发挥着重要作用。

除此之外，自媒体还成为网民进行舆论监督的重要阵地。新闻舆论监督的主体是人民群众，客体是公共权力、公共事务和公众人物。[①] 任何一次灾害事件都不是孤立存在的，而是社会系统中的一个元素，因此，灾害信息传播也不可能仅仅指向灾害事件本身，灾害事件中，公共权力的运行、公共事务的处理以及公众人物的一言一行都成为舆论监督的对象。而网络关注、网络围观、网络问责等成为了灾害事件中自媒体舆论监督的主要形式。在北京"7·21"特大暴雨山洪泥石流灾害中，一些网民在自媒体上对市政建设和灾害预警提出了善意的批评和中肯的建议。有人在微博中将北京市的排水系统和紫禁城的排水系统进行了对比，感慨"星转时移，泥沙俱下，标准日低，今不如明"，并提出了"继往开来不反思，悲剧永远免不了"。更有人直接指出"北京暴雨，议论纷纷。有一个重要因素：舆论监督的强度不够！"自媒体上可以看到各种质疑的声音，"为什么高速上出现积水之后，高速仍然对后面车辆放行？""如果有预警，知道可能来山洪，我们至少可以腾挪一下货物，不至于损失这么大。"虽然这些信息的真伪尚需验证，但是广大网民通过自媒体进行舆论监督，这种监督意识和监督勇气将会在一定程度上对问题的解决产生推动作用。

▌三、传统媒体与新媒体之间的互动和融合不断加强

传统媒体和新媒体之间的关系经历了从对立到认同再到合作的过程。事实证明，一旦脱离新媒体技术，传统媒体的发展也要受到制约。尽管我们不得不承认，新媒体在发展过程中伴随着其自身难以克服的负效应，信息源真伪难辨、信息把关能力欠缺、干预司法现象时常发生、网络侵权频频出现，这在一定程度上扰乱了正常的信息传播秩序，带来了不可低估的负面影响。但是，新媒体的信息发布速度和信息反馈的便捷有效性大大超越了传统媒体，成为受众信息消费的主渠道之一。近年来，传统媒体纷纷借助新媒体的传播优势来增加媒介竞争的筹码，如央视网、人民网、新华网等官方网站在一定程度上可以代替传统媒体，新华论坛、新华博客、新华播客、新华拍客、新华收客和新华微博加大了新华通讯社这一传统媒体的社会影响。

传统媒体和新媒体不是互相隔离的，二者可互相提供话题和新闻线索。北京

---

① 何梓华，徐心华，尹韵公，等 . 新闻学概论［M］. 北京：高等教育出版社，2009：163-165.

"7·21"特大暴雨山洪泥石流灾害中,我们可以看到传统媒体和新媒体之间的良性互动。《人民日报》在7月23日第六版刊登了《微博讲述·感动瞬间》和《微博,暴雨中传递正能量》两篇文章,专门摘登微博网友发布的文字和照片,讲述了灾害事件中令人动容的各种情形,并肯定了微博在灾情传递、灾害救助和舆论引导中发挥的重要作用。在当前的灾害事件中,传统媒体对微博内容的报道已经成为了一种常见的新闻报道体裁。除此之外,由于新媒体信息发布的门槛较低,信息传播者数量巨大,他们像人身上的毛细血管一样分布在不同的社会阶层、不同的年龄段、不同的地域、不同的行业之中。他们作为信息传播者,不断监视着周边的环境,一旦出现在他们认为有新闻价值的事件时,就通过新媒体进行发布,这一优势是传统媒体不具备的。由于受到人力、物力和财力的限制,在一些重要新闻尤其是灾害事件发生时,专业的传播者无法到达现场,呈现为"缺席"状态,很难捕捉新闻事件第一现场的信息。在这种情形下,新媒体上发布的信息常常成为传统媒体新闻报道的由头,许多传统媒体常常从新媒体中获得新闻线索,利用专业手段进行较为深入的报道。从这个意义上说,新媒体为传统媒体提供了新闻内容。

同样,新媒体也从传统媒体中获得新闻话题。这种话题的获得主要分为两种形式,其一是转载传统媒体的报道。互联网上的很多网站本身并不具备生产新闻的资质,也缺乏专业的采编人员,但是互联网对信息的需求很大,这就导致很多网站转载传统媒体上的报道。以7月23日《人民日报》报眼新闻《北京暴雨 我们守望相助》为例,在百度上输入该新闻标题进行检索,得到了包括和讯网、网易、知音网、千龙网、大公网、腾讯网、搜狐网等在内的相关网页约34.6万个。可见传统媒体为新媒体提供了新闻,充实了网页,新媒体也将传统媒体上的声音传播得更广。其二是新媒体常常围绕传统媒体的新闻报道进行讨论和互动。灾害发生之后,为了安抚社会公众的情绪,推动救灾善后工作的开展,《人民日报》《新闻联播》《北京日报》都对在救灾过程中涌现的模范人物和感人事迹进行了报道。这些报道经由主流媒体报道之后,网民迅速在网络媒体上进行了讨论。这种草根讨论使得传统媒体的报道得到了民众的响应,人物形象和事情经过更易于打动人。从主流宣传向草根讨论的转化,消除了一部分受众与主流媒体之间的距离,实现了宣传形式的生动化,增强了传统主流媒体新闻报道的社会效果。

传统媒体和新媒体之间的融合和互动分别指向两个维度。融合是传统媒体适应市场竞争的选择,其普遍做法是将传统媒体搬上互联网,形成电子版,打破传统媒体线性传播的限制,给予受众更大的新闻选择权。这种融合是一种低级的形态,远未实现媒介融合这个概念应有的内涵,媒介融合实际上是传播主体为最大化地获取利润和满足受众需求而寻求全方位覆盖受众的良好愿望和理论假设，这是它的内涵所在和本质属性。其表现形态是一种跨媒体的传播聚合，媒介融合不是一种媒介替代另一种媒介，而是在当下复杂的媒介生态中集网络平台于一身，各就其位、共同发展。①传统媒体和新媒体之间的融合和互动指向的另一个维度是赋予新媒体和传统媒体平等的媒介地位，将普通网民的自媒体信息传播行为和体制内的专业媒介行为等量齐观。这才是传统媒体应有的姿态，才是传统媒体和新媒体融合和合作的基础。

四、政府组织的灾害信息传播能力和危机控制能力显著增强

灾害事件中，政府、媒体和公众之间构成了复杂的三角关系。政府行为的出发点是灾害救助和社会舆论引导，并挽回或者增强政府的民众支持率。媒体在双重体制的约束下，一方面要实现政府的宣传意图和社会效益，另一方面要满足受众的信息需求以此获得广告，满足媒介发展的市场需求。社会公众媒介素养不断提升，对灾害信息的需求也较以前有了很大改善。在传统媒介一统天下的时代，公众被动地接受信息。随着新媒体技术的发展，传统媒介独大的传媒格局被打破，灾害信息传播渠道渐趋多元，公众不再满足于纯粹意义上的国家宣传，渴望更加真实和客观的灾害报道。

无论是1998年的南方洪水报道还是2003年的非典型肺炎报道，抑或是2008年年初的雨雪冰冻灾害报道，都受到了传统灾害报道的惯性影响，新闻报道的全面性、客观性和真实性遭到了受众和传媒理论界的质疑。随着新媒体时代的到来，政府和媒介都面临着社会压力，灾害报道的惯有框架被打破，灾害信息传播开始正面人员伤亡和经济损失，并加大了行政问责的报道力度。2008年汶川地震的新闻报道体现了这一转变，成为中国灾害信息传播史上具有里程碑意义的报道案例。②2009年发生在云南的"躲猫猫"事件，经由网络传播之后，云南省委宣传部一改"捂盖子"的传统做法，主动"揭盖子"并邀请网友组成事件调查团赴滇开展调查。自此开始，"揭盖子"成为政府灾害信息传播和危机应对的重要思路。

在北京"7·21"特大暴雨山洪泥石流灾害中，北京市各政府的灾害信息传播能力和危机控制能力显著增强。在灾害信息传播方面，《北京日报》、北京电视台、北京广播电台和北京市相关部门官方网站、官方微博及时对灾情进行报道，市领导身先士卒深入灾区，主动检讨工作失误，向遇难者默哀。面对灾情，北京市主要领导

---

① 南长森，石义彬.媒介融合的中国释义及其本土化致思与评骘[J].陕西师范大学学报（哲学社会科学版），2012（3）：159-166.

② 徐占品，李华，邬弯，等.在探索中发展：《新闻联播》灾害事件报道的嬗变[J].防灾科技学院学报，2008（3）：104-107.

表示绝不瞒报，在通报灾情的新闻发布会上，遇难者的人数不断更新，遇难者身份在北京市防汛抗旱指挥部办公室官方网站上公布。真实、客观、迅速的灾害信息传播不仅消灭了各种谣言产生的土壤，也让受众看到了一个有担当、亲民、坦率的政府形象。

灾害事件中，政府组织的危机控制能力也在不断增强。暴雨之后，政府组织通过新闻媒体实现了新闻与宣传的紧密结合，一边报道灾情，一边挖掘先进人物和感人事迹，并将之与"北京精神"的宣传结合起来，增强了灾区民众的悲壮感和自豪感，为救灾善后工作营造了良好的社会氛围。同时，市直机关在灾害发生后第四天自发捐款的行为经媒体传播之后，也成为政府组织进行危机控制的重要筹码。总的来说，在以北京"7·21"暴雨洪水泥石流灾害为代表的新媒体时代的灾害信息传播活动中，政府组织不断提高自身与媒体打交道的水平，灾害信息传播能力和危机控制能力不断提升，这是可喜的变化，也是不争的事实。

综上所述，新媒体时代催生了灾害信息传播的新特点，这些特点既是新媒体时代信息传播主体的主动迎合，也是转型期自身发展的客观需要。面对新媒体，无论是政府、传统媒体还是受众，都应该顺应这个历史发展的潮流，不断改善自身行为，在灾害信息传播中发挥自身的力量，营造和谐的社会环境。

第三章　灾害信息传播者

第一节　灾害信息传播者类型

1948 年，美国政治学家拉斯韦尔在《传播在社会中的结构与功能》中提出了著名的"5W"模式，开辟了传播学研究的五大领域。然而，此后的传播学研究并不是"5W"的均衡展开，"从一开始学者们的注意力几乎都给予了效果和内容，效果理论的发达和传播者的研究之薄弱形成了鲜明的对照。"[①] 在传播者研究领域，最早的理论成果是卢因提出并经怀特验证的"把关人"理论。此后的传播者研究大致经历了从个体到组织到社会制度的过程，或者说，对个体传播者的研究越来越受到传播环境的影响。进入新媒体时代以来，随着互联网信息传播手段的普及，传统意义上的大众传播逐渐丧失了信息垄断的地位，组织传播和人际传播借助互联网扩大了传播效果，三者之间的界限越来越模糊。

近年来国内发生的一系列灾害事件，如南方雨雪冰冻灾害、汶川地震、玉树地震、舟曲特大山洪泥石流、北京特大暴雨山洪泥石流、云南镇雄泥石流，使得社会公众更加关注自身的安全问题，对灾害信息传播的时效性、真实性、客观性要求也越来越高，对传播者提出了更高的要求。灾害事件具有突发性、破坏性、客观性等特点，易于造成规模性的社会恐慌，考验着政府的应对能力。灾害信息传播者横亘在政府、媒体和公众之间，信息选择受到政策标准、行业标准和市场标准的三重制约，一旦信息传递不当，就会影响到社会舆论的引导效果，对国家和地区的经济发展和社会稳定带来负面影响。

灾害信息传播是指灾害信息的传递以及灾害信息传递过程中各要素的总和。灾害信息传播的基本前提是灾害事件的发生，所有的灾害信息都是围绕这一客观事实开展的。灾害事件是客观的，传播者对灾害事件的编码过程却是主观的，受到个人认知的行为的限制，尽管传播者都努力追求客观真实，但是在传播环境的影响下，

---

① 黄旦. 新闻专业主义的建构与消解——对西方大众传播者研究历史的解读 [J]. 新闻与传播研究, 2002 (2)：2.

传播者的传播目的、传播手段和传播效果并不相同。按照传播行为中的身份的不同，可以将灾害信息传播者分为政府传播者、公众传播者和媒体传播者三种类型。

一、政府传播者：灾害事件中权威信息的发布者

灾害事件中的政府行为主要是为了最大限度地减轻灾害损失，通过信息传播塑造组织形象，从宏观上掌握危机管理的主动权。政府传播者的信息传播活动严格遵循法律法规和新闻发布政策，具有较强的信息把关能力和强烈的议程设置意识。政府传播者的信息公开程度决定着大众传媒对灾害事件的报道态度和报道程度，也决定着社会公众对灾害事件的了解水平。可以说，传统大众媒介时代中的政府传播者常常为灾害信息传播定调，成为灾害信息传播的主导力量。随着新媒体时代的到来，强有力的信息把关被严重削弱，大量未经官方组织把关的信息通过网络媒介出现，打破了政府传播者灾害信息传播的垄断地位，倒逼政府传播者尊重信息传播规律、改善信息传播方式、扩大信息传播范围。[1] 具体来说，灾害信息传播中的政府传播者具有以下特点：

第一，灾害事件中政府传播者以塑造政府形象为传播目标。政府不是专门的信息传播机构，其存在的价值是社会管理与服务。政府传播者的信息传播活动，并非为了满足社会公众的信息需求，而是以此来实现与公众的良性互动，政府传播者参与灾害信息传播的根本出发点和目标是塑造政府形象。2008 年 5 月 1 日实施的《中华人民共和国政府信息公开条例》，以规约的形式约束了各级政府的信息公开行为，直接促成了 2008 年汶川地震中《新闻联播》等主流媒体的灾害新闻报道时效性增强、倾向性减弱和全面性提升，与 2008 年年初的雨雪冰冻灾害新闻报道形成了鲜明的对比。灾害具有破坏性，灾害信息同样包含破坏性，灾害事件常常成为影响社会稳定的导火索。因此，在灾害信息传播的过程中，政府传播者会进行严格的把关，对一些不适宜公开的信息进行处理

第二，组织传播是政府传播者灾害信息传播的主要方式。组织目标的实现需要进行良性的信息互动。组织传播包括两个方面，即组织内传播和组织外传播。政府传播者需要通过组织内传播与上下级政府组织之间进行信息传递，在灾害发生前，将关于灾害预警（报）的现象（数据）符号转变为语言符号，对灾害预警（报）的时间、内容、范围、渠道进行确认；在灾害发生后，基层政府组织及时向上传播灾害损失

---

① 徐占品，刘利永. 新媒体时代的灾害信息传播特点——以北京"7·21"特大暴雨山洪泥石流灾害为例 [J]. 新闻界，2013（6）：20-25.

情况，相关政府部门协调安排灾害救助。除此之外，政府传播者还要通过组织外传播及时将把关筛选过的灾害信息通过大众传媒向社会公众发布。《中华人民共和国政府信息公开条例》第十五条明文规定"行政机关应当将主动公开的政府信息，通过政府公报、政府网站、新闻发布会以及报刊、广播、电视等便于公众知晓的方式公开。"组织外传播形式主要有两种：一是通过政府传播者自有媒体发布信息，主要包括政府官网和政务微博；二是通过新闻媒体进行信息发布。组织外传播是政府、媒体和受众的共同要求。灾害事件关系个体自身安全，引起越来越多受众的关注，灾害事件具有巨大的新闻价值，是新闻媒体追逐的重要新闻源。政府传播者面对灾害事件，也迫切需要借助大众传媒的强大影响力来稳定公众情绪、引导社会舆论、维护政府形象，常常在灾害事件发生之后召开新闻发布会，向新闻媒体发布信息。新闻发布会兼具信息公开和统一口径的双重作用。

第三，灾害事件中政府传播者发布的信息具有权威性。社会主义新闻传播事业是工人阶级政党所领导的社会主义国家各种新闻媒介机构、新闻媒介组织的总称。[①]政府部门通过政策、人事、经费等方式实现新闻调控。灾害信息的新闻价值大，传播风险也大，在灾害信息传播史上属于严格限制的内容。灾害信息传播受到政府传播者的干预，媒体对灾害事件的报道常常是边边角角，是在政府定调之后的限制性报道。能不能报，怎么报，在传统大众媒介时代，都是政府说了算。政府传播者通过组织内传播形成的信息都是经过权威专家认定的，具有权威性。传播者是唯一拥有信息发布权的，许多信息都是从这里发出去的，因此，缺乏信息竞争形成的信息垄断，具有权威性。这种权威性表现在几个方面：发布级别高，比如灾害预报和灾害预警信息，需要由国务院或国务院各部门进行发布；发布信息重要，常常是关系到民众生活甚至是生命安全的信息；发布程序严谨，信息的发布需要经过严格的限制，不允许任何个人和其他组织进行发布。尽管政府传播者传递的信息具有权威性，但是并非政府传播者的信息发布都是无可挑剔的，一方面是因为对客观事物的认识具有一定的局限性，另一方面是可能出现人为干预以维护政府的形象，如2021年山东栖霞金矿爆炸事故后，当地政府的迟报、瞒报。

第四，灾害事件中的政府传播者贯穿灾害全过程进行信息传播。灾害事件分为缓发性和突发性两种，对社会公众造成最大损失的多数是突发性灾害。根据致灾因子的不同，突发性灾害又可以分为突发性自然灾害和突发性人为灾害。在这些突发性灾害之中，有的灾害可以实现预报，比如气象灾害。当前已经建立了比较完善的

---

① 童兵. 理论新闻传播学导论（第二版）［M］. 北京：中国人民大学出版社. 2011.

气象预报体系，气象预报减灾正在逐渐成熟。有的灾害在科学技术层面尚无法实现成功预报，但是可以进行预警，比如地震灾害。地震短临预报是世界性难题，但是地震预警在日本等国家已经比较成熟，我国部分地区也实现了地震预警能力。灾害预警（报）必须经由一定级别的政府部门向社会发布。这类信息是灾害事件中最为重要的信息，可以避免重大灾害损失。1975 年海城地震之前进行的地震预报，拯救了近 5 万人的生命，避免了巨大的经济损失。2008 年汶川地震发生之后，灾害事件中政府传播者掌握最核心的，也是受众最为关心的信息的发布，抗震救灾总指挥部及时通过大众媒体发布灾损数据和救助情况。可见，政府传播者是灾害事件中唯一贯穿传递信息全过程的传播者类型。

■ 二、公众传播者：灾害突发时的客观记录者

公众传播者在灾害事件中发挥着重要作用，这是灾害信息传播的特点之一。由于新媒体技术的发展和社会公众媒介素养的提升，传统意义上的受众身份开始发生变化，在接受信息和反馈信息之外，社会公众开始利用随身携带的信息记录工具（手机、ipad、数码相机、数码 DV）记录自己感兴趣的事件，并经由自媒体进行信息传播。在这个意义上，公众已经完成了受众向传播者身份的转变，尤其是在灾害事件中，充当着灾害突发时的客观记录者角色。[①]

第一，公众传播者是灾害事件第一现场的记录者，有效弥补了媒体传播者的"缺席"。灾害事件往往具有突发性，灾害破坏常常在很短时间内完成，专业的传播者无法到达灾害现场，在灾害发生的同时和灾害发生前期处于"缺席"状态，灾害事件的破坏性常常导致交通和通信的中断，媒体工作者在灾害发生之后往往在短时间内到达不了现场，一方面是广大受众对灾害信息的强烈需求，另一方面是新闻媒体无法到达，在传与受的矛盾中，公众传播者成为了解决矛盾的关键环节。2008 年汶川地震中，灾区通信、交通中断，直到 5 月 13 日凌晨 1 点 15 分，地震发生后将近11 个小时，汶川县城才与外界取得联系。在当天晚上的《新闻联播》里，报道的都是政府层面信息，包括国务院、各部委、中国地震局、四川省地震局，但是唯独没有来自重灾区的新闻。在这半天的时间里，由于信息传播不畅，导致流言纷飞，对灾害救助带来了很大的负面影响。灾区民众目睹灾害的发生并亲身经历灾害，他们掌握了最为真实的第一手资料。同时，由于手机、数码相机、数码 DV 等信息记录工具的普及，许多灾区公众还在灾害发生的瞬间利用工具对灾害进行记录，如美国

---

① 徐占品．论灾害信息传播的背景、维度与价值［J］．新闻爱好者，2012（7）：34-35.

9·11事件现场的视频、印度洋海啸的现场视频、汶川地震重灾区现场视频，都是现场的公众拍摄记录的。这些视频资料成为了后期视频新闻的重要内容，也成为了灾害研究的重要资料。可以说，灾害现场的公众对灾害信息的搜集和传播对灾害信息传播起到了重要的作用，是灾害自救互救和灾害研究的重要资料。

第二，公众传播者以人际传播形式参与灾害自救和灾害互救。公众传播者是传播者，但主要还是社会公众，他们不掌握大众传播资源，其在灾害现场记录的资料需要媒体传播者进行把关之后，才能名正言顺地进入大众传播媒介，传播给广大公众。在整个灾害事件中，信息传播尚未畅通和政府救助尚未到达之前，灾区公众已经开始进行自救互救，这是灾害事件下人的本能使然。在灾害救助中，公众传播者之间也需要必要的信息传递，但是由于传播范围和传播效果的限制，这种信息传播仅限于人际传播。2008年9月，作者参加了中国地震救援中心组织的汶川地震科考活动，赴汶川县、都江堰市等地开展调研。在调研过程中，访谈对象均表示灾害发生之后，最有效的救援方式就是自救和互救。因为灾害造成的破坏导致专业救援组织无法在第一时间进入灾区救援。自救互救的过程中需要信息的准确传播，公众通过对周围环境的掌握及时告知幸存者到何处营救被埋压人员，在自救互救过程中，公众既是传播者也是受传者，人与人之间不断进行信息互动，通过信息反馈使得信息逐渐趋于精确，并用这种精确的信息指导自救互救。

第三，公众传播者的灾害信息传播行为具有实用性特征。灾害信息传播中的公众传播者的信息传播活动是基于自身的信息需求和人际交往需求进行的，具有明显的实用性特征。公众传播者作为灾区受众直接受到灾害的影响，无论是其对灾害场景的记录还是灾害信心的传播，都取决于自己的信息需求。人际传播方式也决定了公众传播者的灾害信息传播行为的实用性特征。在灾害事件中，公众传播者按照居住区域被划分为不同的小群体。在这个小群体中，公众传播者的信息传播目标一致，即开展自救互救。由于受到人际传播形式的影响，公众传播者的所有信息都是来自个人生活经验，这就决定了信息传播中的实用性特征。此外，灾害事件直接威胁着社会公众的生命安全。在生活区域的小群体中，公众被各种社会关系互相牵连，组成了牢固的社会关系，面对灾害事件，灾害救助的需求更加迫切，在时间就是生命的救援原则下，以最快的速度投入救援成为灾区公众传播者的第一选择。在这个过程中的信息传播，都是自救互救的直接需求，传播者的信息传播倾向于惜字如金。在灾害信息传播过程中，公众传播者的信息选择和信息传播的唯一标准就是实用性原则，既不同于政府传播者的维护形象标准，也不同于媒介传播者的新闻专业主义标准和市场需求标准。即使公众传播者对灾害现场的记录，也是在媒介素养提升和信息技术发展的双重作用下的偶然行为，并不具有太多的其他目的。

■ 三、媒体传播者：灾害事件中社会舆论的引导者

灾害事件中，政府传播者承担着灾害发生之前的预警（报）责任，公众传播者对灾害事件发生时的信息传播发挥重要作用，对开展灾害自救互救意义重大，但是在灾害事件发生之后，面对社会受众强烈的信息需求，无论是政府传播者还是公众传播者，都无法满足受众的信息需求，灾害信息传播的重任必然落到媒体传播者身上。可以说，在灾害救助和灾后重建中，无论是大量信息的报道，还是社会舆论的引导，都是媒体传播者利用大众传播媒介发布的。在整个灾害信息传播过程中，政府传播者、公众传播者和媒体传播者三者互相配合，才保证了灾害信息传播的完整性、有效性和重要性。综观近年来的灾害案例，灾害信息传播过程中的媒体传播者具有如下特点。

第一，灾害事件中的媒体传播者秉持新闻客观性原则和受众至上原则进行灾害信息传播。无论是政府传播者还是公众传播者，灾害信息传播目标都是功利性的，前者是为了维护形象，后者是为了满足自救互救的信息需求，唯有媒体传播者的信息传播行为是在新闻专业主义的需求和受众至上的原则下进行的。新闻客观主义原则是指在新闻报道过程中对事实的报道采取客观真实报道方式的原则，这是新闻工作者进行新闻报道的重要原则，这一原则要求媒体传播者尊重客观事实，按照事实的原貌报道真实的新闻。媒体传播者灾害信息传播的受众至上原则是指新闻传播要尊重受众的客观需求，要按照受众的需求安排和报道新闻。媒体传播者都是经过新闻专业训练的，他们具有较好的新闻素养、新闻编码和传播能力，在长期的新闻工作中，更能抓住受众的心理需求，能够将灾害事件的表象以及表象背后的实质挖掘出来，从而满足受众的信息需要。专业传播者挂靠于大众传媒集团，传媒集团拥有信息传播的资质和条件，在长期的新闻传播惯性中，面向受众已经成为媒介传播者进行市场竞争的必要手段。灾害事件发生后，大众媒体迅速向灾区派出记者，挖掘重要的灾害信息并进行传播，从而发挥媒体的社会责任。

第二，媒体传播者利用大众传媒的传播优势扩大灾害事件影响。灾害事件具有双重影响，一方面，其本身的破坏性直接导致灾区社会公众的人身生命安全和财产损失，对人类社会的物质文明破坏严重，如唐山地震造成 24 万人死亡，汶川地震造成超过 8 万人遇难或失踪，2012 年的北京暴雨山洪泥石流灾害造成近 80 人失去生命，直接经济损失近百亿元。另一方面，灾害事件还易造成社会恐慌。马斯洛的需求层次理论认为：人的需求分为五种，像阶梯一样从低到高，按层次逐级递升，分别为生理上

的需求、安全上的需求、情感和归属的需求、尊重的需求、自我实现的需求。[①]灾害事件威胁到人的安全需求，这属于较低层次的需求，覆盖人群广泛，因而成为社会大众普遍关心的话题。灾害的巨大破坏性和灾害预警（报）的局限性之间的矛盾使得社会公众越来越担心自身的生命安全，随着媒体传播者灾害信息传播频率的增大，社会公众逐渐处于一种安全恐慌之中，安全恐慌下的信息传播常常出现谣言，这些谣言进一步加大了社会恐慌。[②]基于灾害事件中的受众信息需求，媒体传播者根据自身的传播优势，将各种灾害事实转变为灾害信息，进入大众传播媒介面向受众传播。大众传播媒介具有面向大众的巨大传播优势，是制造舆论和引导舆论的重要场域，大众媒介机构根据自身的定位，将经由传播者主观加工和信息把关过的信息传播出去，借大众传媒的传播优势迅速被广大受众知晓，这对灾害信息传播具有重要意义。

第三，灾害事件中的媒体传播者的信息内容具有全面性特征。灾害事件中，媒体传播者为了正确引导社会舆论，需要整合新闻报道和新闻评论。由于媒体传播者强大的新闻采编队伍和先进的新闻采编设备，其新闻报道追求全面性。尤其是在汶川地震之后，我国媒体传播者的灾害新闻报道取得了很大的进展，新闻报道的全面性提升，尤其是近来的灾害事件中，我们既可以看到高层关注和及时救援等正面新闻报道，也可以看到包括伤亡情况和行政问责等负面新闻，既是捐款捐物使用情况的审计新闻，也有灾后重建和防灾避灾小常识。这种全面性的获得，既是媒体传播者优势的人力、物力、财力和丰富的新闻报道经验的结果，也是各媒体之间协作的结果。无论是纸质媒体还是电子媒体，无论是传统媒体还是新媒体，都具有明显的互补性。报纸杂志的深度报道、电视媒体的声画结合、广播媒体的低物质依赖性、新媒体的双向互动，媒体的不同特征使得其在选择新闻时的角度不同，新闻报道的形式不同。在各种媒体的合作中，虽然也有新闻同质化等现象，但是主要的还是新闻互补，在这种互补性中获得灾害新闻报道的全面性。媒体传播者实现灾害信息全面性的过程是十分坎坷的，在长期的传播实践中，媒体传播者的专业思想与政党提出的新闻党性原则之间存在着一定的矛盾，尤其是灾害事件，媒体在报道时十分谨慎。随着新媒体的兴起，政府对新闻的控制被打破，政府开始采取一种妥协合作的态度应对灾害事件，这就使得政府塑造形象的诉求和媒体的专业思想实现了契合，在当前的灾害事件中，媒体传播者传播的信息的全面性才得到了保障。

第四，灾害事件中，媒体传播者的信息覆盖具有由弱而强、由外而内的特征。

---

① 贾小明，赵曙明. 对马斯洛需求理论的科学再反思 [J]. 现代管理科学，2004（6）：3.
② 徐占品. 安全恐慌下的谣言传播特点 [J]. 青年记者，2012（35）：9-10.

前文述及，灾害事件中，政府传播者通过组织传播的形式，在灾害发生之前的预警（报）中发挥着重要作用，其传播的信息是整个灾害事件中公众最为关心也是最为重要的内容。公众传播者是记录灾害现场和自救互救中的信息记录者，而媒体传播者之后在灾害发生之后，灾区通信或交通条件恢复之后，才能够进入灾区采集信息，可以说在时间上，媒体传播者的信息获得晚于其他传播者，所以在灾害信息传播过程中，媒体传播者的信息传播行为往往经历一个由弱而强的过程。此外，为了在第一时间报道灾害事件，媒体传播者常常采取从外围逐渐深入的方式，2008 年汶川地震发生之后，尽管从 5 月 12 日当天，媒体传播者就开始采集相关新闻，但是由于无法深入灾区，其新闻报道只能局限在对党中央国务院、中国地震局、民政部等委办局、四川省地震局等单位的采访，并无真实的灾区画面和直接的灾害损失情况报道，一直到媒体进入灾区之后，大量更加真实客观的新闻才出现在大众媒体上，这正符合媒体传播者灾害信息传播由外向内的特征。

第二节　灾害信息传播者协同

灾害事件发生之后，社会对信息的需求更加紧迫，也更多样化。基于灾害救助的信息需求，基于社会稳定的信息需求，基于受众知情权的信息需求，都分别指向了不同的传播者和传播媒介。灾害信息传播不同于常态下的信息传播，也不同于一般意义上的人为发生的社会危机事件，具有特殊性。灾害事件发生之后，政府传播者、媒体传播者和公众传播者之间的协同合作将大大满足不同主体对信息的需求。

一、灾害信息传播者协同机制建立的意义

按照身份的不同，可以将灾害信息传播者分为政府传播者、媒体传播者和公众传播者。他们按照各自不同的传播目标开展灾害信息传播实践，政府传播者是为了更好地塑造政府形象，公众传播者是基于自身的信息需求和人际交往需求而开展信息传播活动的，媒体传播者是秉持新闻客观性原则和受众至上原则进行灾害信息传播的。[①] 可以看出，不同类型的传播者在灾害信息传播中的目标不同，他们在灾害信息价值认同、灾害信息选择等方面就会出现不同的标准。但是，灾害事件中的信息

---

① 徐占品.灾害信息传播者类型及其传播特点［J］.新闻界，2013（18）：13-18.

传播直接关乎灾害救助和社会舆论引导，各自为战的灾害信息传播行为不能适应社会的需求，因此，建立灾害信息传播者协同机制至关重要。

（一）建立灾害信息传播者协同机制有利于灾害救助的顺利开展

"四个有利于"是指导灾害信息传播的重要标准，也是检验灾害信息传播效果的标尺。"四个有利于"的科学内涵是指：灾害信息传播要有利于灾害救助的顺利开展，有利于满足受众的知情权，有利于社会舆论的正确引导，有利于防灾减灾科普知识宣传。[①]可以说，2008年汶川地震之后的灾害信息传播基本上都遵循了这一原则。

当前灾害信息传播中也存在一些值得商榷的现象。灾害事件不同于常态的新闻事件，其信息传播的时效、频率、内容直接影响到灾害救助的开展，所以完全以经济效益来衡量灾害信息的传播价值，会产生一些社会问题。从2008年雨雪冰冻灾害开始，媒体报道不再是对灾害救助的被动呈现，并且正在成为指导灾害救助的重要力量。雨雪冰冻灾害中，新闻媒体对被困在京珠高速上的汽车司机进行了高频率的报道，使得这一特殊人群成为灾害救助中重点关注的救助对象。汶川地震中，媒体对汶川县城狂轰滥炸式的报道使得重灾区北川未能在第一时间得到救助，也导致甘肃、陕西、重庆等非重灾区救援缓慢、救助不力。可见，完全依赖经济效益标准进行的灾害信息传播无法满足救助需求。这就需要建立不同传播者之间的信息协调机制，在灾害事件发生之后，各司其职发布信息，既可以通过合理配置新闻资源避免灾害信息传播中的同质化现象，还能够满足不同组织、公众的信息需求，尤其是为灾害救助顺利开展提供必要的信息。

（二）建立灾害信息传播者协同机制有助于满足社会公众的信息需求

灾害事件发生之后，具有不同社会角色的组织和个体对灾害信息有着不同的需求，其中既有共性的需求，也有个性的需求，如何满足这种信息需求就成为灾害信息传播者需要思考并解决的重要问题。

原始传播时代和传统大众媒介时代的灾害信息传播，由于受到媒介技术、传播环境和受众媒介素养的制约，受众对政府传播者和媒介传播者传递的信息无力甄别或不加甄别而全盘接受。这就导致了部分政府传播者和媒介传播者为了自身利益而罔顾新闻报道的基本要求，对灾害事件进行趋利性报道。进入新媒体时代以来，受众新闻接受的主动权增强，在新闻接受的过程中，受众的媒介素养也不断提高。传统的信息把关模式无法满足受众日益提高的信息需求，新媒体的低门槛准入也打破了政府传播者和媒体传播者的信息垄断。灾害事件发生之后，广大受众既有获得信

---

① 徐占品.灾害信息传播效果评价标准研究［J］.新闻爱好者，2013（9）：10-14.

息的客观需要，同时还具有选择信息的主动权。

灾害信息传播者协同机制不仅要确定不同类型传播者的合作方式，还要明确不同类型传播者之间的分工。政府传播者要成为灾害预报、灾害预警的第一责任人；媒体传播者是沟通政府和公众、连接事实与舆论的重要桥梁纽带；公众传播者依据自身优势，记录灾害发生时的宝贵资料，弥补媒体传播者因"缺席"造成的缺憾。可见，只有建立灾害信息传播者协同机制，才能扩大新闻报道范围、增加新闻报道角度，才能最大限度满足受众日益多元的灾害信息需求。

（三）建立灾害信息传播者协同机制可以避免重大灾害事件中的新闻传播资源浪费

灾害事件尤其是重大灾害事件具有极大的新闻价值，常常在相当长的一段时间里持续发酵，吸引广大受众的长期关注。四川汶川地震发生之后，作为国内最权威的电视新闻栏目，央视综合频道《新闻联播》从 2008 年 5 月 12—26 日的 15 天里，有 14 天的头条新闻都是关于汶川地震。2013 年 4 月 20 日四川雅安发生 7.0 级地震，此后 5 天内的《新闻联播》有 4 天头条都是这一主题。在媒体的影响下，灾害事件成为了人际传播和自媒体传播的重要内容。可见，突发灾害事件具有很大的新闻价值。

面对重大灾害事件巨大的新闻价值，各类传播者都会加入到新闻竞争中来，这种新闻竞争，一方面是传播者利益的诉求，一方面是传播者社会角色的确认。重大灾害发生之后，各种类型的传播者为了获得最新、最真实的独家新闻资源，往往在第一时间赶赴灾区。政府传播者中的国家减灾机构、国务院组成单位、官方救援组织、地方政府和地方救援组织都会出现在灾区，这些组织都有专职新闻发布人员。媒体传播者中既有灾区媒体，还有闻讯赶至的媒体工作人员。公众传播者以灾区民众和参见救灾的志愿者为主，同时也包括政府传播者和媒体传播者中以个人名义发布信息的人员。

灾害发生之后，灾区物资紧张，加之受到交通、电力、通信状况的影响，常常出现传播者聚集现象，大量的传播者无法向更广泛的区域分散，集中在一个或几个重灾区，他们获得的信息极大雷同，从而出现同质化现象，由此造成极大的新闻资源浪费现象。以芦山地震为例，虽然继承了汶川地震中信息及时公开和以人为本报道的传统，但是也存在着过度反应、报道议题偏离，出现失实、煽情和自我营销等做法，这些折射的正是我国媒体传播者灾害信息传播不够专业、理性的现状。[①] 建立灾害信息传播者协同机制可以有效解决这一问题，一方面协调政府传播者、公众传

---

① 陈力丹，毛湛文. 期待理性而专业的灾难报道——芦山和汶川地震媒体报道比较 [J]. 新闻爱好者，2013（6）：12-15.

播者和媒体传播者在灾害事件中的信息传播行为，一方面协调同类传播者之间的信息传播行为，使得灾害发生之后，各传播者根据自身的媒介定位和媒介特点，有序进行信息传播，为受众提供更为全面、更有深度的信息。

（四）建立灾害信息传播者协同机制可以更好地引导社会舆论

灾害事件关乎民众生命财产安全，是社会公众关注的焦点事件，易于诱发社会舆论。宽松和谐的社会环境，有利于新闻媒体表达舆情，尤其是汶川地震发生之后，新闻报道的惯性禁忌被打破，全面、客观、深刻的灾害信息传播风气盛行，无论是传统媒体还是新媒体都致力于灾害信息传播，具备了这些条件，灾害事件中的新闻舆论才得以产生。

通过媒体生成的社会舆论具有公共性、可变性、扩散性和需导性。[1]灾害事件中，正确的社会舆论将大大增加各种救助力量的整合。汶川地震中，灾害信息传播所生成的社会舆论，极大地调动了社会组织和社会公众的救灾热情，捐款捐物活动空前高涨，中华民族的凝聚力得到进一步彰显，这都有赖于良好的社会舆论。但是，在 2012 年北京"7·21"特大暴雨山洪泥石流灾害和 2013 年四川雅安 7.0 级地震灾害中，由于受到网络上不同声音的影响，社会公众参与救助的热情下降，向灾区的主动捐助减少，甚至在官方发布捐款账号后，有的社会公众使用粗俗的网络语言予以回复，这也说明了各自为战的灾害信息传播机制无法控制负面社会舆论的生成对灾害救助的影响。[2]

传播者研究的批判传统认为，任何传播者的传播行为都是对既有身份的建构与表演。[3]在灾害事件中，无论是何种类型的传播者都是在组织目标驱使下进行信息传播行为的。当政府传播者、媒体传播者和公众传播者三者之间的行为目标出现差异的时候，就可能影响到灾害信息传播行为。

灾害传播者协同机制旨在建立各种类型传播者共同的信息传播目标，通过外在约束力量促成目标的实现。各类传播者能够很好地恪守职责，理性对待舆论监督，在信息传播过程中秉持"传播正能量"的原则，将会更好地引导社会舆论。

■ 二、灾害信息传播者协同机制指向的维度

灾害信息传播者居于整个灾害信息传播系统的始端，通过信息把关决定着将什

---

① 蒙南生. 新闻传播社会学［M］. 北京：中国传媒大学出版社，2007：187-188.

② 徐占品，刘利永. 新媒体时代灾害信息的传播特点——以北京"7·21"特大暴雨山洪泥石流灾害为例［J］. 新闻界，2013（5）：48-53.

③ ［美］斯蒂芬·李特约翰，凯伦·福斯. 人类传播理论（第九版）［M］. 史安斌，译. 北京：清华大学出版社，2009：109-110.

么样的信息呈现给受众。建立灾害信息传播者协同机制是有效解决灾害信息传播中各种矛盾的必要举措，也是灾害信息传播走向有序化和规范化的现实路径。灾害信息传播者协同机制需要从以下几个方面着手。

（一）媒介协同

前文述及，不同的灾害信息传播者掌握着不同的媒介，这些媒介在灾害信息传播中呈现出不同的传播特点。如果缺乏必要的协同机制，不同类型媒介之间的沟通将会受到影响，从而影响灾害信息的全面顺畅传播，因此灾害信息传播者协同机制中首先要建立一套媒介协同机制。

灾害事件中，政府传播者生产的信息一方面通过政府把关行为利用直接掌握的网站、公文、微博等媒介予以发布，另一方面通过媒介把关行为利用大众传媒进行传播。媒体传播者掌握的媒介资源最为丰富，纸质媒介、传统电子媒介以及新媒体都具有强大的传播能力，是信息发布的主要场域。媒体传播者也称为专业传播者，由于接受过系统的新闻传播业务训练，在信息传递的过程中可以顺利规避各种传播风险，在新闻政策、专业主义和市场需求之间寻找到一个平衡点。新媒体的发展为社会公众提供了获得信息和传播信息更为便利的平台，打破了传统媒体的精英把关，迅速发展成为社会公众的信息交流场域。自媒体借助互联网络的开放性获得了巨大的发展机遇，使公众真正成为了传播者，在更为广泛的社会事务中拥有了话语权。

灾害信息传播者协同机制中的媒介协同目标是不同媒介各司其职以实现灾害信息传播的全面性和针对性。不同的媒介具有不同的传播特点，在灾害信息传播中发挥的作用也不尽相同。比如，广播媒介具有较低的物质依赖性，在灾区信息传播中发挥着生命线作用，成为灾区人际传播的重要信息来源，并有力指导了灾区的自救互救。电视媒介凭借集声音、画面、文字为一体的传播手段，对展现灾区灾情和救援场景具有得天独厚的优势，是引导全社会关注灾害事件并参与灾害救助的重要媒体。以互联网为代表的新媒体则借助良好的反馈、海量的信息和便捷的搜索功能获得了稳定的受众群体。

为了实现上述目标，需要不同类型传播者掌握的媒介进行分工和合作。灾害信息传播者要进行合理分工，首先需要在横向和纵向两个层面展开。横向上，要将不同类型的媒介根据自身的特点进行差异化传播，纸质媒介集中进行深度报道，电视媒体展现灾情和救助场景，新媒体及时回应社会公众的关切。在纵向上则要分清不同级别的媒介，各级政府传播者要根据自身所掌握的情况及时进行信息发布，媒体传播者要结合自身的传播范围和信息发布方式为本区域的受众提供灾害信息。此外，灾害信息传播者协同机制中的媒介协同还要充分考虑到灾区受众和外围受众不同的信息需求。一方面，灾区政府要根据受灾民众的心理特点组织信息传播活动，充分利用广播媒介向灾区传递救助信息，安抚灾区民众的心理恐慌，政府传播者和媒体传播者传递的信息又会成为灾区公众传播者信息的源头。对于外围受众来说，纸质媒体、电视媒体和新媒体的作用更大。

灾害信息传播者协同机制中的媒介合作是灾害信息传播中的常态，灾害事件发生后，就会引起各种类型传播者的关注。传播者掌握的媒介根据自身的传播特点选择合适的传播内容，从而形成灾害信息的互补，为受众及时、全面、真实地展现了灾害中的各种场景。建立在分工基础上的媒介合作，是灾害信息传播者协同机制的重要内容。

（二）信息协同

媒介协同针对的是静态的媒介，是根据媒介特点进行的媒介分工和媒介合作，信息协同则是针对灾害事件中的不同阶段进行的动态信息协同。

政府传播者应该把握灾害事件发生之前信息传播的主动权。目前，我国面临的主要自然灾害有气象灾害、地震灾害、地质灾害、生物灾害和草原森林火灾等。这些灾害都有对应的管理部门，这些部门承担着灾害防治和灾害救助的职责。随着经济社会的发展，灾害事件所产生的影响变得越来越大，社会公众对灾害预报和灾害速报的要求也越来越高、并越来越迫切，政府传播者应该在灾害事件发生之前向社会公众发布信息，以减轻灾害损失。为了约束政府传播者对灾害事件的预测预报，甚至通过一些法律法规对此进行了规范。

各种自然灾害的管理部门在获得灾害事件的预测预报意见之后，应该按照相关规定在第一时间向社会公众发布，为政府和公众赢得防灾避灾的时间。近年来，气象部门关于台风"苏力"和"天兔"的预报就大大减轻了灾害损失。

多数自然灾害都具有突发性。这些灾害发生的时候，媒体传播者往往无法到达灾害发生的第一现场，无法为广大受众提供直击灾害时的切身感受，也无法满足科研工作者对灾害研究的需求。这一矛盾在公众传播者出现之后得到了有效缓解，随着信息采集技术的普及和公众媒介素养的提升，借助数码相机、数码摄像机、手机，许多人在灾害发生的时候，拍下了宝贵的现场照片和视频，再利用自媒体这一传播渠道，传播给社会公众。

灾害发生之后，媒体传播者到达灾区之前的一段时间，灾区的公众传播者发挥着重要作用，对灾情和灾区民众自救互救场景的直观展示，为广大外围受众了解灾害事件提供了便利。媒体传播者进入灾区之后，灾区的全景通过大众媒介进入受众视野，专业的新闻传播迅速取代公众传播者的信息传播行为，成为灾害信息传播的主要力量。

缺乏协同机制的灾害信息传播者进行的灾害报道，常常因为传播者和受众的新闻脱敏而显得虎头蛇尾。无论是汶川地震、玉树地震，还是舟曲泥石流，对灾区重建的报道无论是数量还是质量都乏善可陈。灾害信息传播者协同机制的信息协同要求政府传播者和媒体传播者打破利益格局，以报道灾情和救助的热情报道灾区的重建，通过政府和媒体的议程设置，呼吁全社会在更长时间和更广范围内关注灾区。

信息协同要求不同的传播者在灾害发生的不同阶段进行信息的差异化传播，此举不单为了满足受众的知情权，更主要的是满足灾害救助的客观需求。灾害信息传播不能完全按照组织目标和市场效益进行框定，更应该关注灾害信息的社会效益，真正实现灾害报道的专业化、人性化和科学化。

（三）宏观协同

无论是媒介协同还是信息协同，都是针对某一自然灾害事件而言的，都是微观层面的。但是站在整个社会系统的宏观角度，一些灾害事件常常被政府传播者和媒体传播者忽略，被新闻选择淘汰出大众传媒视野。

2013年7月22日，甘肃定西发生6.6级地震，并未造成重大人员伤亡和经济损失。由于此前国内发生多次震级较高的地震，媒体对定西地震的新闻报道出现了脱敏现象，无论是政府传播者、媒体传播者还是公众传播者，都对这次灾害事件进行了低频报道。但是，这一现象引起了部分受众的不满，有人在2013年8月2日发布微博说："四川地震，央视全天直播，领导第一时间到达，全国人民同舟共济，抗震救灾。甘肃地震，新闻一扫而过，灾区多半靠自救。同样是地震，为什么甘肃得不到应有的关注？难道八级地震才算地震？死伤几千人才算受灾？甘肃人不需要怜悯，只是想得到应有的关注！"。可以看出，完全按照市场规律进行的灾害信息传播，常常影响到灾害事件中信息传播社会效益的发挥。灾害信息传播者协同机制中的宏观协同，要求以外力约束各种类型的传播者，在灾害事件中综合考虑组织目标、经济效益、社会效益等诸因素，站在全局的高度进行灾害信息传播。

宏观协同主要是对各种类型的灾害事件平衡分配信息传播资源。灾害事件发生之后，协同机构在第一时间里，预测灾害的影响程度，向各种类型的灾害信息传播者通报信息传播的指导意见，明确灾害报道目标、灾害报道角度、灾害报道形式等具体内容，使得各类传播者根据指导意见适当安排人力、物力、财力，从而实现灾害信息传播的良性运行。

三、灾害信息传播者协同机制的保障条件

综上，灾害信息传播者协同机制的建立意义重大。但是，为了实现集媒介协同、信息协同为一体的灾害信息传播者协同机制，需要相关部门提供保障条件。

（一）组织保障

灾害信息传播者协同机制不可能依靠各种类型传播者的自觉自愿，应该建立一套具有约束力的组织机构。

灾害信息传播者协同机构应该包括媒体管理部门、各种自然灾害的管理部门、各大媒体、社会公众在内的人员组成。可以是在新闻管理机构下面的常设机构，也可以是在灾害应急预案中规定的临时机构，总之，需要有专门的机构对灾害信息传播者进行协调和管理。

灾害信息传播协同机构应该从三个层面对灾害信息传播者进行指导。第一，通过制订相关的规约制度硬性要求各类型的传播者的传播行为。第二，通过制订奖励性规章引导各种类型的传播者自觉按照协同机制的要求来进行灾害信息传播实践。第三，通过强制性的约束和软性的引导，最终实现各种类型的灾害信息传播者将协同行为作为自身的主动追求。

此外，国家相关部门要赋予灾害信息传播者协同机构一定的管理权限，还要给予协同机构经费支持。

（二）制度保障

灾害信息传播者协同机构建立之后，需要制订一系列保障协同机制运行的制度，这些制度主要包括运行制度、评级制度和沟通制度。

灾害信息传播者协同机制需要建立严格高效的运行制度。运行制度可以具体到不同的灾种和灾害造成的影响级别，要针对不同级别灾害的特点，对各种类型的传播者进行灾害信息传播实践进行制约，既要防止重复报道以节省宝贵的新闻资源，还要防止各类传播者在灾害事件中的集体失语从而影响到灾害救助的有效开展。

除了运行制度之外，还要建立一套高效的评价制度，在灾害事件发生时和灾害事件发生之后，按照一定的标准对灾害信息传播进行宏观和微观层面的评价，形成评价意见向社会公众公布，并对在灾害信息传播实践中表现优秀的组织和个人予以通报表扬，以询唤的方式使得各种传播者主动融入灾害信息传播者协同机制中来。

无论是政府传播者和媒体传播者，还是建立起来的灾害信息传播者协同机构，都是社会组织，都有明确的组织目标。为了保障组织目标的实现，需要制订具有针对性和可操作性的沟通制度。沟通制度包括组织内沟通和组织外沟通两种方式，组

织内沟通要将灾害事件中的各类利益群体进行协调，以保证灾害信息健康传播，组织外传播则要保证协同机构与外部各组织之间的联系，树立良好的组织形象，有力推动组织行为的开展，并且努力将自身写进相关的规章制度中去，以获得更多的社会认可，便于开展各项工作。

（三）人力资源保障

灾害信息传播者协同机制的建立需要社会各界的共同努力，按照灾害信息传播的特殊规律打造一支精良的传播者队伍。

政府传播者在灾害信息传播中的业务能力介于媒体传播者和公众传播者之间。在政府组织中，进行组织内传播和组织外传播的个体要么缺乏新闻传播基本理论知识，要么缺乏新闻传播实战经验，再加上缺乏媒体集团类似的职业环境和评价体系。政府组织中从事灾害信息传播的人员要兼通行业知识和新闻传播规律，并与媒体传播者保持紧密的联系。

媒体传播者具有最强的新闻传播业务能力，但是常常由于缺乏自然灾害的相关知识，在新闻报道中出现错误，甚至产生较为严重的后果，因此，建议一些大型媒介机构重视自然灾害方面的采编人员能力的提升，甚至将一些具有行业背景的人员引进媒介机构，从事新闻采编工作。

公众传播者人员众多，组织松散，无法进行制度化的培训，但是需要在义务教育或高等教育阶段增加媒介素养教育的相关内容，同时借助大众传播媒介组织相关活动或开设相关讲座，逐渐提升公众传播者灾害信息传播的意识和能力。

第四章 灾害信息传播媒介

第一节 纸媒灾害信息传播

新媒体的快速发展打破了传统媒体的竞争格局。面对新媒体的冲击，传统媒体亟须寻找到自身的发展路径，以应对越来越激烈的媒介竞争。融媒体时代的到来，纸质媒体的发展前景看似明朗，但是至今为止，尚未找到一条具有操作性的成功之路，陷入了"不融必死，早融早死"的两难境地。也有专家对纸质媒介的发展持乐观态度，认为"只要传统媒体指引方向的功能其他媒体替代不了，就有存在的理由"。[①] 无论如何，在媒介竞争中走特色之路，是纸质媒介的必然选择。

■ 一、媒介竞争与纸质媒介灾害信息传播

媒介竞争涉及方方面面，包括介质、技术、内容、营销、整合乃至眼球等。但是，"内容为王"的竞争理念已深入人心，[②] 媒介正是依靠其所提供的优质信息获得受众的认可，从而扩大影响力，实现媒介的"二次售卖"，在媒介竞争中获胜。决定内容竞争的关键因素有二，一是信息获取渠道，一是信息加工能力。国外的一些传媒集团为了赢得市场竞争，甚至不惜冲破社会道德底线，采取窃听等非法行为来获取新闻。

新媒体时代信息总量大幅增加，人们获取信息更加便捷，信息的呈现方式也趋于多元，随着社会竞争的加剧，人们生活和工作压力越来越大，这些因素的耦合使得社会公众走进了浅阅读时代。[③] 浅阅读时代的一个最基本条件和显著特征就是媒介竞争的加剧。媒介竞争在一定程度上导致了"媒介中心"向"受众中心"的转变。在常见的大众媒介形态中，传统电子媒介对受众形成了强烈的感官刺激，新媒体则满足了受众对信息自我选择的需求和对"异见"、"真相"、自我表达的需求，并

---

① 丁俊杰.中国社会离不开传统媒体 [J].青年记者，2013（4）：31-32.
② 李东红.新媒体时代传统报业的突围之路 [J].新闻爱好者，2013（11）：87-90.
③ 王飞.从浅阅读到瞽阅读——新媒体语境下阅读方式嬗变及解读 [J].编辑之友，2014（1）：32-35.

通过信息接收终端的不断革新，成功制造了"新媒体依赖症"。和电子媒体、新媒体进行比较，纸质媒体无论是在信息传播时效性、信息的内容含量，还是信息传播的互动性等方面，都无优势可言，面对市场的优胜劣汰法则，纸质媒介的生存和发展危机重重。

新媒体的发展打破了传统媒体的新闻垄断，自媒体信息发布的门槛较低且信息扩散功能强大，在一定程度上改变了传统媒体新闻选择的价值取向。对灾害事件的全方位报道就是这一变革的重要体现。

灾害事件具有突发性。在短时间内形成的巨大变化，符合新闻价值中的显著性要求。加之灾害事件与区域内公众的生产生活息息相关，抗灾救灾过程也常常伴随着国家领导人的高频度活动，这些因素的叠加，使得新闻媒体近年来对灾害事件的关注度越来越高，灾害事件正在成为各类媒体的必争之地。

面对灾害事件，纸质媒介结合自身定位和媒介特点进行了大量报道。从 2008 年的南方雨雪冰冻灾害至今，纸质媒介不断摸索灾害事件报道的角度和模式。2011 年 7 月 23 日甬温线特大交通事故发生后，各地的都市报、晚报，不仅在头版发表大幅事故照片，还加大加粗新闻标题的字体字号；除此之外，在版面形式上也凸显灾害报道特点，几乎所有报纸都把报头字体颜色改为灰黑色，以表示对事故遇难同胞的哀悼，给读者带来了很强的视觉冲击力。2012 年 7 月 21 日北京发生特大暴雨山洪泥石流灾害，《北京日报》对此进行了连续的报道，相继使用了"应对强降雨京城总动员""抗击强降雨大爱涌京城""打好救灾善后维稳攻坚战""救灾善后众志成城""最美北京人厚德润京华"等专版和专栏，进行持续、深入和全面的报道。这些报道分主题进行内容整合，大大方便了受众对事件的深入了解。

综上，灾害事件正在成为媒介竞争的重要新闻资源，但是我们更应该理性地看到：重大事件报道对于传统纸质媒体来说，是一次战役，可以锻炼队伍，彰显特点，赢得受众；当然，也可能取得相反的效果。

■ 二、纸质媒介灾害信息传播的制约因素

灾害事件具有破坏性，不仅影响人们的生产生活，一些大型灾害还会造成重大经济损失和大量人员伤亡。出于自身安全的考虑和外部世界变动的信息需求，受众对灾害事件中的信息传播依赖性强、敏感性强。灾害事件中的信息传播对于各种媒体来说都是重要的新闻资源，但是由于客观条件和媒体定位的限制，在灾害信息报道中，各种媒介形态都各有侧重。纸质媒介的灾害报道并不能随心所欲，而是受到很多方面的制约，这些制约因素主要表现在以下几个方面。

（一）物质依赖：纸质媒介的传播范围受限

物质依赖性是指新闻媒体信息传播过程中对外界物质条件依赖的特性。物质依赖性是衡量一种媒介抗灾害能力高低的主要标准。纸质媒介的物质依赖性强，主要表现为对电力和交通的高度依赖。纸质媒介的印刷离不开水电，纸质媒介的发行受到交通条件的制约。报纸、杂志和书籍作为新闻载体，纸张的易损性也直接影响了灾害事件中的纸质媒介作为。[①]

2008年南方雨雪冰冻灾害导致部分地区停水停电、交通拥堵，2008年的汶川地震也导致震中地区长时间停水停电、通信中断、交通中断，此后国内发生的多次自然灾害事件对部分区域的电力、交通、通信设施造成不同程度的破坏。这对于纸质媒介来说可谓致命打击，严重制约了纸质媒介在灾区开展信息传播和舆论引导。正是由于较强的物质依赖性，部分大众媒介在灾区无法发挥作用，导致灾区在一定时间范围内出现信息真空，导致灾区民众强烈的信息需求与传播媒介较弱的传播能力之间的矛盾突出。

纸质媒介对受众的要求较高，纸质媒介传播的信息具有较强的权威性。纸质媒体的固定受众群常常在区域内充当着意见领袖的角色，纸质媒介信息传播受阻也将直接影响灾区群体传播和人际传播的信息量和准确度。物质依赖性导致的传播范围缩小，对灾区地方纸质媒介的影响是最大的，甚至直接导致地市级党报的短期停刊，基于地方视角的灾情发布、灾害救助更新、灾区舆情引导，都显得乏力。

（二）定期出版：纸质媒介的传播时效不强

随着电子媒体的普及，时效性成为纸质媒介的"阿喀琉斯之踵"。所有的纸质媒介都是定期出版的，出版周期最短的是日报，每天一期。信息传播的发展史就是不断追求时效性和便捷性的过程，无论何种传媒技术的更新，都向着这个目标迈进，广电媒体和新媒体可以通过声音、文字和画面的形式开通直播，即时传递信息，可以说，电子媒体大大缩短了新闻事实发生和新闻报道之间的时间差，甚至通过新闻现场直播的方式，可以将时间差缩短为零。

纸质媒介的新闻报道必须经过组稿、编校、印刷、发行等环节，在信息传播形式多样化的今天，报纸上的新闻到达读者手里时，往往已经成为了旧闻，很难在"新"上取胜。随着新媒体的迅速发展，公众参与信息传播的门槛越来越低，新闻事件常常不需要借助专业新闻工作者和专业新闻传播机构，将传统的"公众—媒体—

---

①郭子辉，徐占品，郗蒙浩.广播媒介在灾害救助中的积极作用——基于汶川等十县市的调查结果［J］.防灾科技学院学报，2009（1）：102-105.

公众"传播流程直接缩短为"公众—公众",这在一定程度上打破了新闻机构（人员）对新闻选择的垄断,"两个舆论场"之间的交锋逐渐形成。

灾害事件因为关系到社会公众的生命财产安全,灾害信息传播又关系着灾害救助能否顺利开展。灾害事件对信息传播的要求很高,其一,要求快速传递信息;其二,要求准确传递信息;其三,要求科学传递信息。纸质媒介无疑可以满足灾害事件中准确、科学传递信息的要求,但是对于快速这一时效性的要求,纸质媒介本身很难做到（纸质媒介开通的微博、微信、信息平台仍然属于新媒体范畴）。

（三）被动阅读：纸质媒介的反馈渠道受阻

灾害事件中的信息传播要求实现及时有效的反馈,一方面,信息反馈有助于集思广益,及时处置灾情;另一方面,信息的及时反馈可以动态显示灾害救助信息,避免灾害救助的资源浪费。

良好的信息反馈要求具有便捷的信息反馈渠道,同时还要求信息反馈与新闻报道之间的时间差最小。用这个标准衡量,纸质媒介与其他传统大众媒介一样,信息反馈能力较差。尽管纸质媒介不断拓宽信息反馈渠道,借助网络平台吸引受众进行信息反馈,但是纸质媒介受众与新媒体受众之间的交叉范围比较小,分属不同的年龄段和社会阶层,网络平台的信息反馈渠道发挥作用有限。

信息反馈能力的欠缺导致了传受双方的信息传播隔阂。灾害事件中的纸质媒介信息传播,常常是专业的传播者根据自己的主观猜测来判断信息的价值,由于反馈渠道受阻,传播效果无法短时间得以验证。正是传受双方的隔阂,导致受众的信息需求无法直接快速到达媒体,媒体也无法及时调整报道思路以迎合市场,这就导致了受众常常处于一种被动阅读状态。灾害事件具有突发性,新闻报道在持续一段时间后恢复常态报道,关于灾害报道的信息反馈也就无从谈起了。

此外,信息获取渠道的多元化也是纸质媒介传播信息反馈受阻的重要原因,可供受众选择的媒体越来越多,受众在纸质媒介上获取不了的信息,可以尝试从电子媒介上获取。综上所述,灾害事件中的纸质媒介在媒介竞争中受到反馈因素的制约,传播效果很难实现最大化。

（四）受众惯性：纸质媒介的传播效果欠佳

传媒技术的发展极大地影响了受众的信息接收习惯。在惨烈的媒介竞争中,传统媒体的应对显得捉襟见肘,其中纸质媒介尤甚。近年来,关于纸质媒介"生存还是毁灭"的争论甚嚣尘上,纸质媒介只能不断寻求自我革命,以期顺利实现转型发展。

受众是灾害信息传播的根本旨归。传播效果评价是基于传播形式和传播内容到达受众后所产生的综合作用，受众数量的多少对于媒体的生存和发展影响很大。新媒体时代的媒介竞争本质上就是争夺受众。在这种媒介生态之下，受众的信息接收习惯也在发生着巨大的改变。

纸质媒介的固定受众正在逐渐老去，这是不争的事实，新媒体正在吸引越来越多不同年龄段的受众，这种强烈的吸引力使得诸如纸质媒介和传统电子媒介的受众群在逐渐缩小，由此衍生的一系列变化正在制约着传统媒体尤其是纸质媒介的发展。

受众的信息接收惯性与纸质媒介的传播效果具有密切关系。纸质媒介的受众数量越大，纸质媒介的发行量就越大，经济效益就越好，纸质媒介的信息生产力就可以得到有效提升，随之而来的就是良好的传播效果，反之亦然。

■ 三、纸质媒介灾害信息传播的突围策略

无论学界和业界对纸质媒介的发展持悲观态度还是乐观态度，争论者仍然在一些问题上达成了共识，那就是纸质媒介必须勇敢面对当前的媒介竞争，进一步完善定位，寻求差异化发展。[①]灾害事件在短期内就能聚集很高的社会关注度，作为当前新闻报道的重要题材来源，正在成为各类媒介新闻竞争的主战场之一。汶川地震、雅安地震、北京"7·21"暴雨灾害，一些媒体脱颖而出，迅速占领信息传播和舆论引导的高地，创造了良好的社会效益和品牌效益。灾害事件中，社会公众对信息要求的范围广、层次多、深度大，这就为不同类型媒介的信息传播提供了广泛的空间，灾害事件正在成为纸质媒介突破发展瓶颈的重要隘口。综合考察近年纸质媒介发展现状和灾害信息传播的特点，作者认为媒介竞争背景下的纸质媒介灾害报道可以从以下几个方面进行尝试。

（一）信息整合：弥合受众碎片化阅读障碍

麦克卢汉在他的著名论著《理解媒介——论人的延伸》中引用中国典籍《庄子·天地篇》中关于子贡的一个故事，以"为圃者"所说的"有机械者必有机事，有机事者必有机心"，来印证"我们利用新媒介和新技术使自己放大和延伸"。[②]传播技术的发展在不断改变着人类的思维方式和行为方式，从印刷媒介到电视媒介再到互联网络媒介，受众对媒介的迎合不仅推动了传媒生态的变革，甚至对整个世界宏观层面的政治、经济、文化等领域都具有重要影响。

---

① 张立伟.纸质媒介逆势增长五大战略（上篇）[J].新闻战线，2014（5）：8-11.

② [加]马歇尔·麦克卢汉.理解媒介——论人的延伸 [M].何道宽（译）.北京：商务印书馆，2000：99-100.

信息传播时效性的大大提升，不可避免地导致信息传播的碎片化。尤其是微博、微信等自媒体受到主客观条件的限制，信息表述简要但缺少语境，从而影响信息的确定性。碎片化阅读正在成为受众进行新闻消费的重要方式，但是碎片化阅读的弊端也正在日益显现，一方面，碎片化传播冲击了信息的真实性；另一方面，碎片化传播解构了受众对客观世界的整体性认知，由此，一些习惯于接触传统媒体的受众正在遭遇碎片化阅读障碍。

弥合受众的碎片化阅读障碍，纸质媒介大有可为。前文述及，受到定期出版的制约，纸质媒介在突发事件尤其是灾害信息传播中的时效性相对较差，辩证地看，牺牲信息传播的时效性可以换来充足的时间来裁汰虚假新闻和深度整合信息。灾害事件发生后，相关信息会爆炸性出现，这些信息鱼龙混杂，尤其是微博等自媒体中发布的都是对灾害事件的个体感受，短时间内真假难辨。但是微博具有自净功能，随着时间的延长，虚假信息被识破的几率就越大，这也就大大降低了纸质媒介灾害信息传播中出现虚假信息的风险。此外，充分利用新闻事件和新闻报道的时间差，全方位整合信息，为受众呈现出全面、深刻的专题报道，将大大降低受众的碎片化阅读障碍，这将成为纸质媒介应对竞争的必由之路。

（二）差异报道：突出纸质媒介灾害信息传播价值的唯一性

灾害事件发生后，为了满足受众的信息需求，获得更有价值的独家新闻，一些有实力的媒体会向灾区派出报道团队，纸质媒介也不例外。灾害信息的受众关注强度大、范围广、层次多，为各种形式的媒介进行灾害报道预留了空间，有利于各种媒介的差异化报道。

灾害事件中，灾区受众和外围受众对信息的诉求也有所不同，在信息需求上有理性和感性之异，在信息内容上有广度和深度之分，在接受态度上有信任和怀疑之别。最主要的是灾区受众亲历过灾难，强烈的无助感和恐惧感深深影响了他们对灾害信息传播的需求。不同媒介的灾害报道各有侧重点，新媒体重互动，电视媒体重画面，广播媒体重时效，它们和纸质媒介的最大区别就在于关注动态还是挖掘深度。

灾害事件中，纸质媒介的差异化报道主要体现在信息的深度挖掘。灾害信息的深度挖掘可以从以下几个方面下功夫：

第一，典型人物的深度挖掘。2008年汶川地震中，新华社记者朱玉在灾区对桑枣中学校长叶志平进行了深度挖掘，写出了著名的通信作品《一个灾区农村中学校长的避险意识》。这对于纸质媒介的灾害报道具有重要启示，另辟蹊径，访人之未访，报人之未报，深度挖掘可以成就独家新闻。

第二，灾害成因的深度挖掘。如果说其他媒体要在第一时间告诉受众"发生了什么"，那么纸质媒介与之竞争的关键点应该放在"为什么发生"上。汶川地震发生之后，《南方周末》记者马昌博发表了《长时间"强震缺失"的后果？——地震专家眼中的汶川大地震》，借地震专家之言解释了地震发生的原因。这些报道及时而有力，扬纸质媒介之长，避纸质媒介之短，信息传播效果明显。

第三，社会关切的深度挖掘。灾害事件发生之后，社会公众都会更加关注自身的安全问题，迫切需要媒体发布相关信息，同样是《南方周末》，同样是马昌博，一篇《地震预报的中国"江湖"》将地震预报这一敏感话题摆在了明面，引起社会公众的广泛讨论。可见，深度挖掘就是纸质媒介灾害事件差异报道的重要形式和手段，借此可以突出纸质媒介灾害信息传播价值的唯一性。

（三）重视评论：正确引导灾时社会舆论

新闻评论是纸质媒介的一大优势，也应该成为灾害事件中媒介竞争的一大利器。在我国，舆论引导是执政党赋予新闻媒体的重要使命，也是新闻媒体社会效益实现的前提。随着媒介竞争的加剧，广电媒体和新媒体正在引进这种新闻体裁。2008 年 5 月，央视《新闻联播》改版，以配发"本台短评"的形式，"凸显主流媒体声音，以鲜明观点引导舆论，收到了较好效果"。[①] 在此之前，央视《新闻联播》的评论只有一种形式，即播发纸质媒介的重要评论文章来表达观点，诸如"明天出版的《人民日报》将刊发评论员文章"这样的"新闻联播体"，多数受众都已经耳熟能详。新媒体评论指向两个舆论场，指向官方舆论场的评论是时评家风格，指向民间舆论场的评论是网民风格。

灾害事件中，新闻评论在表达观点、引导舆论方面更加直接，也更适应灾害信息传播的生态环境。由于灾害事件造成的社会心理恐慌，亟须权威媒体发表声音，为受众解疑答惑，予以正面引导。大量的灾害信息令受众应接不暇，信息的筛选甄别难度较大，纸质媒介发表评论要紧密结合灾害发生时的受众信息需求，充分利用自身的公信力和权威性，通过新闻评论引导社会公众的信息需求。灾害事件中纸质媒介的新闻评论，要遵循自然灾害发生变化的规律，也要遵循灾害信息传播的规律，分阶段有重点地发表评论。比如在灾害发生之初，抢救生命是第一位的，纸质媒介的评论应该引导社会舆论关注救灾，当黄金救援时间过去，灾害救援转为灾后重建之后，纸质媒介的评论也要及时跟上，将社会舆论及时转移到重建上来，为防灾减灾造势。

---

① 苑广阔.新闻联播配短评是创新更是完善［N］.中国新闻出版报，2008-5-8（1）.

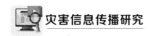

第二节　广播媒介灾害信息传播

全社会对广播媒介在灾害信息传播中的重要作用的认识，始于 2008 年的汶川大地震。这次地震造成震中地区电力、通信的极大破坏，导致震中群众与外界失联。正是在这种极端状态下，地震灾区的民众通过车载电台了解这次灾害的基本信息，获得党中央国务院和四川省委省政府的鼓励，得知专业的救援队伍正奔赴汶川，获得了战胜灾难的信心。震后 4 个多月，我们组成科考小组赴地震灾区进行考察，就灾后的社会救助问题进行了实地调研，整理问卷和深度访谈的录音后发现，大众传播媒介在重灾区呈单一化态势，广播媒介在灾害救助中发挥着重要的积极作用。

一、广播媒介对灾害救助的积极作用

所谓广播媒介，特指无线广播利用强大的传播优势向广大社会受众进行信息传递的软硬件的总和。在传播媒介激烈的竞争中，广播媒介传递信息的形式开始显得单调，吸引的受众也在逐渐减少。许多现代化的家庭，主要依靠电视媒介和互联网媒介获得信息，收音机被束之高阁。但是灾害事件带来的巨大破坏性使得多数传播媒介在一定范围内丧失信息传播能力，而物质依赖性较弱的广播媒介脱颖而出，在灾害信息传播过程中"一枝独秀"，成为了保障灾害救助及时有效开展的生命线媒介。

（一）广播媒介对于自我救助具有引导作用

灾害事件对交通、电力、通信等基础设施造成了重创。此时，电视媒介、互联网媒介、纸质媒介都难以向灾区传递信息，灾区受众无法获知自身所处环境状况，甚至不知道自己应该如何作为，如果此时缺乏科学的引导，灾区群众就会错过自我救助的黄金时间，可能导致不必要的损失。

广播媒介是灾区群众自我救助的引导者。在汶川地震中，灾区群众"最恐慌的是失去与外界的联系，那种刻骨铭心的孤独感、无助感使人记忆犹新"。[1] 正是在这种情况下，从汶川灾区逃生出来的群众描述："我们找来收音机收听地震情况，然后一起等待救援。我记得收音机是 3 点半开始收到广播的，然后电台里就说温总理要

---

① 新华社 . 地面像波浪一样"翻滚"［N］. 北京青年报：2008-5-14（A3）.

来灾区，部队也要开进来救灾，还要空投物资，大家心里踏实了很多。"①同样，在年初我国南方地区出现的冰雪灾害中，央视《迎战暴风雪》栏目邀请的相关专家也提议积极发挥广播媒介的生命线作用。

广播作为灾害救助的生命线媒介，利用其独特优势及时把信息传递到灾区，使灾区受众了解自身面临的形势。广播媒介及时介绍自救知识，积极引导灾区群众展开自救，力所能及的做好专业救助前的各种准备，既可以提高救助的效度，也可以在一定程度上消除灾区受众的恐慌心理，从而肃清流言，维持灾区良好的社会秩序。

（二）广播媒介对于专业救助具有指挥作用

从灾害信息传播流程来看，在灾害事件发生后，地方组织或相关部门会把灾情逐级上报，直至中央组织，中央组织和地方组织会根据实际情况派出专业救护队伍深入灾区展开救援。②在此次地震灾害发生后，不到十个小时，国家地震灾害紧急救援队赶赴灾区展开搜救。专业救助队伍在进入灾区后，面临着信息传播不畅的重大难题。在汶川地震现场，有来自国家救援队和各省救援队以及解放军和武警官兵共计10余万人的救助队伍，如何获得有效信息并进行统一指挥直接影响救助效果。

在灾害事件中，可供专业救助组织选择的通信设备十分有限，主要有国际海事卫星电话、卫星电话、军用卫星电话、无线电台、ARES（业余无线电应急通信）。我们可以看出，无线电是唯一的大众传播媒介，也是其中性价比较高的传播媒介。通过广播媒介指挥专业救助是一种最为经济有效的方式。专业救助队伍根据形势的需要会分散在不同的地点展开搜救，利用广播媒介指挥救助大局，准确向各受灾地点调配人员，及时通报灾区面临的其他危险，并通过相关栏目为专业救助人员缓解疲劳和压力，无疑是保证专业救助活动有效开展的重要方式。因此，从某种意义上说，广播媒介承担着专业救助指挥者的重要角色。

（三）广播媒介对于社会救助具有整合作用

在灾害救助中，除了自我救助、专业救助之外，社会救助也是重要的组成部分。广播媒介对于社会救助具有重要的整合作用。

灾害事件发生后，大批灾民流离失所，急需得到社会救助。大众传媒积极发挥信息沟通的作用，保证社会救助及时准确开展。在年初的冰雪灾害和汶川地震中，所有传播媒介积极传达各级组织的声音，倡导各种社会力量为灾区奉献爱心，在最

---

① 蒋亮，代朗.汶川逃生者徒步脱险自称找到进入震中小路.［N］.2008-5-15.
② 刘晓岚，徐占品.灾害事件中信息传播流程探究［J］.福建论坛（社科教育版），2008（8）：189-191.

短时间内为灾区群众募集到了大量物资和巨额款项，保证了社会救助的有效开展。

面对灾区之外的社会公众时，广播媒介并没有独特的优势。但是，广播媒介积极配合其他媒介对社会公众进行舆论引导，和其他媒介一起，根据灾区群众的实际需求对社会救助进行整合，以使得社会救助更具针对性和实用性。在现代社会的城市化过程中，很多知识分子因为生活节奏快、移动性强、经济文化水平较高等特性，表现出明显的"回归广播"的意愿，[①]这些人已经成为了广播的固定受众。同时，具有丰富社会经验的老年人也是广播媒介的忠实受众，这些人往往成为社会捐助和提供灾害救助经验的主力军，在广播媒介的整合作用下，他们通过捐款、捐物、献言献策等形式，成为社会救助的重要社会成员。

■ 二、各种传播媒介的抗灾害能力比较

灾害信息传播不只是为了满足社会公众对灾害信息的需求，更要引导灾区受众进行自我救助、辅助专门救援机构进行专业救助、整合各种社会力量进行社会救助。这就需要各种传播媒介向灾区传递信息。能否承担起这个社会责任，取决于传播媒介具备的抗灾害能力的强弱。所谓传播媒介的抗灾害能力，指的是传播媒介在灾害破坏范围内信息传递的综合表现。衡量传播媒介的抗灾害能力的主要标准有载体条件、受众条件、物质依赖性、时效性和信息传送效力等。

（一）印刷媒介的抗灾害能力

现代社会，印刷媒介已经高度普及，书籍、报纸、杂志等出版物作为人们每天获得信息、知识、娱乐的基本渠道之一，在社会生活的各个领域都发挥着重大的影响。[②]自然灾害事件发生后，印刷媒介迅速做出反应，各大报社向灾区派出采编人员，各杂志社也积极挖掘灾害事件的纵深层面，各种以灾害为题材的书籍也相继出版。诚然，印刷媒介对社会救助的整合能够发挥重要作用，而对自我救助和专业救助却心有余而力不足。

书籍、报纸和杂志是主要的印刷媒介，印刷媒介均要求受众具备一定的阅读能力，这就限制了受众的范围；其出版和发行离不开电力和交通，这是印刷媒介在灾害救助中的软肋。在这三种印刷媒介中，报纸的时效性最强，杂志次之，书籍的时效性最弱，很难对突发性灾害事件的救助活动的开展发挥作用。因此，在灾害救助中，纸质媒介应该根据自身的特点做好社会救助整合及监督，并积极引导社会舆论

---

① 孙弘. 新世纪广播受众的特点研究 [J]. 新闻采编，2006（5）：19.
② 郭庆光. 传播学教程 [M]. 北京：中国人民大学出版社，1999.

筹备灾后重建。

（二）电子媒介的抗灾害能力

我们经常接触的电子媒介主要有广播、电视、互联网和手机等。这些媒介在诞生之始就对信息传播起到了很大的推动作用，并迅速被受众接受。虽然这些媒介的信息传播形式不同，信息传播范围也有差异，但是它们对信息传播时效性的提高发挥了一致的作用。

在 2008 年初南方雨雪冰冻灾害和汶川地震中，选择信息传播媒介时，广播被屡屡提及。民政部门向灾区提供物质援助时，也把收音机作为灾区受众必需的救灾物资之一。这些都充分显示了在特大灾害面前广播媒介具有的强抗灾害能力。因此，对于灾害救助来说，广播媒介具有生命线作用。

广播媒介只要求受众具备听觉能力，这不同于其他媒介对受众的能力限制；广播媒介需要的载体条件是收音机，收音机体积相对较小，在灾害事件中受损坏几率较低；广播在所有的大众传播媒介中具有最强的时效性，[①] 这将非常有利于灾害救助的开展；最重要的是广播媒介并不依赖于局部地区的电力和交通设施的健全，因此，冰雪灾害和汶川地震尽管造成了局部地区的电力和交通中断，广播媒介依然能够正常发挥作用；收音机成本较低，携带方便；广播媒介还是媒介种族中使用的时候唯一的非排他性媒介，[②] 这些都使得其在灾害信息传播中"一枝独秀"。

电视媒介以其音画俱肖、图文并存的特点获得了巨大的覆盖面和受众群落，其信息传播的时效性也直追广播媒介。在灾害事件中，电视可以通过画面向受众传递更为直观的信息[③]。

但是，我们认为电视媒介的抗灾害能力弱于广播，主要原因是其对电力条件的高度依赖性，加之电视机易在灾害事件中受到损坏且体积较大不便携带，灾区的各种救助活动很难通过该渠道获取信息。

互联网媒介优于其他传播媒介的主要特点是其较强的互动性，解决了大众传播媒介单向传播的难题。但是，互联网对电力和光缆的依赖性又使得其抗灾害能力大打折扣。手机在所有传播媒介中具有最强的时效性，也便于引导自我救助的开展，然而利用手机进行信息传播的基本前提是手机电池的有效使用和移动通信信号的存在。如果灾害持续时间较长，或者造成移动通信信号的中断，手机也难以发挥作用。但是，我们应该重视手机的双向沟通特点，这对于自我救助的开展具有非常重

① 谭华孚.传播媒介形态论［M］.北京：高等教育出版社，2005.

② 陆地.广播媒介功能的到位、回归与开拓［J］.中国广播，2007（3）：25.

③ 朱月光，徐占品.透视电视 DV 时代的市民新闻［J］.防灾科技学院学报，2007（1）：144.

要的意义。

综上，我们将上述传播媒介的抗灾害能力进行大致的排序，广播媒介的抗灾害能力是最强的，其次是手机媒介、电视媒介、互联网媒介和印刷媒介。

三、提升广播媒介灾害信息传播能力

在我们列举的种种传播媒介中，广播媒介具有最强的抗灾害能力，事实也证明了其在灾害救助中的生命线作用。但是，灾害救助对传播媒介具有更高的要求，这就需要我们不断改革和发展广播媒介，使其更好地为灾害救助服务。

（一）加强宣传，使受众充分认识广播媒介的积极作用

广播媒介的积极作用并不被所有人了解，人们在灾害发生后，能否意识到广播媒介的重要作用是摆在灾害救助面前的一个重要问题。在台风灾害频发的广东、福建一带，人们已经形成了通过广播接收灾害信息的习惯，人们一旦遇到电力中断的时候，就能很自觉地通过无线电收听天气预报，获取台风信息。

所以，各级社会组织要加强宣传，使所有社会公众了解广播媒介的重要作用，在灾害事件发生后能够及时地有意识地利用广播媒介。另外，广播媒介在与其他媒介的结合上也取得了成功，比如广播与互联网的结合、广播与手机的结合等。今后应积极探寻并实现收音机实用性和美观性的结合，使受众倾向于随身携带。

（二）提高节目质量，培养受众收听习惯

从诞生之日起，广播在信息传播方面就显示出相对报纸的巨大优势。但随着电视和网络的普及，广播遇到了严峻的挑战，受众被分流、广告价格下跌、利润的下降造成生存危机的逼近。一方面是由于电视和网络媒介传递信息的感官优势；另一方面是广播媒介的节目质量也确有必要进一步提高。许多受众反映，广播节目中存在大量低俗广告，这些广告不只缺乏美感，甚至连真实性都无法保证。受众本位意识已经觉醒的今天，广播只能通过赢得受众来占领市场。听众是广播消费的主体，是广播市场的需求者。广播节目经营要尊重受众，为听众提供高品质广播产品，满足听众获取信息、增长知识和文化娱乐等方面的需求。[①] 总之，广播媒介具有许多独特的优势，这些优势只有配合高质量的节目内容才能重新树立广播的传媒地位，从而培养受众的收听习惯。

信息获得习惯在灾害救助中具有重要作用。它直接决定了人们在危机状态下寻求信息来源的意识，这种意识能否带来有效的行为，与灾害救助开展的效度之间存

---

① 蔡慷颖.浅谈当代广播经营之出路［J］.商业文化（学术版），2007（4）：78.

在着必然联系。如果人们习惯通过广播媒介获得信息，就可以保证人们使用收音机的数量，也能使得在灾害事件发生后，受众能够意识到广播媒介的重要作用并及时收听相关信息，通过广播媒介了解灾害情况并学习自救知识。

（三）探索双向沟通途径，增强灾害救助针对性

广播媒介在信息传播中具有较强的单向性，缺乏便捷的信息反馈能力。因此，在灾害救助中，常与其他传播媒介协同使用，比如电话、手机等。但是因为灾害事件容易造成通信中断，这就使得广播媒介在特定时间内只能单向传播，很难有针对性地为灾害救助提供信息。灾害事件中信息的反馈至关重要，反馈的力度直接决定了广播媒介对自我救助的引导方向、对专业救助的指挥效度、社会救助的整合形式。因此，探索广播媒介的双向沟通途径具有积极的现实意义。

我们认为，通过研发广播媒介的双向沟通设备，使受众可以直接反馈信息，将对灾害救助起到巨大的作用。地震灾害发生后，信息反馈的实现，可以使被埋压人员准确地告知自己被埋压地点，也可以使专业救助者及时反馈在救援中出现的问题，这些都可以避免灾害救助的盲目性，增强灾害救助的针对性。

（四）强化保障，建立和完善应急广播体系

国家应急广播体系，是指在发生突发事件等应急状态下、政府通过广播、电视等媒体向公众提供防灾减灾等信息服务的广播体系。国家应急广播体系是政府直接面向灾区群众进行救灾的最有效的指挥调度平台，是政府公众和灾区民众沟通情况传达意见的重要载体。汶川地震之后，中国开始借鉴日本的经验，着力建设应急广播体系。2013 年 4 月 22 日，国家应急广播在四川雅安地震震中芦山县开播定向应急广播。这是继中央人民广播电台中国之声"4·20"雅安地震第一时间启动国家应急广播报道程序发挥国家应急广播主力军作用之后，首次以"国家应急广播"为呼号，在突发灾难事件中对灾区民众定向播出的应急频率。近年来，安徽省应急广播（安徽交通广播 FM90.8）、湖南省应急广播（湖南交通广播 FM91.8）、天津应急广播（天津交通广播 FM106.8）、湖北省应急广播（楚天交通广播 FM92.7）、河北省应急广播（河北交通广播 FM99.2）、武汉市应急广播电台（武汉交通广播 FM89.6）、郑州应急广播电台（郑州都市广播汽车 FM91.2）、佛山市应急广播（佛山电台飞跃 FM92.4）、亳州市应急广播（新闻综合频率 FM88.2、AM999）等省市应急广播频率开通，进一步完善了我国应急广播体系。但是，总体来看，我国的应急广播体系建设仍然缓慢，需要从建立健全应急广播立法、协同推进四级应急广播建设、加强与其他媒介形式融合、加大应急广播宣传力度等方面推进应急广播体系建设。

综上，灾害事件发生后，广播媒介在灾害救助中发挥着积极作用，这种作用主要是由其较强的抗灾害能力决定的，希望能够改革和发展广播媒介，使其在灾害救助中发挥更大的作用，切实减轻突发性灾害事件给人们带来的生命财产损失。

第三节　电视媒介灾害信息传播

电视媒介被称为"第一媒介"，[①] 可见其在信息传播中的重要地位，凭借画面、声音、文字相结合的多媒体传播手段强化了受众的感官刺激，迅速获得了稳定的受众群，并成功融入日常生活，成为人们了解新闻、增长知识、分享娱乐的信息载体。和其他媒介的信息接收终端相比，电视机在家庭中的普及率无疑是最高的。正是这种高普及率，部分受众已经形成了通过电视机了解信息的惯性。

一、电视媒介灾害信息传播现状

灾害事件发生之后，强大的新闻价值和受众强烈的信息需求要求电视媒介介入灾害信息传播；同时，政府组织也亟须电视媒介营造有利于灾害救助的舆论环境，电视媒介在灾害信息传播中的重要性不言而喻。从 2008 年南方雨雪冰冻灾害以来，先后发生了汶川地震、舟曲泥石流、雅安地震和一系列的台风灾害，电视媒体都担负起了报道新闻、引导舆论的重任，有效整合社会各界力量，为灾害救助的顺利开展营造良好的舆论环境。在长期的灾害信息传播实践中，电视媒体也不断创新，形成了独具特色的灾害信息传播形式，归纳起来主要有以下几种方式。

（一）电视新闻

报道新闻是电视媒体的重要职责。电视新闻具有快速、直观等传播特点，加之电视新闻经过严格的把关，符合信息传播的政策标准、行业标准和市场标准，具有权威性和公信力，因此成为受众获取灾害信息的最为重要的渠道之一。灾害事件中的电视新闻主要分为两种类型，一种是直播新闻，一种是录播新闻。

直播新闻。2014 年 8 月 3 日云南昭通 6.5 级地震发生后，央视综合频道和新闻频道进行了并机直播，及时连线前方记者，将最新的灾害情况和救援情况以画面的形式展现给受众，充分发挥了电视媒介的传播优势，实现了很好的传播效果。灾害

---

① 郭镇之，邓理峰，张梓轩，等. 第一媒介：全球化背景下的中国电视 [M]. 北京：清华大学出版社，2009（11）.

事件的电视直播肇始于 2008 年的雨雪冰冻灾害，2008 年 2 月 5 日开始，湖南卫视"爱心融冰总动员"连续进行了 15 个小时的赈灾超长直播。在直播节目中，湖南卫视的特派记者们驻守在抗灾第一线，即时传送前线最新消息。湖南卫视还通过直播节目通报了为灾区募捐的最新情况。央视综合频道也在每天上午推出直播栏目《迎战暴风雪》，及时传递最新的救灾信息，让受众更加真切地了解冰雪灾害造成的影响，成为此后灾害事件中直播新闻的典范。[①]2008 年 5 月 12 日 14 时 28 分四川汶川地震发生以后，15 时许央视就播出了第一条与灾情相关的新闻，15 时 20 分中央一套与新闻频道正式启动直播。《抗震救灾 众志成城》全天 24 小时进行现场直播，全国亿万观众守在电视机前，与灾区民众同呼吸共命运。受到电视画面的感染，人们主动寻找募捐点奉献爱心，可以说，正是央视的新闻直播，营造了良好的救灾氛围，为开展及时高效的灾害救助作出了应有的贡献。

录播新闻。对不同灾害和灾害发生的不同阶段，电视媒介都会根据实际情况调整新闻报道方式。一些伤亡较小的灾害事件，或者是重特大灾害进入重建阶段之时，就不再适合运用直播新闻这种形式了，这时常常使用录播新闻。比如 2012 年"7·21"北京特大暴雨灾害，央视采取的就是在《新闻联播》栏目中进行录播报道。录播新闻在一定程度上牺牲了新闻的时效性，却加强了新闻的真实性和全面性，将其放到合适的新闻栏目中，也有利于观众对新闻价值的合理判断。同时，录播新闻还起到了热点新闻事件的过渡作用，灾害事件具有很强的新闻价值，但是长期大量对一个事件进行报道，势必引起受众的新闻脱敏，电视媒体的灾害事件新闻报道，需要从直播到录播再到结束报道，逐渐降低报道强度，才更符合受众的接受心理。

（二）电视评论

灾害事件中的电视评论主要有三种形式：一种是评论新闻，主要指《新闻联播》中报道的其他媒体的评论员文章；一种是编者按，最具代表性的就是央视《新闻联播》中的"本台短评"；另一种是新闻述评，最具代表性的就是央视《焦点访谈》。

评论新闻是电视媒体引导社会舆论、深化报道内涵的一种文体，看似新闻，实为评论。2010 年 8 月 7 日，甘肃省甘南藏族自治区舟曲县发生特大泥石流灾害，央视《新闻联播》分别在 8 月 11 日、8 月 15 日播出了《人民日报评论员文章：坚定战胜灾害的信心》《人民日报评论员文章：跨越灾难 戮力前行》。2013 年 4 月 20 日，四川雅安芦山县发生 7.0 级地震，央视《新闻联播》分别于 4 月 25 日、4 月 26 日、

---

① 徐占品，迟晓明，李丹丹，等. 管窥新闻联播 2008 年雨雪冰冻灾害报道［J］. 防灾科技学院学报，2008（2）：122-125.

4月27日播出了《人民日报评论员文章：灾难中凝聚不屈的力量》《人民日报评论员文章：不屈中国的坚强砥柱》《人民日报评论员文章：统筹抓好抗震救灾和经济建设》。

本台短评是电视媒体针对当前的热点新闻事件发表的编者按，一般不独立出现，而是与新闻事件先后出现。2010年舟曲特大泥石流灾害发生后，央视《新闻联播》栏目于2010年8月11日播发了"本台短评"《心手相连，与舟曲同舟》，8月12日播发了"本台短评"《给受灾群众撑起一片天》，8月15日播发了"本台评论"《守望相助 舟曲重生》。在8月16日的《新闻联播》中，借助舟曲特大泥石流的新闻背景，播发了新闻《四川绵竹清平乡：科学预警将灾害损失降到最低》，随后配发"本台短评"《科学避险 预警救命》。

《焦点访谈》中的灾害事件，按照灾害所属阶段的不同可以分为三种情况，灾害事件突发时，《焦点访谈》往往述大于评，其作用主要是对《新闻联播》中灾害报道时长受限的补充，是新闻报道的延长。灾害事件中期，《焦点访谈》述评相当，一方面需要继续补充和强调新闻，另一方面要通过评论来引导灾害救助和社会舆论。灾害事件后期，《焦点访谈》评大于述，此时新闻已经退居其次，最主要的是总结经验教训、指导灾后重建、凝练救灾精神。

（三）电视访谈

自然灾害关乎民众生命财产安全，因此无论是灾时还是灾前灾后，都是受众关注的话题，电视媒介除了报道新闻、发表评论之外，还会通过访谈节目来更深入地挖掘灾害成因，传播科普知识。

2010年国内外自然灾害频繁发生，这也是央视新闻频道《面对面》栏目就防灾减灾这一话题播出访谈节目最多的一年。这一年里，《面对面》分别播出的灾害题材分别涉及地震（1月31日播出《海地救援》、4月25日播出《玉树力量》、5月16日播出《刘杰：地震后的思考》）、旱灾（3月28日播出《刘宁：迎战旱灾》、4月5日播出《孔垂柱：直击抗旱》）、矿难（4月11日播出《九天八夜》）、火灾（11月28日播出《王沁林：构筑生命的防火墙》）、洪灾（5月30日播出《肖子牛：气候预警》、7月25日播出《刘志雨：洪水预警》）、塌陷灾害（6月27日播出《殷跃平：灾害预警》）、泥石流灾害（8月16日播出《田廷山：守护家园》）。

2006年5月18日正式开播的中国气象频道，是以防灾减灾、服务大众为宗旨，提供精细化、专业化、实用性的气象信息服务和科普宣传的专业化频道。2012年4月6日，全国首档防灾减灾综合访谈节目《中国减灾》在中国气象频道正式开播。该节目讲述自然灾害背景下的典型案例与生动故事，使受众了解防灾减灾知识，并可以与权威专家交流互动。

（四）电视广告

灾害发生之后，媒体往往配合灾害救助营造特定的氛围。汶川地震中，纸质媒介和互联网媒介通过改变印刷品和网站颜色来表达哀悼和营造气氛。电视媒体通过改变节目内容来实现这一目标。在特大灾害中，电视媒体撤播娱乐节目、增加救灾新闻，甚至打通节目进行全天候新闻直播。同时，电视媒体还会对商业广告进行公益化包装，在丰富节目形态的同时，仍然可以保持总体氛围。

2008年汶川地震之后，央视播出的公益广告很多，比如徐工集团（携手同心共建家园）、中国民生银行（凝聚民心，接力生命，让爱心共筑家园）、伊利集团（第一时间将灾区所需牛奶、奶粉送达，一起来，行动就是希望，伊利集团）、欧普照明（爱，全心全力，爱，点亮希望）、泰康人寿（早一分送达理赔，早一刻抚慰伤痛）、脑白金（为灾区人民祈福，向救灾人员致敬）、哈药集团（让我们伸出援助之手，共渡难关，哈药集团，责无旁贷）、蒙牛集团（当臂膀撑起天空，当血脉汇成海洋，爱，强壮13亿人的力量）、中国电信（每一秒钟，中国电信都在付出多倍的努力，5月15日13时55分，中国电信率先抢通至汶川的通信光缆，搭起沟通灾区的生命连线。接通亲情，传递希望）。

（五）电视服务类节目

电视服务类节目的代表就是《天气预报》。自然灾害发生之后，灾区天气状况关乎灾害救助，为了突出整体的救灾氛围，电视媒体在《天气预报》节目中也会增加灾区详细的未来天气预测，这既是一种实用性信息，同时也是一种仪式化表达。

2008年发生的南方雨雪冰冻灾害，天气情况直接关乎灾情和救助，《天气预报》栏目在城市天气预报之前浓笔重彩地介绍灾区未来的天气情况，对天气的关注甚至打破节目界限，作为新闻出现在《新闻联播》之中。此后，汶川地震、玉树地震、舟曲泥石流、芦山地震、昭通地震中，天气预报均专门增加灾区天气，通报国土资源部和中国气象局联合发布的《地质灾害气象警报》，提醒灾区民众在相关区域需要特别警惕余震和降水诱发的崩塌、滑坡等灾害。

除了地震地质灾害之外，台风等气象灾害发生时，《天气预报》也会直接介绍灾情，比如2014年麦德姆台风登陆，《天气预报》在7月25日的节目中指出："本周，今年第十号台风麦德姆是跨台湾、登福建、通过江西、安徽，经江苏进入黄海，所经之处是狂风骤雨，在福建、安徽、江苏和山东的这些地方雨势凶猛，同期罕见，这其中山东半岛表现尤为突出，像烟台昨天夜间到今天白天累计降雨量已达到232毫米，一举刷新了当地近64年来最强的单日降雨记录……"这些都是《天气预报》

节目在灾害事件中的表现。

（六）电视晚会

灾害事件发生后，为了募集救灾资金，常常由电视台发起，文化艺术界组织募捐晚会。这种晚会不再是一种娱乐节目，而是成为了营造救灾氛围、以实际行动参与救助的重要形式。

2008年汶川地震发生后，四川卫视于5月30日推出《抗震救灾　重建家园——四川省抗震救灾大型特别节目》。刚刚经历了雨雪冰冻灾害的湖南人民感同身受，湖南卫视积极主动制作《爱心总动员》抗震救灾系列节目。从5月14日启动到6月1日结束，湖南卫视连续制作播出了10台晚会，联合湖南省民政厅等单位募集善款6000多笔共计7004万元、救灾物资价值4275.4万元。5月18日，央视1套、3套、4套和央视网并机直播《爱的奉献——2008宣传文化系统抗震救灾大型募捐活动》，为灾区募得善款15亿元。

2010年4月14日，玉树地震发生。4月20日晚，由中宣部、民政部、广电总局、中国红十字会主办，中央电视台承办的《情系玉树　大爱无疆》赈灾晚会在央视1套、3套、4套、7套、9套、中国网络电视台、中国人民广播电台、中国国际广播电台并机直播，本次赈灾晚会共收到社会为玉树捐款21.75亿元。众多企业和个人纷纷捐款，奉献爱心，加强了灾害救助的力度。

■ 二、电视媒介灾害信息传播存在的问题

近年来，灾害事件频发，电视媒介灾害信息传播的力度也进一步加大。一方面，突发灾害事件具有很强的新闻价值，能够迅速引起社会公众的高度关注，电视媒介要迎合和回应社会关切。另一方面，电视作为主流媒介，在草根媒介众生喧哗的乱象之下，要责无旁贷地承担起传播真实信息、引导社会舆论的使命。21世纪以来，尤其是从2008年南方雨雪冰冻灾害发生以来，我国电视媒体的灾害报道在摸索中不断发展，获得了很好的经济效益和社会效益。但是，电视媒介的灾害报道也存在一时难以突破的发展瓶颈，需要在实践中逐渐破解。归结起来，电视媒介灾害信息传播主要存在以下问题。

（一）灾时传播和平时传播失衡

电视媒体的功能主要包括新闻、教育、广告、娱乐等。对灾害事件来说，电视媒体的职能并不能局限在新闻报道上，还必须担负起科普教育功能，通过各种节目形式告知受众理性看待灾害事件，掌握必要的防灾减灾知识，从而形成正确的应灾理念。

当前的电视媒介灾害信息传播更注重的是灾时报道。灾害发生之后，灾情和救援带动了灾害信息传播，电视媒介将镜头对准灾害救助中的温馨画面和受灾民众之间感人的故事，一方面要使观众看到无论怎样的巨灾大难，都打不垮人与人之间的真情；另一方面还要使观众看到一方有难八方支援的社会主义优越性，让受灾群众和全国所有观众都更加拥有归属感。电视媒介为了保障灾时报道的顺利进行，往往在灾害发生的第一时间向灾区派出记者，建立与重灾区的连线，以保证直播新闻中必要的新闻容量。[①] 在当前电视媒介灾害信息传播的几种形式中，可以看出，电视新闻、电视评论、电视广告、电视服务类节目、电视晚会所承载的灾害信息，绝大多数都是灾时的应急传播。

与灾时热闹的灾害信息传播相比，电视媒介在平时的灾害信息传播少得可怜，二者之间出现了失衡状态。灾害信息传播不仅要满足受众的新闻欲，同时还应该起到科普教育的作用，电视媒介的灾害信息传播要使受众了解灾害，掌握防灾减灾知识，以最大限度减轻灾害造成的损失。这就需要电视媒介常常为受众提供灾害主题的节目，现实情况是，除了灾害发生时和重要的纪念活动时，电视媒介对平时的灾害信息传播缺乏足够的重视。正是由于灾时报道和平时报道之间缺乏衔接，灾害信息传播的新闻功能得到了彰显，其教育功能被忽略了，直接导致了电视媒介传播的大量灾害信息，未能很好转化为受众的防灾避灾意识，于是在每一次灾难发生后，社会公众仍然是一片慌乱。最为明显的一个例子就是，在几次破坏性地震发生之后，很多人还是无法厘清地震预报和地震预警的区别。

（二）过度报道和同质报道显现

雨雪冰冻灾害标志着灾害信息传播旧模式的终结，汶川地震中的灾害信息传播开启了一个崭新的报道模式。对于电视媒介来说，雨雪冰冻灾害中的新闻直播节目更是为之后的电视灾害报道提供了宝贵的经验。汶川地震发生后当天即开始全天直播，不可谓不受其影响。

从近年来的几起灾害事件报道来看，电视媒介的灾害信息传播存在过度倾向，一再打破内容决定形式的正常思维，在灾害事件发生之后，先框定形式，再用内容填充。内容为形式服务的传播思路在一次次的灾害信息传播实践中得以固化，在一定程度上影响了信息传播的效度，频繁出现过度传播现象。以 2010 年 4 月 14 日发生的玉树地震为例，《焦点访谈》从 4 月 14—26 日的 13 天里，先后播出了 12 期《玉树，我们在一起》的系列节目，内容涉及灾情、救援、保障、悼念、感激、重建。这 12

---

① 王志安. 中央电视台汶川地震直播报道中存在问题的分析 [J] . 中国编辑，2008（4）：4-7.

期节目中有相当一部分内容重复了先于其在《新闻联播》中播出的内容（表4.1）。同年8月7日舟曲泥石流灾害发生之后，《焦点访谈》栏目在灾后的15天里，播出了《舟曲大救援》系列节目共计11期（表4.2）。灾害救援是一个科学问题，有时效性，过度的灾害信息传播误导了受众对灾害救援的认知，同时，也导致受众的信息脱敏，使得灾害信息传播效果降低。

表 4.1　《焦点访谈》玉树地震节目列表

时间	内容	关键词
2010-04-14	玉树发生 7.1 级地震	震情
2010-04-15	争分夺秒的救援——玉树　我们在一起（二）	救援
2010-04-16	挑战极限的生命救援——玉树　我们在一起（三）	救援
2010-04-17	营救才珍拉姆——玉树　我们在一起（四）	救援
2010-04-18	为了生命线的畅通——玉树　我们在一起（五）	救援
2010-04-19	震不垮的战斗堡垒——玉树　我们在一起（六）	保障
2010-04-20	玉树不孤独——玉树　我们在一起（七）	悼念
2010-04-21	悼念中铸就坚强——玉树　我们在一起（八）	悼念
2010-04-23	金珠玛米 嘎真切——玉树　我们在一起（九）	感谢
2010-04-24	熟悉的爱心小分队——玉树　我们在一起（十）	感谢
2010-04-25	用生命带来光明——玉树　我们在一起（十一）	感谢
2010-04-26	抢救文物 传承文化——玉树　我们在一起（十二）	重建

表 4.2　《焦点访谈》舟曲泥石流节目列表

时间	内容	关键词
2010-08-08	紧急援救——甘肃舟曲发生特大泥石流灾害	灾情
2010-08-11	舟曲大救援（二）众志成城 攻坚克难	救援
2010-08-12	舟曲大救援（三）防次生灾害 保生命安全	救援
2010-08-13	舟曲大救援（四）堰塞体排险记	救援
2010-08-14	舟曲大救援（五）中流砥柱子弟兵	救援
2010-08-15	舟曲大救援（六）寄托哀思 凝聚力量	救援
2010-08-16	舟曲大救援（七）不屈的舟曲人	救援
2010-08-17	舟曲大救援（八）老杨的灾后生活	救援
2010-08-19	铭记玉树精神	精神
2010-08-20	舟曲大救援（九）决战白龙江	救援
2010-08-22	舟曲大救援（十）心灵的救援	救援

　　电视媒介的灾害信息传播还存在同质化现象。同质化表现在三个方面，一是央

视与省级卫视报道内容的同质化。当前的中国电视竞争主要表现在央视和省级卫视两级的竞争。造成较大损失的灾害事件发生之后，省级卫视和央视都会向灾区派出采编人员。由于灾害事件造成的交通、通信、电力中断，采编人员进入的区域受到了限制，导致了在灾害发生的最初阶段，无论是何种媒体的采编人员，获取新闻的地域范围十分有限，从而导致了各媒体传播的灾害信息大同小异。二是同一媒体自身的传播内容雷同。灾害事件发生后，一些媒体迅速开通直播，但是受到客观情况的制约，获得的灾区信息有限，为了填满时间，同一内容会在同一直播栏目里一次次重复播出。三是电视媒介在对同一灾种信息传播的同质化。从汶川地震到玉树地震，再到鲁甸地震，电视媒介的灾害信息传播给观众留下了似曾相识的感觉。

（三）煽情报道和作秀报道时有发生

日本"3·11"地震发生后，国内一些学者对其灾害信息传播进行了分析，认为其广播电视报道冷静平静不恐慌、严谨不逼迫、冷静不煽情。反观我国电视媒介的灾害信息传播，缺乏以理性贯穿的宏观把控，时常出现煽情报道和作秀报道。[①]

煽情报道常常误用舆论引导之名，电视媒介的灾害信息传播囿于政策标准、业务标准和市场标准的限制，需要对灾害信息进行必要的把关。煽情报道就是在这种把关之后被传至受众面前的。无论是地震灾害，还是泥石流等地质灾害，电视媒体都将灾难中的真情流露作为重点报道内容，对真情的挖掘一旦过度，就陷入了煽情的误区。在电视镜头中，我们经常可以看到死里逃生的民众满面泪水地讲述人间大爱，经常可以看到令人动容的救灾场景，将这些内容辅以电视的多媒体信息传播手段，就极易触动受众的泪点，营造出一种全民悲切的氛围。煽情报道虽然出现在所有媒介之中，但是电视媒介的信息传播特点及其受众群的特殊性，都决定了电视媒介的煽情报道的负面作用最大。

电视媒介的传播者常常作为信息的一部分出现在电视镜头里。人们在接受信息的同时，也在关注着传播者的一举一动。在近年的灾害信息传播实践中，一些作秀报道常常招致受众的批评。在台风灾害的报道中，一些电视台记者站在台风灾害的现场，有人抱树报道，有人拴绳报道，我们在赞扬其职业精神的同时，也在质疑其是否确有必要。雅安地震发生之后，有主持人穿着婚纱参加到地震报道中来，有人赞其为"最美新娘"，也有不少人觉得这是在炒作作秀。灾害事件常常造成重大的人员伤亡，灾害信息传播应该坚持严肃性，不允许任何别有用心的人利用人们的悲伤来满足个人私利。

---

① 李立军. 观察与思考：日本广播电视的地震灾害报道 [J]. 新闻与写作，2011（5）：27-30.

■ 三、电视媒介灾害信息传播对策

电视媒介灾害信息传播中存在的一些问题，会影响到灾害信息传播效果，也会影响电视媒介参与媒介竞争。一旦这些问题随着长期灾害报道积累的经验形成惯性，将大大增加修正的难度，因此，电视媒介应该在灾害信息传播实践中，正视存在的问题，剖析其原因，及时解决这些问题。电视媒介灾害信息传播可以从以下几个方面予以完善。

（一）注重灾时报道和平时报道的结合，打通灾害新闻与防灾减灾科普宣传之间的通道

灾害事件常常造成大范围的人员伤亡和巨大的经济损失，灾害信息比其他任何信息都更能吸引受众的关注，这也符合马斯洛需求层次理论。在所有的主流媒介中，电视媒介的影响力最大，其要承担的灾害信息传播的责任也最大。灾害信息传播效果评价标准有四，即是否有利于灾害救助的顺利开展、是否有利于满足受众的知情权、是否有利于正确引导社会舆论、是否有利于防灾减灾科普知识的宣传。[①] 在以上标准中，开展灾害救助、满足受众知情权、引导社会舆论，主要是针对灾时的信息传播而言的，而防灾减灾科普宣传更多指向平时的灾害信息传播。

灾时报道与平时报道的结合，才能打通灾害新闻与防灾减灾科普宣传之间的通道，才是灾害信息传播效果最大化的可行路径。灾时报道与平时报道的结合要坚持各有侧重的原则，灾害事件突发时，电视媒介按照时效性的要求，报道内容以新闻为主，及时将最新灾情和救援情况传播出去，无论是电视新闻、电视评论、电视广告、电视服务类节目和电视晚会都是灾时信息传播的有效载体。平时的灾害信息传播要立足防灾减灾科普宣传，从各类灾害的成因、灾害发生时的自救互救技巧、防灾减灾措施、防灾减灾科技发展水平等方面向受众普及知识，以电视访谈节目为主，辅以电视新闻和电视评论，构建强大的科普传播网络。

平时的灾害信息传播要保证一定的收视率，需要借助优势频道、优势时间段和优势栏目。尽管气象频道已经开播《中国减灾》等专业化的访谈节目，但是由于频道本身的影响力较弱，在受众中的普及率不高，发挥的科普作用有限。

如果说灾时的信息传播是为了"救灾"，平时的灾害信息传播更侧重于"防灾"。由于受到物质依赖性的影响，灾时的信息传播在相当一段时间里很难到达重灾区，其受众主要是外围受众，而平时的灾害信息传播可以做到无远弗届，传播效果更为明显。电视媒介更应该将灾时报道和平时报道结合起来，营造群测群防的社会氛

[①] 徐占品. 灾害信息传播效果评价标准研究 [J] . 新闻爱好者，2013（9）：36-40.

围，传授自救互救知识，为最大限度减轻自然灾害带来的损失奠定基础。

（二）制定和完善电视媒介灾害报道应急预案，打造不同灾种和不同频道的灾害信息传播特色

媒介竞争促进了媒介融合，媒介融合必然导致媒介分工。结合自身传播特点，打造特色化信息，才能在媒介竞争中立于不败之地。电视媒介的灾害信息传播不能大包大揽，而是要瞄准自身优势，按照适度原则，以质取胜。

参考近年来发生的灾害事件，各级电视台要及时制订和完善灾害信息传播应急预案，按照灾种和危害程度的不同划分级别，明确各个级别的灾害事件报道范围、报道频度和报道形式，平时就做好灾时报道的详细计划，防止灾时陷于无序报道和过度报道。电视媒介的灾害信息传播应急预案的制订，要以详细的受众调查为基础，充分了解受众灾时的信息需求。

电视媒介的灾害信息传播要打造特色，防止同质化倾向。灾害事件可以分为潜伏期、发生期和恢复期三个阶段，三个阶段的防灾减灾工作各有侧重，电视媒介在各个阶段的信息传播也应有所区别。中央级媒体和省级媒体在灾害报道时要各有侧重，省级卫视具有地理优势，可以快速达到灾区并有效协调各种关系，从而获得大量珍贵的视频信息，适合进行微观报道和灾区报道。中央级媒体靠近救灾中枢，信息资源丰富，更适合做宏观报道和外围报道。同级媒体之间也要协调灾害信息传播，按照各频道的定位开展相关内容报道，形成灾害报道特色。

除此之外，电视媒体还要根据灾害种类的不同而进行差别报道，按照能否预报可以将灾害事件分为可预报灾害和不可预报灾害。电视媒介在报道可预报灾害时，重点是灾害预报信息和灾害场景的展示，比如近年来电视媒体报道的台风灾害。电视媒体在报道不可预报灾害时，重点是报道灾害救援情况和灾害损失情况，近年来发生的系列地震灾害和地质灾害，就基本遵循了这一报道原则。

（三）强化电视媒介灾害信息传播监督管理，杜绝煽情报道和作秀报道

煽情报道和作秀报道都是电视媒介灾害信息传播中存在的不容忽视的问题。煽情报道和作秀报道之间并无不可逾越的鸿沟，煽情过度也常常被指为作秀，作秀不明显也可以被称作煽情。无论是煽情还是作秀，都会影响到灾害信息传播效果，甚至误导受众，消解灾害事件的严肃性。

电视媒介要强化灾害信息传播监督和管理。一方面要倡导电视工作者理性报道灾害事件，营造坚强面对灾害的媒介氛围，拒绝悲切切、哭啼啼的电视镜头，引导公众理性救灾。另一方面要对灾害信息传播中的煽情报道和作秀报道予以明确界定，一旦出现这样的报道，要进行必要的追责处理。画面、声音和文字相结合的传播方式，使得电视媒介成为煽情报道和作秀报道的重灾区，在之前的灾害报道中，对于电视媒介中出现的煽情报道和作秀报道，不仅未追责，管理部门和社会公众甚至用一种道德上的赞许态度去对待，这种宽容在一定程度上纵容了此类现象的频繁出现。因此，强化电视媒介的灾害信息传播监督管理尤为重要。

第四节　社交媒体灾害信息传播

随着新媒体的普及，灾害事件中的信息传播发生了巨大变化，报纸、广播、电视等传统媒体的精英把关被打破，基于互联网络的社交媒体在灾害信息传播中发挥的作用越来越大。尤其是微博兴起之后，迅速占领了新媒体中的舆论场域，并不断向传统媒体施压，制造了一个个引发全社会关注的媒介事件。在突发自然灾害事件中，以微博为代表的社交媒体通过信息传播、观点传播和情绪传播参与灾害救助、舆论引导和舆论监督，成为灾害信息传播不可缺少的媒体形式。本节以 2012 年北京"7·21"特大暴雨山洪泥石流、2013 年"4·20"四川雅安 7.0 级地震和"7·22"甘肃定西 6.6 级地震等为例，通过量化研究和文本分析总结社交媒体灾害信息传播的一些特征。

一、社交媒体灾害信息发布时段

选取四川雅安地震和甘肃定西地震两个灾害事件，以新浪微博为例，分别进行了 2013 年 4 月 20 日早 8 时至 2013 年 4 月 23 日早 8 时、2013 年 7 月 22 日早 7 时至 2013 年 7 月 25 日早 7 时各 72 小时的分小时微博数量统计。上述统计均在新浪微博"高级筛选"中完成，键入的关键词分别是"雅安 地震"和"甘肃 地震"，统计结果如图 4.1 和图 4.2。

通过图 4.1 和图 4.2 可以看出，在雅安地震和定西地震后的各 3 个统计日里，将不同日期里同一时间的主题微博数相加得到的柱形图，明显呈现出波形特征。图 4.1 中，微博发布的高值出现在两个时段，一是 9 时至 13 时，二是 19 时至 23 时。微博发布的低值也出现在两个时段，一是 15 时至 18 时，二是 2 时至 6 时。在图 4.2 中，微博发布的高值分布在 8 时至 11 时和 21 时至 23 时，微博发布的低值分布在 18 时至 20 时和 1 时至 6 时。综合图 4.1 和图 4.2 可知，灾害事件发生之后，以灾害为主题发布的微博数量，以上午 9 时至 11 时最多，凌晨 2 时至 6 时最少，最低值出现在 4 时。

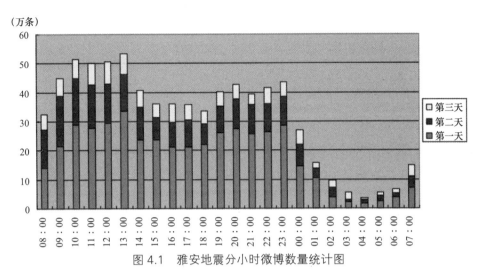

图 4.1　雅安地震分小时微博数量统计图

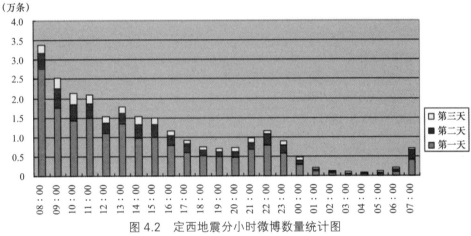

图 4.2　定西地震分小时微博数量统计图

　　雅安地震发生在上午 8 时零 2 分，定西地震发生在上午 7 时 45 分，两次地震的震级相当，发震时刻也相差不多，但是在进行微博数量统计时发现，雅安地震发生之后，微博发布数量呈上升趋势，直到中午 13 时达到最高值。定西地震发生后，微博数量在 8 时即达到最高值，然后一路下降。此外，雅安地震和定西地震在微博总量上存在巨大差别，前者是后者的 29.7 倍（表 4.3）。

表 4.3　雅安地震和定西地震微博数量统计表（单位：万条）

灾害事件	第 1 天	第 2 天	第 3 天	合计
雅安地震	447.6	203.2	110.4	761.2
定西地震	21.2	5.5	2.9	29.6

　　造成上述现象的主要原因是两次地震所启动的应急响应级别不同，导致主流媒体对两次地震的新闻报道强度和形式存在差异，微博用户的重视程度随之发生了变

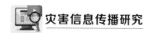

化。在定西地震中，传统媒体的报道内容较少，可供微博转发的信息源减少，直接
导致了灾害主题微博数量的减少。

■ 二、社交媒体灾害信息传播衰减速率

新闻是新近发生的事实的报道，社交媒体的信息发布也同样关注事件的新闻价
值要素。时新性是社交媒体信息发布的重要标准，尤其是突发自然灾害事件中，社
交媒体凭借其灵活自由的特点常常赶在主流媒体之前发布信息，从而获得灾害信息
传播的主动权。突发灾害事件发生后，随着时间的推移，信息价值逐渐降低，社交
媒体的灾害信息声量逐渐减少。

为了验证突发自然灾害事件中信息价值衰减的速度，我们仍然以新浪微博为
例，针对"7·21"北京特大暴雨山洪泥石流灾害和四川雅安地震灾害，统计了灾后
15天的灾害主题微博数量（图4.3、图4.4）。

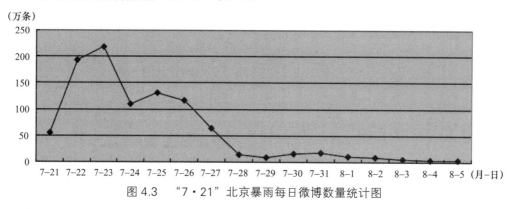

图4.3 "7·21"北京暴雨每日微博数量统计图

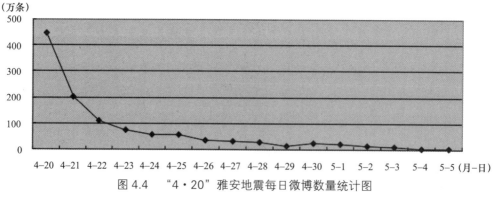

图4.4 "4·20"雅安地震每日微博数量统计图

暴雨山洪灾害相对于地震灾害来说，成灾过程相对缓慢，需要持续一定时间才
能造成损失，所以图4.3中灾害主题微博数量经历了一个从7月21到23日上升的过
程，7月23日达到最高值。地震灾害成灾时间短，十几秒或几十秒就完成了破坏过
程，所以图4.4中灾害主题微博在地震当日即达到最高值。通过二图可以看出，自然

灾害事件中高频率的微博发布主要集中于灾后的一周之内，随着时间的推移，信息价值逐渐降低，微博数量逐渐减少。

图4.4较好地反映了突发自然灾害新闻价值的衰减过程，根据衰减速率的计算方法，可以得到雅安地震灾后15天里微博数量的平均衰减速率约等于25%。通过对北京暴雨灾害中从7月23日到8月7日共15天的数据进行计算，得出微博数量的平均衰减速率约等于21%。对定西地震灾后15天的主题微博数据进行计算，得出微博数量的平均衰减速率约等于22%。可见，在本次选取的样本中，自媒体对于突发自然灾害事件新闻价值的日均衰减速率大约为20%～25%。

与灾害事件不同，其他的社会新闻事件在进入大众传播渠道之后，常常要先经历一个持续发酵的过程，发酵之后达到舆论声量的峰值，然后开始回落。如2013年7月份关于"气功大师"王林的舆情生发过程，7月22日主题微博数量只有14条，7月24日主题微博数量达到最高值为37597条，此后开始逐渐下降。7月28日央视焦点访谈栏目播出了《"神功大师"的真面目》，引起该统计日主题微博数量的轻微反弹。

精确计算社交媒体灾害事件新闻价值的衰减速率对宏观把握灾害信息传播具有重要意义。社交媒体用户往往都是互联网上的活跃分子，也是在各种危机事件中发表不同意见的重点人群，因此，掌握这一人群对重大灾害事件的关注程度，对于有针对性地做好灾害信息传播具有实际意义。

■ 三、社交媒体灾害信息传播的地域差别

为了解不同区域社交媒体用户对灾害事件的关注度，我们针对新浪微博关于北京暴雨、雅安地震、定西地震等灾害事件进行了数量统计（表4.4～表4.6）。

表4.4　"7·21"北京暴雨灾害首日主题微博分省统计表

排序	省（区市）	数量（条）	排序	省（区市）	数量（条）	排序	省（区市）	数量（条）
1	北京	260384	12	湖北	579	23	吉林	252
2	广东	32960	13	福建	564	24	江西	234
3	天津	24720	14	陕西	462	25	贵州	134
4	上海	21424	15	山西	411	26	新疆	124
5	河北	21424	16	安徽	359	27	海南	117
6	山东	18128	17	湖南	350	28	甘肃	108
7	江苏	16480	18	黑龙江	340	29	宁夏	46
8	浙江	14832	19	重庆	303	30	青海	40
9	辽宁	933	20	云南	283	31	西藏	15
10	四川	692	21	广西	279	32	台湾	—
11	河南	596	22	内蒙古	253			

表 4.5   "4·20"芦山地震首日主题微博分省统计表

排序	省（区市）	数量（条）	排序	省（区市）	数量（条）	排序	省（区市）	数量（条）
1	广东	772912	12	陕西	112064	23	黑龙江	41200
2	四川	425184	13	湖南	103824	24	甘肃	28016
3	北京	382336	14	辽宁	98880	25	内蒙古	26368
4	上海	306528	15	河北	85696	26	吉林	26368
5	浙江	293344	16	天津	82400	27	海南	23072
6	山东	224128	17	广西	80752	28	宁夏	6592
7	江苏	210944	18	江西	80752	29	青海	996
8	重庆	186224	19	安徽	77456	30	新疆	981
9	福建	163152	20	云南	65920	31	西藏	514
10	湖北	131840	21	贵州	54384	32	台湾	—
11	河南	118656	22	山西	44496			

表 4.6   "7·22"定西地震首日主题微博分省统计表

排序	省（区市）	数量（条）	排序	省（区市）	数量（条）	排序	省（区市）	数量（条）
1	广东	26063	12	湖北	5016	23	黑龙江	1639
2	北京	19218	13	河北	4584	24	新疆	1517
3	陕西	18166	14	安徽	4216	25	内蒙古	1509
4	甘肃	15896	15	重庆	4037	26	贵州	1444
5	四川	11810	16	辽宁	3617	27	吉林	1435
6	浙江	10162	17	天津	3330	28	宁夏	1104
7	江苏	9597	18	湖南	3079	29	海南	960
8	上海	8590	19	山西	2964	30	青海	807
9	福建	7726	20	广西	2672	31	西藏	209
10	河南	7001	21	江西	2232	32	台湾	—
11	山东	6880	22	云南	1973			

通过上述表格可以得出以下结论：

第一，突发自然灾害事件中的微博发布符合接近性特征。"7·21"北京暴雨灾害首日里，北京市居民发布微博数量居32个省市区首位，受到"7·21"暴雨山洪泥石流灾害较为严重的河北省，微博发布数量排到了第5位，而在表4.5和表4.6中，河北省的微博发布数量只排到了第15位和第13位。在雅安地震中，四川省的微博数量排到了第2位，而在表4.4和表4.6中，四川省则分别排在第10位和第5位。定西地震发生的第1天，甘肃省发布微博数量排在全国第4位，且在定西地震中有明显震感的陕西也一跃排在第 3 位，而在北京暴雨灾害和雅安地震中，甘肃的微博发布量仅仅排在第 28 位和第 24 位。

第二，突发自然灾害事件中，各省发布主题微博的数量存在很大差异。发布微博数量最多的省区市有广东、北京、上海、四川、江苏、浙江、天津。一方面，这些区域的经济发展相对较好；另一方面，这些区域的高学历人员比较密集，媒介素养较高，参与信息传播的热情较高。

■ 四、社交媒体用户灾害信息传播参与程度

灾害事件中社交媒体信息发布主要有两种形式，一是转发信息，二是原创信息。这两种不同的信息标志着社交媒体用户在灾害信息传播中参与程度的不同。转发信息更多的是一种观点认同，而原创信息表示社交媒体用户的深度参与。

为了解社交媒体用户在突发自然灾害事件中的参与程度，我们统计了雅安地震、定西地震灾后三日的分时段原创微博数量，并计算了该时段中原创微博所占的比例。此外，我们还统计了北京暴雨和雅安地震灾后 15 日的原创微博数量及所占比例（图 4.5～图 4.8）。

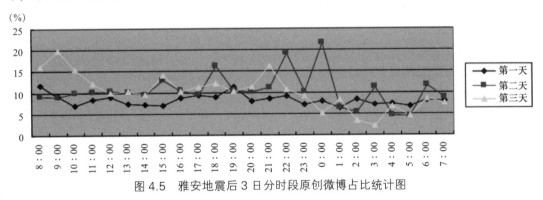

图 4.5　雅安地震后 3 日分时段原创微博占比统计图

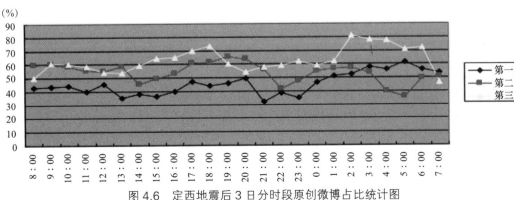

图 4.6　定西地震后 3 日分时段原创微博占比统计图

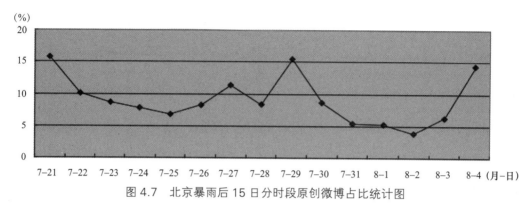

图 4.7 北京暴雨后 15 日分时段原创微博占比统计图

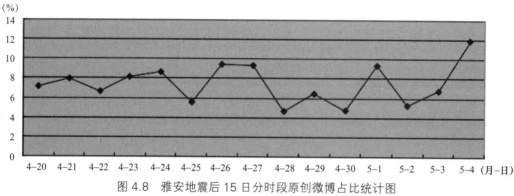

图 4.8 雅安地震后 15 日分时段原创微博占比统计图

　　不同的灾害事件中，微博用户的参与程度存在较大差异。统计的数据显示，北京暴雨灾害首日原创微博占主题微博总数的 15.7%；而雅安地震首日原创微博占比仅为 7.1%；在 7 月 22 日发生的甘肃定西地震的首日，主题微博总数为 21.2 万条，其中原创微博 7.8 万条，所占比例高达 36.7%。通过图 4.5 和图 4.6 发现，在同一突发自然灾害一天中的不同时段里，原创微博所占的比例基本平衡。雅安地震后 3 个统计日里的原创微博比例，基本保持在 10% 上下浮动。定西地震后的 3 个统计日里的原创微博比例则基本在 50% 上下浮动。此外，通过图 4.6 可以明显看出，定西地震之后的 3 个统计日里，原创微博比例逐渐上升，而在图 4.5 中并未发现此现象。这是由于雅安地震中的媒体报道时间长、密度大，使得震后 3 天里受众的关注度持续不变。但是定西地震后的媒体报道时间相对较短，且报道强度小。所以多数可能采取转发行为的低参与度公众会随着时间的推移逐渐放弃对事件的关注，而那些发布原创微博的高参与度公众则会持续关注地震救援的进展情况，所以导致原创微博比例越来越高。

　　同理，这也可以解释图 4.7 和图 4.8 中的曲线走向。在灾后的 15 个统计日里，没有看到原创微博所占比例呈现下降趋势，反而有轻微的上升趋势。通过图 4.3 和图 4.4 可知，灾后的微博总数和原创微博数量是随时间推移而逐渐降低的，也就是说，灾害事件的关注度或者说灾害事件的新闻价值在逐渐降低。人们使用微博主要分为浏览微博、转发微博和原创微博三种。对于突发自然灾害事件来说，不同的微博使用方式也意味着不同的参与程度，浏览微博的参与程度最弱，其次是转发微博，而原创微博的参与程度是最强的。随着灾害事件发生之后时间的推移，受众开始出现新闻脱敏，灾害信息的新闻价值也会出现衰减。这时候，参与程度最强的浏览微博用户会最先放弃对灾害事件的关注；然后是转发微博用户；原创微博用户因为参与程度最强，所以坚持关注的时间也会最长，对突发自然灾害事件关注的忠诚度最高。

五、社交媒体灾害信息传播内容分析

灾害事件中的信息传播类型多样，既有灾情信息、救助信息、领导人信息，还有人们对防灾减灾知识的认知和舆论监督信息。这些信息在灾害事件发生之后会大量出现，也直接影响着人们对灾害事件的了解层面和了解程度。

为了掌握灾害事件发生后社交媒体灾害信息传播内容规律，对"7·21"北京暴雨山洪泥石流灾害、四川雅安地震灾害和甘肃定西地震灾害事件中的微博内容进行了统计。统计方法为：对3次灾害事件发生之后一周之内每天的微博进行抽样，从每天的微博文本里面按照不同时间段选取200条微博，进行内容分析。共计选取样本4200个。统计结果见表4.7。

表4.7　北京暴雨、雅安地震、定西地震灾后微博内容分类统计表（单位：条）

灾害事件	微博内容分类	第1个统计日	第2个统计日	第3个统计日	第4个统计日	第5个统计日	第6个统计日	第7个统计日
"7·21"北京暴雨灾害	灾情	130	91	60	44	49	39	33
	救助	29	50	69	79	74	56	43
	求助	16	23	22	14	16	12	9
	舆论监督	13	19	31	38	32	31	37
	哀悼	8	15	15	24	27	60	77
	其他	4	2	3	1	2	2	1
	合计	200	200	200	200	200	200	200
"4·20"雅安地震	灾情	132	69	45	62	46	42	36
	救助	45	82	107	87	82	64	37
	求助	15	40	26	14	23	12	11
	舆论监督	1	3	18	27	31	26	41

灾害事件	微博内容分类	第1个统计日	第2个统计日	第3个统计日	第4个统计日	第5个统计日	第6个统计日	第7个统计日
"4·20"雅安地震	哀悼	0	1	2	7	16	43	73
	其他	7	5	2	3	2	13	2
	合计	200	200	200	200	200	200	200
"7·22"甘肃定西地震	灾情	121	93	54	36	41	37	36
	救助	43	72	74	81	44	38	37
	求助	12	17	31	22	26	14	6
	舆论监督	3	5	21	26	37	41	42
	哀悼	4	11	13	22	42	60	74
	其他	17	2	7	13	10	10	5
	合计	200	200	200	200	200	200	200

从表4.7可以看出，突发自然灾害发生之后，微博用户关注的灾害信息内容随着时间的推移而发生变化。灾后的第1个统计日里，对"灾情"的关注是最多的，均超过了样本数的60%，此后，对灾情的关注度逐渐降低（图4.9）。

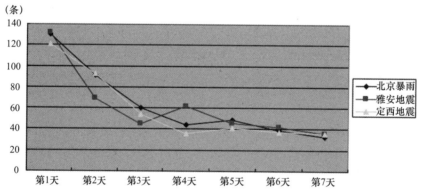

图4.9　北京暴雨、雅安地震、定西地震灾后7日"灾情"微博数量统计图

灾害"救助"的内容在所有的统计样本中的总数里仅次于"灾情"的数量，是灾害信息传播中的第二大类型。在灾后的7个统计日中，"救助"微博数量分布见图4.10。从图中可以看出，灾后的第3个统计日和第4个统计日里达到高值，这和灾害救援的"黄金72小时"从时间上是统一的。

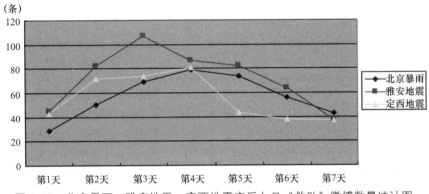

图 4.10　北京暴雨、雅安地震、定西地震灾后七日"救助"微博数量统计图

"求助"信息和"舆论监督"信息，在整个灾害信息传播过程中的数量相对较少，仅占到了总数的 9% 和 12.5%。"哀悼"信息相对来说，所占比例稍大，是所有灾害信息传播中的第三类。而且，"哀悼"信息随着时间的推移数量增多，至第 7 个统计日（即灾后的"头七"）达到最高峰（图 4.11）。

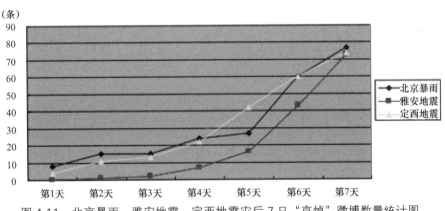

图 4.11　北京暴雨、雅安地震、定西地震灾后 7 日"哀悼"微博数量统计图

灾害事件中的社交媒体传播大大丰富了灾害信息传播的内容、形式，也强化了灾害信息传播的效果，无论是在服务灾害救助、满足受众知情权方面，还是在正确引导社会舆论和开展防灾减灾科普宣传等方面，都发挥着重要的作用，是灾害信息传播中的一支重要力量。

第五节　灾害信息传播中的媒介融合

20 世纪 80 年代，美国马萨诸塞州理工大学的浦尔教授提出了"媒介融合"这一概念。浦尔教授强调的"媒介融合"，更多的指向各种媒介之间的合作和联盟。①20世纪90年代，媒介融合的理念进入中国，当时的新媒体初露头角，尚未对传统媒体形成严重的冲击，国内学者也都是在传播内容融合的维度来探讨这一概念。新世纪以来，随着互联媒介的快速发展，人们的生活方式和思维方式发生了巨大的改变。此时的媒介融合正在成为传统主流媒体应对激烈的媒介竞争并主动寻求破解发展迷局之路的悲壮之举。2014年8月18日，中央全面深化改革领导小组第四次会议审议通过了《关于推进传统媒体和新兴媒体融合发展的指导意见》，这也标志着我国媒体融合发展工作全面启动。②

一、灾害信息传播媒介融合的重要意义

灾害信息传播的特殊之处在于限定的传播内容，灾害信息关乎人民群众生命财产安全。预警预报信息不及时，可能造成不可估量的损失；灾情救援信息不畅通，可能延误灾害救助的黄金时间，造成二次伤害；灾后重建信息不透明，舆论监督不到位，极易引发社会问题。因此，实现媒介融合，强化灾害信息传播效果，对于最大限度减轻自然灾害损失具有重要意义。

（一）媒介融合有利于避免灾害信息传播资源浪费

灾害信息传播过程中，无论是媒介管理机构，还是新闻传播者，抑或是普通公众，他们的传播目的都是一样的，即满足灾害救助需求和满足受众的知情权。从灾害事件到灾害信息，需要政府传播者、媒介传播者和公众传播者的趋利性"把关"和符号化"加工"。这个选择的过程，是由"有限的新闻传播媒介及其有限的版面空间或节目时间与无限的新闻信息之间的矛盾决定的"。③灾害事件中，各种媒介的版面和时间是有限的，这些空间和时间的利用效率大大影响着防灾、救灾、重建的开展情况，关涉成千上万民众的生命财产安全，这是灾害信息传播的独特价值，也是其不同于其他信息传播活动之处。

我国当前的灾害信息传播仍然处于分散状态。由于缺乏完善的信息生产、发布和反馈机制，各种媒介形式和各个媒体单位都按照自身定位和传播者个体偏好来生产和转载信息。从微观层面来看，可能某一媒体的灾害信息传播是成系统、有节奏、严把关的，但是当传统媒体和新媒体交织在一起，尤其是互联网络对传统媒体中的灾害信息进行二次甚至多次转载后，在草根思维的运作下灾害信息实现重新组

---

① 丁柏铨．媒介融合：概念、动因及利弊［J］．南京社会科学，2011（11）：92.
② 新华社．共同为改革想招一起为改革发力 群策群力把各项改革工作抓到位［N］．人民日报，2014-8-9（01）．
③ 蔡明泽．新闻传播学［M］．广州：暨南大学出版社，2010：109-110.

合，原来的系统性和节奏性被打破，宏观层面上的灾害信息传播往往呈现出两级分化，一方面，信息感情色彩浓郁、现实反差强烈的煽情信息被反复传播，另一方面，一些动态性和知识性的实用信息被遮蔽。这就直接导致了受众在每一次灾害事件发生之后，除了情感上的悲伤和感动之外，并无实质性的获得。

正是媒体的这种灾害信息传播乱象，才让我们更加期冀媒介融合的实现。对于灾害信息传播来说，媒介融合并非一种无奈的突围之举，而实是最大限度减轻自然灾害损失的必要和重要举措。媒介融合的实现可以避免灾害信息传播中的资源浪费。一方面，建构一种"大媒介观"，在灾害事件中摒弃门户之见，有序引导各媒介真实、及时、全面、理性地传播灾害信息，为政府决策、灾害救援、受众知情提供专业化帮助。另一方面，按照国家层面的要求，加大对新媒体的监管，强化新媒体的主流舆论引导能力，占领灾害信息传播的新媒体阵地，保证传统媒体的信息在进入新媒体时不走样、不误读，避免次要信息被无限复制，保证重要信息的版面、时间和网络曝光度。除此之外，还要规范灾害事件中信息传播者进入灾区的层次和数量，既是为了减轻灾区救援的负担，也是为了更好地节约新闻资源。强化深度报道，进一步扩大灾害信息传播效果。

（二）媒介融合有利于满足受众对灾害信息的特殊需求

灾害信息传播是一个复杂的过程，受到政治、经济、文化以及防灾减灾科技发展水平的影响。以地震灾害为例，《中华人民共和国防震减灾法》第二十九条明确规定：国家对地震预报意见实行统一发布制度。全国范围内的地震长期和中期预报意见由国务院发布。省、自治区、直辖市行政区域内的地震预报意见，由省级人民政府按照国务院规定的程序发布。地震预报意见是严格禁止个人除学术研究之外向社会发布的。同样的，很多自然灾害的预报预警信息发布主体都是有限制的，这些规定都直接影响灾害信息传播全过程。

桑德拉·波尔－罗凯奇和迈尔文·德弗勒共同提出的依附理论认为有两个因素决定了人对各种媒介的依附程度。第一，媒介能够满足人们的需求越多，人们对媒介的依附程度就越高；第二，社会稳定性出现问题的时候，人们对信息的依附程度就会增长。[①] 这和笔者在汶川地震灾区、鲁甸地震灾区进行田野调查的结果是一致的，重灾区的访谈对象都明确表示在灾害发生之后，对主流媒体上的新闻报道，尤其是中央电视台和省级卫视上的灾害信息，依赖程度强，信任程度高。

---

① ［美］斯蒂芬·李特约翰，凯伦·福斯.人类传播理论（第九版）［M］.史安斌，译.北京：清华大学出版社，2009：353.

灾害救助和防灾减灾视阈中的受众信息需求的特殊性，主要表现为三个方面。一是强时效性。2014年鲁甸地震发生后，相关部门为昭通市区和昆明市提供了几秒到几十秒的地震预警。[①] 这短短的几十秒时间决定了民众逃生和重大工程项目的避灾举措，如何在最短时间内将预警信息传至每个公众，这是媒介担负的重任。二是信息接受的快捷性。受众是按照媒介划分的，而灾害事件是分区域发生的，如何保障灾害发生后，政府、媒体和受众能以最快捷的方式获得信息，这是关乎灾害救助能否顺利开展的重要前提。三是灾害信息的完整性。碎片化的信息极易造成灾害救援组织和受众的误判，从而制约灾害救助。2008年汶川地震后，由于未能及时整合灾情，导致北川等XI度烈度区和陕、甘、渝、滇等IX度、VIII度、VII度烈度区的救援滞后。

传统媒体和新兴媒体的融合发展可以满足受众对灾害信息的特殊需求。建构一种跨媒介的灾害信息传播机制，打造及时、完整、系统的灾害信息传播平台，以高质的灾害信息传播赢得受众的惯性关注，培养受众在灾害事件中信息接收的条件反射，将灾害事件与灾害信息之间的时间差缩为最短，将会大大降低灾害事件造成的生命财产损失。灾害信息传播平台集各种媒介的信息传播优势为一体，并实现对灾害信息传播的严格把关，保证灾害信息的完整性，有利于灾害救助的顺利开展，有利于满足受众的知情权，有利于正确引导社会舆论，有利于防灾减灾科普宣传。[②]

（三）媒介融合有利于最大限度整合各种灾害救助力量

主流媒体的灾害信息传播需要经过严格的把关，信息的真实性程度高，传播过程规范。但是新媒体也参与到了灾害信息传播中来，倾向于使用新媒体的公众传播者媒介素养良莠不齐，传播动机各有不同，符号编码能力也相差甚远，由于缺乏专门的信息传播业务训练，其在灾害事件中发布的信息真假难辨。无论是传播者还是受众，他们都全力追求信息的真实性，这种真实并非一种客观的真实，而是一种主观的真实，是他们根据自身的知识经验进行的个人化判断。灾害事件中传统主流媒介传递的信息，受到媒介本身权威性和公信力的迁移影响，受众在无力判断信息真伪的情况下，倾向于作出属实的判断。但是在发布门槛低的新媒体上，参差不齐的信息扰人耳目，一些虚假信息常常被当做事实传播，这种杂乱的信息生态甚至会影响到传统主流媒体，并借助主流媒体扩大影响，直至误导灾害救助。

灾害信息是灾害救助顺利开展的指南针，无论是前线的专业救助还是后方的社

---

① 韩旭阳，闫欣雨. 地震预警仅传至26所学校［N］. 新京报，2014-8-5（A11）.
② 徐占品. 灾害信息传播效果评价标准研究［J］. 新闻爱好者，2013（9）：36-40.

会救助，都需要很强的针对性，灾害信息是连接救助对象和各种救援力量之间的通道。多种救援力量的组合构成了我国灾害救援的框架，其中包括军队救援、消防救援、医护救援、专业救援组织救援（如地震灾害紧急救援队）、自救互救力量、志愿者、社会公众捐助救援和国际救援。这些救援组织和个体平时分布在各自的工作岗位上，灾时迅速集结奔赴灾区开展救助。如何整合和引领各种救援力量快速、高效、准确地投入救灾，如何协调各种救援力量之间的分工和合作，最大限度发挥救援力量的合力，这就不单需要建立综合协调的救灾指挥部，还需要灾害信息传播媒介收集灾情、发布信息，引导灾害救助的方向。

灾害信息传播中的媒介整合，就是建立一个灾害信息发布的信息指挥中心，通过对各种信息进行专业化的筛选和鉴定，将灾区的救助需求及时反馈给救灾指挥部，并快速将救灾指挥部的指令发布出去，增加各种救援力量的救灾针对性。信息指挥中心根据灾区受众和外围受众信息需求的不同，进行信息分流传播，保障灾害信息的到达率和传播效果。

二、灾害信息传播中媒介融合的实现路径

媒介融合既是一个动态的过程，也是一个发展的目标。媒介科技的发展总是以满足人类信息传播更高的需求为前提的。新媒体、新新媒体的出现和普及，在很大程度上改变了人类对客观世界和主观世界的认识，由此也衍生出了新的生产生活方式。具体到灾害信息传播活动中，媒介技术和媒介发展方式的变革使得人类在认识灾害、预防灾害、抵御灾害等方面都取得了可喜的进展，媒介融合发展理念的提出更是为防灾减灾事业的发展提供了新的可能。在灾害信息传播过程中，要实现传统媒介和新兴媒介的深度融合，需要从以下几个方面迈进。

（一）灾害信息传播的观念融合

无论是传统媒介还是新兴媒介，都是以媒介为单位组织信息生产和信息发布的，传播者在长期的媒介环境浸染下，习惯了既有的信息传播方式，在媒介融合的背景之下，需要实现自我革命，摆脱固有思维的桎梏，主动探寻媒介融合的路径。

观念上的融合体现在宏观层面，就是媒介信息管理上的融合。灾害信息传播不同于常态的信息传播，由于灾害事件常常造成重灾区的交通、电力、通信中断，导致灾区的信息难以传播出去，外界的信息无法传播进来。除此之外，灾害的预报预警信息也需要特殊的发布主体按照特殊程序进行发布。正如麦奎尔所言"任何对于媒介组织、媒介工作的理论性解释，都必须考虑在组织之间或组织外部不同的关系

形式"。① 灾害信息传播不只关涉各类媒介，更是关涉到了灾害管理部门（地震灾害关涉应急部和地震局，气象灾害关涉气象局，海洋灾害关涉海洋局，地质灾害关涉自然资源部，卫生防疫关涉国家卫生健康委员会），同时还需要通信部门、交通部门、电力部门的通力合作，才能保证灾害信息传播中媒介融合的实质性实现。2014 年 8 月中央全面深化改革领导小组发布的关于媒介融合的意见正是体现了国家层面的媒介融合理念，高规格的推进可以有效破解部门之间的利益隔阂，最大限度推进传统媒体和新兴媒体的融合发展，也为灾害信息传播中的媒介融合清除了障碍。

观念上的融合体现在中观层面，就是媒介定位上的融合。媒介融合的主体是各类媒介，从我国近年来媒介融合实践来看，传统媒体已经认识到了媒介融合是媒介发展的必然趋势，在灾害信息传播过程中，媒介融合仅仅体现为传统媒体信息的网络发布，这种"重形式轻内涵"的融合方式只是一种简单的媒介接合，并非真正意义上的融合发展。灾害信息传播中的媒介融合，应该是一种高位融合，是打破利益格局重新进行媒介定位的融合，需要各种媒介重新审视自身的传播优势，结合灾害信息传播的实际，在灾害事件中有所为有所不为，以优势资源打造核心竞争力。

观念上的融合体现在微观层面，就是传播者的融合观念。狭义上的传播者是媒介的最小细胞单元，是信息生产和发布的直接承担者。传播媒介塑造传播者，反过来，那些直接生产媒介产品的工作人员的个性特征将会影响媒介的内容和媒介的发展态势。灾害信息传播中的媒介融合，需要媒介中的传播者个体观念上的改革，这样才能形成合力。灾害信息传播者可以分为政府传播者、媒体传播者和公众传播者，在这三者之中，政府传播者和媒体传播者在组织压力之下，媒介融合发展的观念易于形成。但是公众传播者主要是松散的个体，其传播目的也各不相同，引导其认识媒介融合的重要性难度相对较大。可见，在整个复杂的传播过程中，媒介融合并非指向传播媒介一个要素，传播者、信息、受众和传播环境，都应该积极指向媒介融合这一目标，才能从根本上实现传统媒体和新兴媒体的融合发展。

（二）灾害信息传播的技术融合

灾害信息传播对媒介融合的要求是紧迫的，因为每一次灾害都会威胁千万民众的生命财产安全。如果能够尽快理顺灾害信息传播中的各种关系，建立融合的、统

---

① ［荷］丹尼斯·麦奎尔.麦奎尔大众传播理论（第四版）［M］.崔保国，李琨，译.北京：清华大学出版社，2006：206.

一的、权威的灾害信息发布平台，使受众形成信息接收惯性，这对防灾减灾效果的发挥具有重大意义。灾害信息传播中的媒介融合，要借助计算机提供的平台。数字计算机不仅复制了先前所有的表征与交流媒介的特征，并且将它们重新整合于一个统一的软硬件物理平台上。①

灾害信息传播中的媒介融合还需要突破技术难关。前文述及，灾害事件发生后，常常造成重灾区的道路、电力、通信中断，形成两个不同传播环境的区域。在重灾区，外部信息的传进传出需要得到技术层面的保障。在救援现场，提高救援效率的前提是了解受灾人员的被困地点，但是目前除了生命探测设备和搜救犬等手段外，尚无更有效的方法。灾害信息传播中的媒介融合在技术手段上有更高的要求，就是要求灾区内外的信息实现无障碍传播，同时要求个人求救信息的发送突破技术瓶颈，打造一个多功能的技术平台，一方面脱离灾害信息传播的物质依赖性，另一个方面接入人际传播，就可以实现灾害救助和信息传递的双重功能。

灾害信息传播可以分为灾害信息生产、灾害信息发布和灾害信息反馈三个环节。在每一个环节上，都对媒介技术有明确的要求。在灾害信息生产环节，进入灾区尤其是重灾区的媒体范围十分有限，媒介已经预留了大量版面或时间需要相关内容的填充，进入灾区的传播者要最大化地发挥作用，就需要具备全媒体思维，将印刷媒介、广播电视媒介和互联网络媒介的特点综合考虑，保证生产出来的信息可以最大限度利用。灾害信息传播中的发布环节，就是要重点考虑如何将灾害预警信息传至每一位利益相关者和如何使灾害信息迅速进入灾区指导救援。灾害信息传播的反馈环节要求打通灾区受众向灾害信息平台的反馈渠道，灾害救助一方面需要由上而下的指令发布，另一方面需要由下而上的需求反馈，通过技术手段对上述两类信息进行处理，才能保证灾害信息传播中各媒体之间深度融合的实现。

（三）灾害信息传播的产品融合

灾害信息是灾害信息传播全过程的连接要素，是灾害信息的运行，沟通了传播者、传播媒介和受众之间的关联。灾害信息传播效果的评价也是以灾害信息和受众之间的互动反应为对象的。无论是观念融合还是技术融合，最终指向的都是灾害信息传播中的产品融合。

传播者的融合观念最终要体现在产品上。灾害事件会导致人员伤亡和财产损失，涉灾信息的发布需要严肃性，无论是灾时还是平时，都不适合用调侃的方式来

① ［丹麦］克劳斯·布鲁恩·延森.媒介融合：网络传播、大众传播和人际传播的三重维度［M］.刘君（译）.上海：复旦大学出版社，2012：73.

发布信息。产品融合不是各类信息的拼盘，而是在受众调查和自我定位之中，确立产品的基本品格，在此基础上扩大信息容量。而各种社会新闻和个人化表达的内容出现在官微中，产品的娱乐化会消解灾害信息传播的权威性和严肃性。

灾害信息传播的产品融合，指向两个维度。第一个是媒介维度。针对不同媒介的灾害信息传播优势，生产出各具特点的信息产品。产品融合不是生产同质化信息，要保证信息的多样性，以满足各类受众的灾害信息需求；同时对灾害信息进行宏观把握，防止各个信息传播平台之间的灾害信息互相解构，导致对灾害救助产生消极影响。第二个是信息维度。任何媒介都不会单一生产灾害信息，这是由媒介发展的需求、受众的信息需求和灾害事件特点共同决定的。但是在处理灾害信息和其他信息版面和时间关系时，常常出现不协调的现象。2014 年 8 月 3 日，云南省昭通市鲁甸县发生 6.5 级地震，8 月 5 日的《春城晚报》进行了专题报道。头版头条是"李克强总理徒步进入震中"的标题新闻，A02 版"春城时评"刊发本报评论员文章《用行动诠释生命至上的最高伦理》，从 A04 到 A14 共 11 个版都是地震相关信息，但是在 A03 广告版上用整版刊登了一幅红色财神图片和大号黑体广告语"巫家坝起立，全昆明鼓掌"。无论是视觉效果还是内容的感情色彩，都与前后的版面产生了巨大的反差，大大消解了地震专题报道营造的救灾氛围。

三、灾害信息传播中媒介融合的未来图景

在灾害信息传播中实现媒介融合，是灾害救助的客观需要，也是受众的迫切需求。由于受到传播者意识、传播媒介技术和灾害信息的生产状况的制约，媒介融合的实现需要一个长期的过程。但是根据媒介发展的客观规律和国家层面实现媒介融合的举措上来看，有理由相信媒介融合实现的必然性。我们理想的灾害信息传播媒介融合，应该呈现为以下状态。

（一）融众媒灾害信息传播之长，实现传受互通的技术手段

灾害事件中，无"无用之媒介"。针对灾害信息传播，各种媒介都身有长物，这也是灾害信息传播中的媒介融合可以实现的基础条件。灾害的特殊性消解了部分媒体的全能特点，使其部分受到物质依赖性影响的功能无法发挥作用，在灾害信息传播中处于失能状态。灾害事件常常造成电力、交通、通信等生命线工程的破坏，直接影响到灾害信息传播中大众传播、群体传播和人际传播的开展。

在所有媒介中，广播的抗灾害能力是最强的，这也奠定了其灾害信息传播生命线媒介的特殊地位。在其他媒介无法突破瓶颈向灾区传递信息的时候，广播媒介一枝独秀，无障碍地向灾区传播权威灾情和灾害救助信息，在一定程度上稳定了重灾

区的社会情绪，引导灾害自救互救。[①]灾害信息传播中，电视媒介凭借强大的影响力，以声音、画面、文字相结合的传播方式将灾害信息传递给外围受众，营造了良好的救灾氛围。[②]纸质媒介虽然时效性较差，但是其深刻的信息挖掘和评论功能，是其他媒体所无法企及的。互联网媒介的灾害信息传播特点是强时效性和强互动性，这也是灾害信息传播最为倚赖的两个维度，灾害救助需要针对性，尤其是重灾区中"孤岛"人群，可以通过互联网媒介向外发布求救信息，从而获得及时救助。手机媒介是大众传播、群体传播、人际传播的集合体。在利用互联网络进行浏览新闻时，手机就是大众传播媒介，在使用手机 QQ 群、微信群、社区论坛等功能时，手机就是群体传播媒介，使用手机进行通话和短信功能时，手机就是人际传播媒介。手机媒介具有鲜明的个体特征，也是灾害信息传播中最微观的传播工具。

随着传媒技术的发展，用于进行灾害信息传播的媒介平台应该兼具各种媒介之长，这既是媒介发展的前进之路，更是灾害信息传播的必然要求。未来的灾害信息传播平台，在技术层面上应该具备三个显著特征。第一，最大程度摆脱物质依赖性的限制，实现灾时和平时的无障碍传播。无论是何种灾害，无论对电力、交通、通信造成何种影响，都要保证灾害信息传播及时传递到重灾区（此处还有另外一个思路，就是随着科技的发展，电力、通信、交通等生命线工程不再受到灾害事件的破坏，也可以保证灾害信息传播的无障碍传递）。第二，实现灾害事件中的传受互通，有力保障灾害救助的目标化发展，提升灾害救助的针对性和效度。在媒介融合平台的构建中，实现受众救助需求、生活需求和信息需求的及时反馈，其反馈信息直接到达救助组织和媒介机构。目前，我国已经建立了国家应急广播社区网站，该网站具备为个体应急提供咨询、回复等功能。但是其尚未摆脱互联网媒介的物质依赖，在造成电力和通信中断的重灾区所能发挥的作用十分有限。第三，实现各媒介灾害信息传播优势的深度融合，要兼具广播媒介的抗灾害能力、电视媒介强大的影响力、纸质媒介深刻的信息挖掘和评论功能、互联网媒介的互动手段和手机媒介的人际传播能力。

（二）建成集"灾前预警（报）、灾时救助、灾后重建"一体化灾害信息传播综合平台，实现"大众传播、群体传播、人际传播"相结合的多维度传播功能

汶川地震之后，通过对其他国家和地区灾害信息传播机制的借鉴，结合我国信息传播的实际情况，在国家的推动之下，正在逐渐构建灾害信息传播的新平台。国

---

① 郭子辉，徐占品，郗蒙浩.广播媒介在灾害救助中的积极作用——基于汶川等十县市的调查结果［J］.防灾科技学院学报，2009（1）：102-105.

② 徐占品，刘聪伟.电视媒介灾害信息传播考察［J］.重庆社会科学，2014（9）：102-105.

家应急广播体系的建立，标志着灾害信息传播得到了国家层面的重视。[①] 但是广播媒介在灾害信息传播中不可避免的缺陷也影响了传播效果。受众认可度的问题和信息反馈能力的问题，广播媒介避之不开。[②] 为了解决这些问题，应急广播体系也尝试探索借助互联网媒介协同发展，但是这种融合方式的融合度不高，效果也有待检验。

灾害信息传播中的媒介融合，需要在技术支持的前提下，搭建一个高于单一媒介形式的信息平台。从历时角度来看，这个平台要实现灾害预警（报）信息的实时发布，实现灾害救助信息的上传下达，实现灾后重建信息的定时传播。当前的灾害预警（报）信息发布分散在不同的媒介平台之上，比如，地震预报信息由省级人民政府统一发布；气象预报由各级气象部门通过各种媒介发布，其中电视媒介和互联网媒介发布的影响最大；滑坡泥石流的预报和预警则由自然资源部门发布。这些信息发布渠道的分散性影响了受众的信息接受，在一定程度上削弱了预警（报）的功能。灾时救助信息的发布更是众说纷纭，其实，为了防止灾害信息传播的同质化，灾害报道需要体现个性化和多样化，但是对于直接关乎生命救援的救助信息需要在灾害信息传播平台上统一发布，以保障其严肃性和规范性。由于灾时救助信息的过度报道，使得灾后重建信息常常处于脱敏状态，很难进入到大众传播的视野之中，信息传播影响着受众的关注度，也影响着舆论监督的视角和程度，如果此类信息曝光度不够，就极易导致因监督不力而出现的重建中的各类工程问题和社会问题。灾害信息传播平台不是信息垄断，不是要剥夺单一媒介的信息传播权利，而是对灾害信息中的重要内容进行的整合，通过专门的平台进行信息把关，产出时效性、真实性、系统化的灾害信息。

灾害信息传播中的媒介融合，还需要实现多种传播类型的兼容。该平台要根据公众的不同需求兼具大众传播、群体传播和人际传播等功能。灾害事件发生之后，灾区受众的信息需求指向两个维度：一是来自外部的宏观信息，用来了解灾害类型、灾害程度、灾害未来的发展趋势和国家的救助举措；二是来自内部的信息，用来了解亲友的所处境况、基层组织和群体的自发救助行动。外部信息需要通过大众传播来获取，内部信息则需要群体传播和人际传播来获取。在新的平台上，受众可以自由选择信息传播通道，可以自由选择将特定信息传递给相应救助组织、大众传播媒介和指定群体或个人，并可以与之进行信息互动。同时，灾害信息传播平台也应该强调大众传播的信息把关能力，所有信息在进入大众传播渠道时，要经过专业

---

① 温秋阳.应急广播传播模式研究 [J].中国广播，2013（9）：21-24.

② 郭子辉，徐占品，郗蒙浩.广播媒介在灾害救助中的积极作用——基于汶川等十县市的调查结果 [J].防灾科技学院学报，2009（1）：102-105.

传播组织的严格把关，从微观上保证信息的真实性，从宏观上保证灾害信息的完整性和系统性。新的灾害信息传播平台要杜绝当前互联网式的低门槛信息发布方式，做好信息分区和信息筛选，将未经把关的信息严格控制在群体传播和人际传播渠道之中，在大众传播渠道中，强化对信息的评价功能，以防止灾害信息传播中的信息垄断。

（三）培养出具有灾害信息传播融合意识和融合传播能力的传播者，塑造具有较高灾害信息传播媒介素养的社会公众

灾害信息传播中的媒介融合，除了技术手段和信息平台之外，还依赖于传播者和受众等人的素养。当前的新闻教育和新闻实践之中，虽然越来越多地强调媒介融合的概念，要求面向全媒体培养新闻传播的复合型人才。[1][2] 在这种概念式濡染下，一些具有较高媒介素养的社会公众也开始关注媒介融合。但是从目前来看，这种人才培养方式的创新和受众媒介素养的主动提升方式，都不足以满足灾害信息传播中媒介融合的需求。

随着人类物质财富的积累和对大自然掠夺开发程度的加深，自然灾害事件的发生频率越来越高，对人们生产生活的影响也越来越大，全世界对防灾教育也越来越重视。当前，我们已经进入了媒介化社会，随着传媒的发展、弥漫、扩张和渗透，社会也在不断建构和重构，社会正在对媒介形成一定的依赖，这又成为社会媒介化的主要推动力量。[3] 这也决定了防灾教育必须依赖媒介进行开展，在这个过程中，人们对灾害信息进而对灾害信息传播中的媒介融合有了更加迫切的需要。

在媒介融合的过程中，媒介教育将得到广泛的开展。媒介教育要根据需求的不同分为两类，一类专门针对灾害信息传播中的职业传播者，另一类针对灾害信息传播中的受众。针对职业传播者的媒介教育强调技能训练，主要包括对灾害信息传播平台技术的运用，对灾害新闻生产、发布和反馈等技能的训练，对各类灾害特点、灾害救助特点和不同受众受灾心理的准确把握，灾害信息传播的把关能力的掌握。针对受众的媒介教育主要强调理解和运用能力的培养。媒介化社会中，媒介教育应该成为基础教育和高等教育中必不可少的内容，基础教育中遵循不增加课程的原则下，在相关课程中增加媒介教育的相关知识，尤其是在灾害信息传播的相关知识。高等教育中，要鼓励高校开设选修课程，以满足部分学生的学习需要。除此之外，

---

① 中国人民大学新闻学院新闻传播教育课题小组.媒介融合时代的中国新闻传播教育：基于18所国内新闻传播院系的调研报告 [J].国际新闻界，2014，36（4）：123-134.

② 黄瑚.媒介融合趋势下复合型新闻传播人才的培养 [J].国际新闻界，2014，36（4）：144-149.

③ 张晓峰.论媒介化社会形成的三重逻辑 [J].现代传播（中国传媒大学学报），2010（4）：15-18.

灾害信息传播平台平时的信息发布也应以灾害科普为主，引导受众了解灾害及其救助常识。

通过持续的媒介教育和媒介化社会的浸染，灾害信息传播中的媒介融合将会逐渐获得人力资源保障，将会生成良好的信息消费习惯和氛围。面对灾害事件，具备媒介融合观念和融合传播技能，并掌握灾害和灾害救助基本知识的传播者会通过相应信息平台，快速生产信息，严肃发布信息，理性对待受众的信息反馈，有针对性地按照信息传播规律和灾害救助规律开展灾害信息传播活动。经历过媒介教育的受众，在接受灾害信息传播平台上的信息时，可以以正确的方式进行解码，并且根据自身需求将各种反馈信息输入相应传播渠道，最大限度减轻灾害信息传播中大众传播渠道"把关人"的工作强度。在灾害信息传播中，媒介融合的理念和产品都是传播者和受众通过技术平台实现的，因此，培养传播者和塑造受众是实现灾害信息传播中媒介融合的重要保障。

除此之外，灾害信息传播的未来图景，还应该形成一套完善的灾害信息传播媒介融合制度，为灾害信息传播的快速、有序、系统进行提供机制保障。灾害信息传播的媒介融合不能依靠市场机制，这是由灾害信息的特殊性决定的。事实证明，一旦用市场法则统帅灾害信息传播实践，将产生大量的"噪音"，这些信息会打着灾害信息的旗号大量出现，稀释灾害信息的浓度，误导受众，直至影响灾害救助。灾害信息传播中的媒介融合属于公益事业，需要政府和非政府组织投入、管理，需要社会公众进行监督。为了保障其实现自运行，需要建立一套完善的制度体系，对灾害信息传播主体、程序、形式、监督、评估等环节予以规范，明确其机构保障、资金保障和人力资源保障。技术、内容、人员和制度结合在一起，是灾害信息传播中媒介融合的未来图景。

媒介融合正在成为国家战略，这代表着媒介发展的必然趋势。在宏观的媒介融合态势下，灾害信息传播中的媒介融合因为关乎社会公众的生命财产安全，更应该得到足够的重视和先行发展的机会，灾害信息传播中的媒介融合不是无限的做大某一媒介，也不是各种媒介之间的紧密合作，更不是媒介信息的共产共用，而是建构一种超越单一媒介的综合信息平台，融众媒之长，摆脱各种物质依赖性，形成灾害信息的全过程的快速准确传播，并强化受众的信息反馈功能，打造一个传受互通的信息传播系统。

第五章　灾害信息

第一节　灾害信息的范畴与特点

一般认为，贝尔电话公司的电器工程师申农在 1948 年发表的代表作《通信的数学理论》是信息论的奠基之作。申农认为，"通信的基本问题是在通信的一端精确地或近似地复现另一端所挑选的信息"，信息就是能够减少或消除不确定性的东西。信息论对传播学的孕育和创立都发生至关重要的影响，清华大学李彬教授认为"信息这一概念，对传播学简直具有开启鸿蒙的意义"。[①]

灾害信息是灾害事件的符号化呈现，是灾害信息传播过程中的内容载体，维系着灾害信息传播各要素之间的联系。没有灾害信息，灾害信息传播者、灾害信息传播受众就不存在，灾害信息传播媒介就成了无源之水、无本之木，灾害信息传播效果也就无从谈起。灾害信息不同于其他信息，灾害的特殊性决定了灾害信息的特殊性。因此，对灾害信息的范畴进行界定、对其特点进行研究很有意义。

■ 一、灾害信息的范畴

进入传播渠道的信息形形色色，哪些属于灾害信息的范畴，需要有一个明确的标准廓清研究对象，有利于将灾害信息与其他信息进行比较，深入挖掘灾害信息的特质，为做好灾害信息传播奠定基础。通过对近年来各类灾害事件中信息传播现象的考察，我们认为灾害信息可以限定在以下几个方面。

（一）灾害信息是对新近发生或将要发生的灾害的反映

灾害事件是客观存在的，灾害信息是对灾害事件的反映，二者之间是决定与被决定的关系。灾害是灾害信息的内核，所有的灾害信息都是围绕灾害开展的，这也是灾害信息与其他信息的分水岭。

灾害信息既不同于灾害文艺，又区别于灾害历史。灾害文艺是在宏观真实基础上

---

① 李彬. 传播学引论（增补版）［M］. 北京：新华出版社，2003：65-67.

的虚构加工，如电影《唐山大地震》和《一九四二》，都是以真实的灾害事件为背景展开叙事并获得观众的强烈共鸣，但是由于其中的人物、情节、场景都是虚构的，此类信息以及由此引发的社会讨论并不属于灾害信息的范畴。灾害历史是对已经发生过的灾害事件的记录，让后人永远铭记人类经历过的苦难，并从中吸取经验教训，最大限度减轻灾害造成的损失。如康熙十八年（公元 1679 年）发生的三河 - 平谷 8.0 级大地震，在《三河县志》中收录了时任三河县令的任塾所撰写的《地震记》，详细记录了震情灾情以及抗震救灾和灾后重建的各项举措，对当前的京东地区抗震设防具有重要参考价值。但是，由于这些史料不是对新近发生或将要发生的灾害的描述，不属于社会公众需知欲知而未知的内容，所以也不能算作灾害信息的范畴。

灾害信息对真实性、时效性和客观性作出了限定，理想状态下，在一起灾害事件中，所有的灾害信息集合起来就应该是灾害的符号化再现，既不重复也不残缺，但是现实中，受到传播者对灾害事件认知的限制和主观倾向性的影响，灾害信息都无法完全再现灾害事件。

（二）灾害信息包括与灾害相关的所有信息

灾害信息有广义和狭义之分，狭义的灾害信息是指与灾害直接相关的信息，比如在 2018 年 8 月 11 日北京市房山区大安山乡军红路 K19+300 米处发生的滑坡中，滑坡发生的时间、地点，滑坡的强度，滑坡形成的原因，滑坡造成的危害等，都与灾害直接相关，是社会公众最想获取的信息，这些就属于狭义的灾害信息。广义的灾害信息则指与灾害相关的所有信息，既包括直接相关，也包括间接相关。由于这一起滑坡事件未造成人员伤亡，新闻媒体将报道的视角转移到这起事件为什么没有造成人员伤亡，挖掘出了房山区地质灾害群测群防员安宏三在短短 10 分钟里完成了"判断山体失稳、拦挡行人车辆、向上请示报告"等一系列动作的事迹，并跟踪报道了"房山区召开表彰会，安宏三获 10 万元奖励"等信息，虽然这些信息与滑坡灾害之间只有间接联系，但是也属于灾害信息的范畴。

灾害事件中，受众的信息需求具有多层次性。他们既要了解灾害的基本要素，也想了解自身及亲友的安危，还想了解灾害事件中各类组织和群体的反映，当遇到涉灾谣言时还需要相关部门权威发布。同样的，对于媒体来说，也把灾害信息作为媒介竞争的重要手段，他们深入灾害事件之中，挖掘潜藏在灾害表象之下的各种具有传播价值的信息，大大丰富了灾害信息的形式和内容，为社会公众全面深入了解灾害事件提供了可能。

（三）灾害信息不一定必须经由大众传媒传播

大众传播是灾害信息传播中最主要的传播类型，发挥着传播主渠道中的枢纽作用。但是，其他传播类型如人际传播、群体传播、组织传播等，与灾害事件相关的各类信息也属于灾害信息的范畴。

由于灾害事件具有很强的新闻价值，常常成为大众传媒青睐的对象。大众传媒具有强大的信息传播实力，具有人才优势、设备优势、平台优势，是灾害信息传播的主要渠道。大众传媒在第一时间得到灾害信息，一方面及时向受众进行发布，另一方面还可以通过内参渠道向领导部门传递信息，为高层决策提供依据。正是由于大众传播在社会生活中的显示度高，容易使我们产生一种错觉，即误认为只有大众传播媒介传播灾害信息。

人际传播、组织传播和群体传播也都是重要的灾害信息传播渠道。灾害事件常常造成电力、交通、通信中断，这就在一定程度上造成特定区域内的大众传媒失效。比如2008年的汶川地震中，汶川县城就处于与外界失联状态，除广播媒介之外，其他大众媒介均无法正常使用。人际传播就成为了灾区民众交流灾情、组织救助的主要传播类型。同样，在灾区之外，灾害信息也是人际传播的重要话题，聚集起来形成灾害事件的社会舆论。在各类社会组织中，依靠组织传播来上下沟通，尤其是涉及灾害救助的各类组织，在向上传递信息的同时，也积极对灾区进行信息的反馈，及时开展和指导灾区的救灾行动。灾害事件中的群体传播有两种形式，一种是现实中的群体传播，另一种是网络上的群体传播。在灾情发生的同时，灾区的民众会通过互联网、电话、手机等方式及时传播灾情。灾区群体传播的信息传播声量不容低估，而且不断延伸受传播相关信息，这种传播形式是民间的、不可控的，容易产生流言甚至谣言，产生负面影响，所以群体传播的信息声量和舆论影响也是不容忽视的。[①]

■ 二、灾害信息的特点

灾害信息并不是简单的"灾害＋信息"，灾害事件有多特殊，灾害信息就有多特殊。被附加的这些特征使灾害信息明显区别于其他信息，成为信息传播活动中的一个独特种类，甚至影响到传播者和受众的分类，影响到传播媒介的功能，影响到传播效果的评价。

（一）重要性

新媒体技术的发展直接催生了信息过剩时代的到来，信息市场的主导权已然从传播者转移到受众。纷繁复杂的碎片化信息充斥在各类传播平台上，令人目不暇

---

① 刘晓岚，徐占品.灾害信息传播流程特点探究［J］.福建论坛（社科教育版），2008（4）：189-191.

接，但是优质内容和重要信息仍然最能引起社会公众的关注，并不是所有信息都具有重要性，尤其是在娱乐至死的时代，大量的娱乐软信息充斥在媒介平台之上，虽然可以愉悦身心，缓解社会压力，但是这些信息缺乏重要性，是否进入传播渠道并不影响社会公众的生产生活。与此相对应，灾害信息凭借其重要性而频频进入受众的视野，引发社会舆论的关注。

灾害信息影响着灾害救助的开展，关乎灾区群众的生命财产安全。虽然不少专家认为灾害救助的"黄金72小时"说法是错误的，但是有一点是不容置疑的，就是灾害救助越快越好。无论是灾区的自救互救还是各类救援组织的专业救助，都需要精准的灾害信息作支撑。在灾害自救措施中，有一项内容就是要求被埋压者不要无谓地呼喊救命，要保持体力，用手边的硬物敲打废墟发出声音，待救援人员到来之后，再呼喊救命，这种求救信号就是灾害信息的一种，对于被困的个体来说至关重要。

灾害信息反映的是人类自身生存环境的变动，这与社会公众息息相关。除了对灾区公众造成直接的损失之外，灾害事件带来的环境变动影响到每一个人，灾害与人类生活的关系有多密切，灾害信息与人类的关系就有多密切，这就是外围受众关心灾害信息的主要原因。

（二）敏感性

除了重要，灾害信息还具有敏感性，甚至和灾害一样，具有一定的破坏性。从原始传播时代到新媒体时代，所有政权都重视灾害信息传播，就是为了防止灾害信息对现有社会秩序的破坏，从而影响安全稳定。

灾害信息与国家意识形态安全密切相关。意识形态工作是党的一项极端重要的工作，必须坚持和加强党对意识形态工作的全面领导。在新媒体时代，意识形态更是一场网络战争，是一场没有硝烟的暗战。灾害事件常常成为敌对势力进行意识形态渗透的关键领域。在汶川地震之后，美西方不断炮制各种所谓"纪录片"来诱导我国公众否定社会主义制度，质疑共产党的领导，真是司马昭之心路人皆知。所以，灾害信息一旦传播不当，就可能被别有用心的人利用，进而危及国家意识形态安全。

灾害信息与社会秩序的稳定密切相关。灾害事件直接造成生命财产损失，这种巨大的冲击常常突破现有的社会秩序，从而影响一定范围内的社会安全稳定。2016年7月19日发生的邢台洪涝灾害，造成大贤村9人死亡或失踪。由于官方在媒体上瞒报灾害信息，导致大贤村数百村民围堵高速公路，并与特警对峙，冲突一触即发。此外，在各类重特大灾害发生后，灾区也都会出现不同程度的哄抢物质，这些都说明了灾害信息具有敏感性。

灾害信息对人的心理产生影响。灾害与伤亡相伴，一些重大灾害更是会造成尸横遍野、满地残垣的场景，地震动辄造成成千上万死亡，洪水动辄就是家园沦为废墟。这些场景一旦进入传播渠道，难免引起部分受众的不适，甚至造成心理阴影，所以每次灾害事件中，都会严格要求各类传播者及时删除血腥场景。此外，人们对灾害信息的接受是有限度的，长期密集的灾害信息，会对受众产生消极悲观的情绪，甚至影响全社会的精神面貌。2009 年上映的美国电影《2012》，使得很多人误以为这就是即将发生的灾害的预测，从而加剧了及时行乐的社会心态，最终被禁。

（三）强时效性

时效性是人们对信息的追求目标，是影响信息价值的重要因素。信息的时效性是相对的，好奇心促使人们总是希望第一时间获取信息，在此驱动下，事实与信息之间的时间差越来越小。与其他信息相比，灾害信息对时效性的追求更甚。2015 年10 月 26 日，阿富汗境内发生 7.6 级地震，社会公众质疑"@ 中国地震台网速报"微博信息发布迟缓，实际上，中国地震台网速报发布的地震三要素仅比美国地质勘探局发布的信息慢了十几分钟。

前文述及，灾害信息对灾害救助意义重大。灾害救助对时效性的要求是极高的，早一分钟开展救助可能就会挽救更多的生命。除了专业的救援队伍之外，社会救助也需要灾害信息的及时发布。灾情情况如何，灾区需要什么，志愿者如何有序进入，这些信息发布得越早，对灾害救助和维护灾区秩序的稳定越有利。

灾害事件常常引发集合行为，加之大众传播信息缺损严重，灾害事件常常成为流言和谣言传播的"重灾区"。近年来，自然灾害事件和人为灾害事件的频繁发生，使得社会公众处于一种安全恐慌之中，这样的心理状态最适合流言和谣言的传播，流言和谣言传播速度更快，产生的影响更大，而及时快速发布权威信息对防止谣言滋蔓具有重要意义。

第二节　灾害信息的同质化

近年来，社会公众对灾害事件更加关心，为了适应这种需求，媒体对灾害信息予以特别关注，灾害信息在各种媒介上群现。灾害信息涉及方方面面的问题，既受到传播者和媒介的制约，又受到传播政策的限制。在这种矛盾之下，灾害新闻常常被淡化处理，并呈现出较为严重的同质化倾向。所谓同质化，指的是同一大类中不同品牌的商品在性能、外观甚至营销手段上相互模仿，以至逐渐趋同的现象。[①] 同质化传播是传播者缺乏主动性和创造性的表现，是针对价值较低的新闻事实的报道方法。同质化最终导致信息接受的效度降低，是对新闻资源和媒体资源的极大浪费。随着社会经济的发展，人们更加关心自身的安全问题，尤其关注破坏性很大的自然灾害信息，灾害信息的同质化与受众需求的差异化之间的矛盾越来越突出。

一、灾害信息的同质化表现

（一）灾害信息传播指导思想的同质化

从灾害事实转为媒介中的灾害信息，需要经过采编人员的编码和传播媒介的审查，无论是采写、编辑还是审查，都需要紧紧围绕国家的方针政策和媒介机构的新闻传播指导思想进行。

灾害常常对一个区域的经济发展和人民群众的生命财产安全产生深远的影响。人们出于自身安全的考虑，对与灾害相关的信息十分敏感，灾害信息容易引起社会公众的恐惧，因此，从国家层面来说，对这些新闻进行严格控制，以防引起不必要的社会问题显得非常必要。"团结稳定鼓劲，正面宣传为主"，是我国宣传思想工作的一条成功经验，也是指导新闻传播工作的重要方针。坚持这一方针，就要正确引导人民群众认识和科学分析前进中的困难和问题，着眼于改进工作、增进团结、维护稳定，适时报道解决问题、克服困难的做法和经验。社会主义新闻事业正是从党和群众的根本利益出发，往往对灾害信息进行严格把关，对灾害事件弱化报道或者不予报道。

随着新媒体技术的出现和媒介融合传播的大力推进，媒介竞争愈演愈烈，任何媒介都要紧密结合受众的需求而生产新闻商品。但是市场需求是有限的，媒介竞争的实质就是通过各种手段在市场上占有更多的受众，获得更大的社会效益和经济效益。媒介的指导思想直接作用于信息选择，在新闻传播媒介及其有限的版面空间和节目时间与无限的新闻信息之间的矛盾、新闻传播媒介本身所担负的传播新闻信息和引导社会舆论的功能之间的矛盾、新闻传播媒介即新闻传播者的传播意向和新闻接受者的需求意向之间的矛盾这三对矛盾的作用下，媒体的信息选择标准常常将灾害事件排除出报道范围。

在汶川地震之前，灾害信息极少出现在媒体之中，汶川地震之后这一传统被

---

① 吴思辉 . 浅论报纸新闻同质化及解决途径 [J] . 新闻记者，2008（11）：87-88.

打破，人们开始关注灾害事件。但是，灾害毕竟是一种小概率事件，灾害信息又容易引发社会问题，此种情形下，媒体的灾害信息传播陷入两难境地，报还是不报，怎么报和报什么，都是令媒体感到头疼的问题。在此背景下，媒介机构的指导思想向着功利性迁移，对灾害信息，媒介的指导思想趋同，既不能不报，也不能重点报道。在进行资源配置时，只要没有造成较大的人员伤亡和经济损失，灾害信息传播就会被弱化。

（二）灾害信息内容的同质化

为了进一步验证我国媒体上灾害信息的同质化特征，笔者通过网易新闻搜集了自 2010 年 12 月 20 日至 2011 年 2 月 20 日共计 2 个月时间 83 条灾害信息，对其内容进行了比较，结果如下：

从标题上看，所有标题均使用单行题，标题中交代的信息要素主要有三：灾害种类、灾害地点、灾害程度，表现为明显的同质化倾向。如"南太平洋岛国瓦努阿图发生 6.6 级地震"。当然，还有一些灾害信息并不是灾害要素的简单罗列，而是经过记者实地采访或者编辑对灾害信息加工的综合信息，标题往往带有描述性内容，比如"云南盈江 4.8 级地震致 8.06 万人受灾，救灾有序开展"。但是在所有的灾害信息中，这类数量很少。

灾害信息的主体内容也表现出明显的同质化倾向。网易上收集到的灾害信息主要分为三类：第一类信息的主体内容就是简单的灾害数据罗列。第二类信息的主体是经过简单加工，但是仍然只有灾害的基本数据及其信息来源或者插入图表。第三类是经过了记者实地采写的内容，相对来说内容较为全面，除了交代灾害基本数据之外，还有灾区公众的所见所感，以及灾害造成的经济损失数据和人员伤亡数量，尽管主体内容进一步扩展了，但是并没有跳出最基本的灾害信息模式化窠臼，缺乏个性，仍属于同质化范畴。

（三）灾害信息形式的同质化

正是受到媒介定位和报道思想的影响，灾害信息不单在内容上表现为同质化，在外在形式上也表现出鲜明的同质化特征。这些都影响了灾害信息科普功能的发挥，并制约了全社会民众防灾减灾救灾意识和能力的进一步提升。

横向来看，灾害事件发生后，各大媒体急于在第一时间将信息传播出去，但是由于受到人力物力财力的限制，媒体不可能向每一处灾区派出采编人员，往往是通过其他渠道获得信息，如应急管理部、中国地震局、中国气象局、自然资源部和地方政府相关部门，这就导致所有媒体的新闻报道雷同，信息来源一样、内容一样、位置（时间序列）一样，无法满足广大受众对灾害信息的多样化需求。

纵向来看，灾害事件的后续报道也存在同质化现象。针对一些未造成较大经济损失和人员伤亡的灾害事件，媒体只报道其基本的技术要素，而广大受众迫切需要更为直观的、易于理解的信息，比如人们在灾害中的感受、灾后的应急措施、是否影响人们生活等信息，传播者专业背景限制了其对灾害事件的准确表达，导致后续报道仅仅表现为数据的更新，而对公众关心的问题鲜有涉及，媒体在灾害事件的后续报道中存在同质化现象。

二、灾害信息同质化的原因

灾害信息的同质化现象，已经成为制约公众接受信息和防灾科普宣传的瓶颈因素，探讨灾害信息同质化的成因尤为必要。

（一）对灾害信息的价值认识不到位

灾害造成的经济损失和人员伤亡常常难以估计，但是受到科技水平的制约，部分灾种的精确预报仍是世界难题，需要长期的科技攻关。在此背景下，为了减少灾害损失，加强防灾减灾科普宣传尤为重要。

开展高效的科普宣传，离不开大众传播媒介。通过大众传媒将防灾减灾科学知识和受众的接受行为联系起来，灾害信息传播本身就是防灾科普宣传的重要途径，这既是由新闻传播基本规律决定的，也是由我国的基本国情决定的。可以说，灾害信息具有防灾科普的天然优势，既能够满足受众的信息需求，又能够丰富媒体的传播内容，是防灾减灾科普和信息传播之间"共赢"的最佳渠道。

但是，事实却并不如想象的那样，灾害信息并未很好发挥科普宣传功能，原因之一就是媒介机构和灾害管理部门都缺乏科普宣传意识，尚未意识到灾害信息蕴含的巨大科普价值。对于科普部门来说，由于受到传统的媒体偏见影响，他们更希望将科普宣传的主动权完全掌握在自己手中，并不希望过多依靠媒体。他们往往通过自认为更为稳妥的方式开展科普宣传，比如编制读物、建设网站、开展培训，这些方式虽然效果一般，但是可控性强，可以有效阻止负面信息，从而保证科普的正确性。对于媒介来说，防灾减灾科普本就不是职责范围内的事情，媒介资源属于稀缺资源，他们更愿意将精力和版面/时间用于传播其他信息，完全不必对灾害信息进行深层次开掘。同时，灾害信息往往涉及人员伤亡，容易产生负面的宣传效果，甚至会导致社会秩序失稳，属于禁止或限制报道的内容。对这样的题材，媒体往往不愿过多涉及。

不管防灾减灾科普部门和媒介机构的认识如何，灾害信息本身所蕴含的科普价值是客观存在的，而这种价值一旦被发掘，将会大大提高防灾减灾科普效果，产生巨大的社会效益。

（二）信息传播主体忽视"非热点"灾害事件

自从专门的媒介机构出现，媒介竞争就已经存在。无论是西方资本主义媒介制度还是我国社会主义媒介制度，在市场化高度发展的前提下，都承认新闻的商品属性是一种客观存在。[①] 既然具有了商品属性，媒介机构及其生产的信息就必然进入市场参与竞争。媒介竞争是当前媒介发展的关键词，任何媒介都受到市场规律的制约，承受着生存和发展的重压。媒介竞争是媒介市场优胜劣汰的重要手段，只有通过有序、有效的市场竞争，媒介资源才能够实现优化配置，通过不断的市场洗牌，激发出媒介市场的活力，以促进我国传媒业更加科学的发展。[②]

媒介竞争是把双刃剑，一方面促使媒介对热点事件进行差异化报道，另一方面由于媒介竞争所导致的资源分配不平衡导致对非热点事件的淡化，同质化就是表现之一。在激烈的竞争中，媒介市场秩序的确立需要经历从破坏到治理的螺旋上升的过程，也导致部分媒体产品质量下滑，使得新闻报道呈现出急功近利的特征，许多传播者不去详细占有材料，不能动脑筋深入挖掘材料，不能静下心来研究问题，不能高标准精益求精，[③] 这是制约大众媒介健康发展的瓶颈因素。

灾害信息的同质化的根源就是媒介竞争导致的新闻浮躁。除了少数影响较大的灾害之外，大多数灾害事件都不会造成太大的经济损失和人员伤亡，甚至很难被人们察觉。按照价值要素衡量，这类事件除了具备时新性和符合部分地区受众的接近性，并无其他价值可言，属于"非热点"事件，被排除在信息传播主体（传播者）的"热点"事件之外，灾害信息常常被淡化或同质化。

（三）受众的灾害信息关注度影响灾害信息生产

受众是信息传播的消费者，这种消费并不同于一般的商品消费，其消费行为具有双重性。首先，媒介需要通过自己的信息吸引受众，引导受众阅读或收看媒介产品，这就完成了第一次消费行为。媒介通过占有的受众份额获得广告收入，为了迎合广告主，媒介需要通过媒介上的广告实现广告商的产品或服务销售，也就是说媒介的最终目的并不是通过信息将受众吸引到媒介面前，而是在受众完成了第一次消费之后将其推离媒介，推向广告中展示的商品，并影响其产生购买行为，进行第二次消费，这才是广告商的直接诉求。可以说，受众是连接媒介机构和广告商的纽带，正是这种关系，才使得市场竞争中的媒介纷纷将目光瞄准受众，在符合新闻宣

① 张允若.新闻的商品属性是一种客观存在——同持反对意见的朋友商榷［J］.新闻与传播研究，1994（2）：46-49.
② 陈璐明.中国的媒介市场与媒介竞争［J］.新闻爱好者，2008（7）：21.
③ 匡启键.新闻浮躁的成因及戒除［J］.新闻战线，2008（2）：36-37.

传的方针政策的前提下迎合受众的需求。

面对生活和工作的重压，人们更希望通过媒介消费释放压力，这种情况下，受众在选择新闻时往往偏向于轻松、休闲的内容，加之受到传统文化的影响，社会公众更偏好喜庆、团圆、热闹的信息基调，使得灾害信息无法吸引更多受众的长期关注。但是我们应该科学认识灾害信息的价值，并不断提高受众的媒介素养，从受众角度提升对灾害信息的关注度，才能不断激发传播者的积极性，深入挖掘灾害信息的科普宣传功能，只有灾害信息博得了市场竞争的筹码，占有数量可观的受众，才能对媒体施加压力，促进新闻资源的重新配置。

■ 三、灾害信息同质化问题的若干建议

随着社会经济的发展，人们更加关心自身的安全问题，尤其关注一些破坏性巨大的自然灾害信息。因此，在深入分析灾害信息同质化的表现特征及其原因的基础上，寻求切实可行的解决方案显得重要而必要。

（一）灾害信息在防灾减灾科普中的作用

创建良好的社会舆论环境，需要政府、媒体、公众三者之间实现信息的良性互动。新闻媒体具有双重属性：事业性质、企业管理。也就是说，当前我国的新闻媒体必须恪守党性原则，同时在经营上采用市场手段。正是传媒体制的变化，各级政府及其部门正与媒体之间建立一种良性的互动关系。

第一，领导干部要增强与媒体打交道的本领。习近平总书记在党的新闻舆论工作座谈会上的重要讲话指出，领导干部要增强同媒体打交道的能力，善于运用媒体宣讲政策主张、了解社情民意、发现矛盾问题、引导社会情绪、动员人民群众、推动实际工作。这是习近平总书记在历史新时期对领导干部提出的一项新希望、新要求，具有深刻的现实意义和时代内涵[1]。习近平总书记的讲话为社会转型期政府如何处理与媒体的关系指明了方向。

在传媒技术快速发展和媒介融合趋势之下，党和政府敏锐地意识到与媒体打交道的重要性，尤其是在灾害事件中，媒体作为连接政府和公众的中介，其信息传播的内容、形式、时效，都直接影响政府在公众心目中的形象，随着公众媒介素养的提升和媒介竞争的日趋激烈，与媒体打交道成为正确引导社会舆论的重要举措，也成为政府部门危机应对水平的衡量标准。社会主义新闻事业是党的耳目喉舌，政府部门希望媒体成为政府的扬声器。但是对媒体的舆论监督作用，往往不太重视，有

---

[1] 李浩燃.媒介素养是门基本功[N].人民日报，2016-2-29（04）.

的不能主动接受监督，甚至千方百计隐瞒事实、阻挠媒体正常的信息传播活动。事实上，在现代社会条件下，政府与媒体之间既存在着报道与被报道的张力，又存在着相互一致的共同目标，即维持和保障公共利益。[①] 政府只有提升与媒体打交道的能力，才能构建更好的舆论环境，既不能简单地将媒体置于自身权力控制下，更不能对媒体置之不理。

第二，灾害信息是防灾减灾科普的重要形式。2016年，习近平总书记在"科技大会"上指出，科技创新、科学普及是实现创新发展的两翼，要把科学普及放在与科技创新同等重要的位置。没有全民科学素质普遍提高，就难以建立起宏大的高素质创新大军，难以实现科技成果快速转化。[②] 随着灾害事件的频繁发生，灾害管理部门、科技管理部门和科协不断加强防灾科普宣传，建场馆、做网站、编读本、搞活动、评示范，这些措施发挥了重要作用，但是仍然不能满足广大受众的防灾减灾科普需求，因此，借助大众传播媒介开展科普教育势在必行。灾害信息兼具科技属性和社会属性，人们希望通过灾害信息进一步了解防灾减灾常识。

第三，政府部门要拓宽防灾渠道。灾害信息的同质化问题归根结底是一个认识的问题，只有相关部门转变思想，摆正政府机构与新闻媒体之间的关系，通过自身的努力，使媒体为我所用，这对于改善灾害信息同质化现象具有重要意义。我国当前的防灾减灾科普行为是在市场压力下逐渐完善的，但是社会公众日益增强的科普需求与防灾减灾科普的实际水平之间的矛盾并没有从根本上得到解决，以灾害信息的形式进行科普，可以实现政府部门和新闻媒体之间的共赢。

从来源上看，灾害信息主要分为两类，一类是由新闻媒体采集的，这类信息主要是与灾害相关的社会现象；另一类是由灾害管理部门发布的，这类信息比较简单，主要内容就是灾害的技术参数。灾害信息的同质化现象主要存在于第二类信息之中。灾害管理部门应该重视科普渠道，充分利用本部门对灾害信息发布的优势，做好第一次把关，将灾害信息与防灾减灾科普紧密集合起来。

（二）转变灾害信息生产方式，追求差异化传播

灾害信息的同质化现象极大浪费了媒介资源，新闻媒体应该积极转变灾害信息生产方式，追求差异化报道。所谓灾害信息的差异化报道，就是指媒体根据自身定位和受众的需求对灾害事件进行的不同于其他媒介的个性报道。

第一，新闻媒体要重估灾害信息的价值。不能单独依凭影响范围和破坏程度来

① 贺文发，李烨辉. 突发事件与信息公开——危机传播中的政府、媒体与公众 [M]. 北京：中国传媒大学出版社，2010：232.

② 王春法. 习近平科技创新思想的科学内涵与时代特征 [N]. 学习时报，2017-1-23（A1）.

判断灾害信息的价值，灾害事件带来的影响是多维度的，新闻媒体不能只看到灾害信息的市场效益，还要看到灾害信息的社会效益。利用新闻的形式开展科普，可以起到事半功倍的效果，无论是对于政府、公众，还是对于媒体本身，都能够产生重要作用。

第二，新闻媒体在灾害信息传播中要坚持有所为有所不为。新闻媒体要认真对待灾害信息，明确哪些信息是必须发布的，哪些信息是不需要发布的。比如，一些震级很小的地震、规模不大的干旱，这些对当地居民的生产生活基本上不会产生影响，密集发布这样的灾害信息，只能徒增当地居民的恐慌。新闻媒体应该将需要发布的灾害信息进行差异化处理，在转发相关部门的技术参数时，通过记者的实地采访，在事件的广度和深度上进行挖掘，将这些材料综合起来，才能形成差异化灾害信息。

第三，新闻媒体在传播灾害信息时要进行必要的倾向性处理。灾害事件中涉及的人员伤亡和财产损失，容易对受众产生消极影响，因此媒体在处理这类信息时，要选择合适的角度。报道破坏性灾害时，在坚持真实性和客观性的前提下，多展示灾害救助和人性光辉，在报道非破坏性灾害中，侧重防灾减灾科普。当前，破坏性灾害报道以汶川地震为标志迅速走向成熟，已经得到了社会公众的认可。[①]但是非破坏性灾害的报道不尽人意，需要进一步完善。在灾害信息传播中，融入科普知识和科技动态，有助于社会公众对灾害的了解，选择性地报道灾害事件，可以正确引导社会舆论，避免民众出现不必要的恐慌心理。但是也不能为了消除灾害信息的不利影响而故意瞒报、虚报，在信息如此发达的今天，这样做只能换来公关危机。因此，把握好灾害信息传播的尺度，努力追求差异化，才是新闻媒体灾害报道的正确路径。

（三）引导受众的信息需求，刺激灾害信息生产的积极性

在分析灾害信息同质化的原因时，我们也注意到了一个现实的问题，受众新闻消费观念的变化也是导致灾害信息同质化的原因之一。灾害信息传播受到三个方面因素的影响，一是信息本身的价值，二是新闻传播政策法规，三是社会公众的信息需求。这三个因素分别从专业角度、社会角度、市场角度制约着灾害信息传播。一个灾害事件最终能否通过大众媒介传播给受众，主要就是取决于上述几个因素，具备传播价值的灾害事件未必能够进入大众媒介渠道传播，因为它未必符合新闻传播

---

① 徐占品，李华，邬弯，等. 在探索中发展：《新闻联播》灾害事件报道的嬗变 [J]. 防灾科技学院学报，2008（3）：104-107.

政策法规的要求；既符合传播价值也符合政策法规的灾害信息未必产生可观的视听率（发行量或点击率），因为其未必符合受众的信息需求。

灾害信息的同质化现象，是管理部门、新闻媒介和受众共同作用的结果。单纯从管理和媒介身上找原因，是不客观的。要想改变灾害信息的同质化现象，就要正确引导受众的信息消费观念，从而刺激灾害信息生产者的积极性。受众是一个笼统的概念，泛指信息传播的接受者，包括书报的读者、广播的听众、影视的观众、网络的网民等，它具有规模的巨大性、分散性、异质性等特征。随着媒介的发展，受众的范围不断扩大，受众的媒介素养也在不断提升，他们的信息需求也在逐渐走向理性，主要表现在对趣味性需求的降低和实用性需求的提升。灾害信息是一种实用性信息，无论是否造成伤亡损失，都不能在趣味性上做文章，这类信息为受众提供科技知识，需要受众的广泛关注。无论是从传播者的个人利益来看，还是从传播机构的整体利益来看，受众对灾害信息的关注都是刺激生产积极性的重要推动力量。

受众对灾害信息的客观需求是灾害信息传播的内在动力，管理部门和媒体对待灾害信息的态度，受影响于受众对待灾害信息的态度。媒体和受众对待灾害信息的态度是相互影响的，媒体灾害信息的同质化直接影响了受众对此类信息的关注，受众对灾害信息的持续淡化也削弱了媒体传播的积极性。随着受众信息需求的理性回归，灾害信息的科普作用会得到更加充分的发挥。

第三节 灾害谣言

灾害谣言是一种特殊的灾害信息，是围绕灾害事件出现的一种人为捏造的信息，具有一定的迷惑性和社会动员力，是灾害信息传播中的杂音噪音，有时候对社会秩序造成的破坏比灾害本身还大。尤其是通过具有强大传播力的互联网平台扩散，无远弗届且难测难控，可以说，涉灾谣言已经成为灾害应对的顽瘴痼疾。

一、灾害谣言传播的社会心理

在信息传播过程中，会出现流言和谣言。流言是一种信源不明、无法得到确认的消息或言论，通常发生在社会环境具有较高的不确定性而正规的传播渠道不畅通或功能减弱的时期。美国心理学家 G.W. 奥尔波特认为，在一个社会中，"流言的流通量（R）与问题的重要性（i）和涉及该问题的证据暧昧性（a）之间乘积成正比"[1]，这句话改写成公式为：

$$R=i\times a（流言流通量＝问题的重要性 \times 证据的暧昧性）$$

这个公式指出了流言的两个特点：第一，流言通常是围绕人们比较关心的问题，涉及切身利益的重要问题发生的；第二，来自正式渠道的有证据的信息不足、状况的暧昧性增加。流言可以分为非紧急状态下的流言和紧急状态下的流言，集合行为中的流言属于紧急状态下的流言，具有三个特点，即流言信息的快速增殖、流言信息的奇异回流现象、流言中伴随着大量的谣言。[2]

谣言和流言不同。流言有来自非公开渠道的，也有人为制造的，但是大多与一定的事实背景相联系。而谣言必定是有意凭空捏造的信息，尤其是在灾害事件中，一些别有用心的人为了达到煽动人群的目的，往往利用人们的恐慌情绪和巨大能量，通过谣言来操控人群，把人群的行为引向极端，直至造成破坏性后果。谣言传播主要包括三个环节：造谣、传谣、信谣，这三个环节主要针对的是传播者、传播媒介、受众。灾害谣言的传播与一定的社会心理具有密切联系。

（一）灾害谣言传播的造谣心理

网络社交正在全面侵入我们的社会生活，大众传播工具的人际属性不断强化。各类社交平台杂糅交织，建构了一个传受双方在场即时沟通的假象，媒介接触和产品制作的门槛一降再降，导致社交媒体依赖正在成为普遍社会症候。[3]尤其是在各类灾害事件中，信息供给和信息需求之间的裂隙弥合存在技术性障碍，对自身境况的强烈不确定性迫使灾区受众和外围受众的信息获取渠道转向社交媒体。灾害发生之后，具有高度同一性信息需求的大量受众，迅速在网络平台开展信息交换，促使新的社交舆论场形成，百度热榜、微博热搜、微信搜索热词等都是社会心理和舆论强度的即时反映。

社交媒体舆论场是谣言滋蔓的天然温室，灾害事件中的各类谣言在其间滋生、流动、变异，不但与权威信息抢占信道，破坏灾害信息传播生态，还直接侵噬社会信任，破坏社会关系，误导灾害救助，甚至引发次生灾害或衍生灾害导致人员伤亡和财产损失。灾害谣言传播分为造谣、传谣、信谣三个环节，分别指向信息传播过程中的信息生产、信息传递、信息接受，每个环节对应不同的社会心理。造谣者是始作俑者，大量文本分析认为，造谣者的心理动机主要包括以下三类。

①Allport，Gordon W.，The Psychology of Rumor. Henry Holt，New York，1947，133–135.

② 郭庆光．传播学教程［M］．北京：中国人民大学出版社，1999：98.

③ 王波伟．社交依赖与社交节食的对峙与融合——以社交媒体的使用为例［J］．编辑之友，2018（11）：51–55.

一是博取关注收割流量，通过人为捏造信息，或者谣传灾害成因，或者夸大伤亡损失，或者虚构灾害预报信息，扰乱社会秩序，造成社会恐慌。

二是明显的经济诉求和诈骗行为，发"国难财"破坏全社会众志成城抗灾救灾的信心。2016年台风"尼伯特"登陆，有人制造谣言、虚假募捐甚至冒充消防官兵，以消防队伍需要采购帐篷等救灾物资的名义借灾行骗。2017年九寨沟7.0级地震发生后，有人通过手机短信发送信息称，请收到信息的人把钱打到指定账户，解救四川同胞，并承诺"救灾过后，我们会双倍返回您的爱心救助金"。

三是境外倒灌的政治谣言。这些谣言的目的性很强，就是利用社会公众在灾害中的混乱心理，煽动攻击现有体制机制，抹黑党政军和各类社会组织。[①]2008年四川汶川8.0级地震发生后，美西方社交媒体大量传播所谓"地方政府隐瞒地震信息""政府纵容豆腐渣工程"等政治谣言，误导网民质疑政府履职能力。2016年长江中下游洪灾中，有人针对抗洪官兵在泥水中吃馒头的照片散布谣言称"这是摆拍和作秀""抗洪一线部队后勤保障差"。在新冠肺炎疫情防控中，先后出现武汉病毒研究所病毒泄漏、疫情本是生物战等谣言文本，导致负面舆情井喷并险些酿成线下群体性事件。

（二）灾害谣言传播中的传谣心理

在网络传播语境下，造谣者本身也是传谣者，其造谣传谣行为构成了谣言的"一次传播"。事实上，能够产生较大社会影响的往往是"二次传播"，也就是谣言被受众采信之后再次传播的过程。在"一次传播"过程中，传受双方信息不对等，传播者知晓信息的虚假性，而受众则是信假为真。进入"二次传播"之后，传受双方对谣言内容的真实性具有了共同认知（图5.1）。

造谣者"一次传播"的对象分为两类，一类是理性受众，可以正确辨别谣言，另一类是非理性受众，无法利用自身已贮信息辨别谣言。理性受

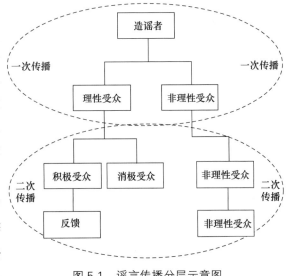

图5.1　谣言传播分层示意图

---

①孙嘉卿，金盛华，曹慎慎.灾难后谣言传播心理的定性分析——以"5·12汶川地震"谣言为例[J]，心理科学进展，2009（5）：602-609.

众人群中有积极受众和消极受众之分，积极受众辨别谣言之后，通过信息反馈和信息干预的形式主动辟谣，阻断谣言传播。消极受众是谣言传播中的绝大多数，他们是谣言的终结者，既不会再次传谣，也不会主动反馈和辟谣。非理性受众在获取谣言之后，则会通过各种形式进行"二次传播"，导致谣言在非理性受众中进行病毒式扩散，快速扩大影响范围。

灾害谣言传播包括主流媒体传谣、社交媒体传谣和点对点人际传谣三种形式。主流媒体自身具有强大的传播力和公信力，传谣造成的负面影响最大。2018 年 10 月 28 日，重庆市万州区发生公交车坠桥事故，"@重庆青年报"微博和新京报网先后推文称事故系"女司机桥上逆行所致"，一时间，社会公众纷纷谴责辱骂女司机逆行、穿高跟鞋开车，甚至有人对其展开"人肉搜索"，而事实是乘客殴打公交车司机所致，网络暴力严重侵害了公民名誉权和隐私权。近年来主流媒体传谣现象有增多趋势，根本原因是新闻发布对时效性的过分追求，获取新闻线索后过度挤压信息核实时间，加之新闻生产链条不断扩张，事实核实的难度也越来越大，专门炮制虚假新闻的网络写手也越来越多，各类谣言令人防不胜防。[①]

灾害谣言扩散的主渠道是社交媒体。在灾害事件中，信息供给与需求之间既有时效矛盾，也有内容矛盾。社会公众需要权威部门在第一时间发布信息，但是政府信息公开必须遵循严格的流程，导致发布信息与需求信息之间存在错位。而谣言传播可以无限压缩时间成本，甚至开展定制化生产，无底线满足受众"需求"。社会公众在权威信息的空窗期，一旦耦合符合心理预期的谣言，极易将其当作"真实信息"通过低门槛社交媒体开展二次传播。

点对点人际传谣是传受粘性最强的谣言传播方式。传谣者在获取谣言后，会根据自身的知识体系对信息内容进行判断。确认信息的真实性后，通过背书的方式继续延长传播链。当无法准确判断信息的真实性时，则会通过成本核算来决定是否继续传播，点对点的人际关系就会影响到这种成本核算。灾害谣言往往耸人听闻，内容与生命财产安全密切相关，与可能发挥的积极作用相比，传谣带来的负面影响则显得"微不足道"，灾害谣言的传谣者怀着"减轻损失"的心理优势传谣，接受者怀着"感激"心理信谣。

（三）灾害谣言传播中的信谣心理

近年来，国内外灾害事件频繁发生，汶川 8.0 级地震、日本近海 9.0 级地震以及新冠肺炎的全球传播，不但严重威胁人们的生命财产安全，制约了一个国家或地区

---

① 年度虚假新闻研究课题组 . 2018 年虚假新闻研究报告［J］. 新闻记者，2019（1）：4-11.

的社会经济发展，还深刻影响了社会公众的心理状态和生活态度，人们对生命和健康的关注达到了空前的程度。各种谣言通过大众传播和人际传播迅速蔓延，对民众的认知、态度和行为产生消极影响。[①] 谣言传播过程中离不开社会公众对谣言的"信任"。信谣的人越多，传谣的人就越多，在"沉默的螺旋"作用影响下，谣言产生的社会影响就越大。灾害谣言更容易被社会公众信任，这和社会公众对外部环境变动的恐惧、对政府和媒体的不信任等因素有关。

在我国的灾害信息传播实践中，有的基层政府和新闻媒体在灾害信息传播和危机应对过程中曾出现不同程度陷入信任危机。古罗马历史学家塔西佗在《历史》一书中记载了一段古罗马政治史：

在反对暴君尼禄的起义中，时任西班牙行省总督的加巴尔被推举为皇帝。但加冕后的加巴尔任性残暴，罗马民众大失所望。当时发生了两起叛乱，被告者分别为卡皮托和马吉尔，两人均被判处死刑。其中，马吉尔反叛事实清晰、证据确凿、程序完备，而卡皮托一案则未经司法审判匆匆定罪。于是，罗马公民皆认为卡皮托案实出于栽赃嫁祸。皇帝加巴尔却装聋作哑，放任不公正的司法惩处。于是在坊间流议声中，罗马公民不仅对卡皮托的死亡提出了质疑和惋惜，更对原本罪行确凿的马吉尔也产生出反转的同情。塔西佗因而喟叹，"一个执政者，一旦失去人们的信任，他做的事情无论好坏，都会遭致同样的不满和厌恶"。[②]

这段历史之后被中国学者引申为一种社会现象，指当政府部门或某一组织失去公信力时，无论说真话还是假话，做好事还是坏事，都会被认为是说假话、做坏事。在我国的灾害信息传播实践中，由于进入新媒体时代造成的不适应，部分基层政府和新闻媒体在灾害信息传播和危机应对时曾出现过虚报缓报、"捂盖子"，甚至强辞狡辩，在社会公众心目中形成了负面形象。当其再次发布权威信息时，社会公众就倾向于认为其在"撒谎"，反而对真相的对立信息"谣言"予以采信。

人际关系的接近性也强化了受众的"信谣"心理。人际关系之间的"接近性"增强了谣言的可信性，熟识甚至亲密关系使得信息的传播者和接受者之间具有高信任度，当人们无法辨别信息内容真伪时，对传播者的信任往往导致人们倾向于对信息内容做出"属实"的判断。此外，根据受众心理分析，能够接收到这类"关怀式""提醒式"的信息，人们甚至会认为是种荣幸，从而对信息传播者心存感怀。在信息的快速增殖和奇异回流现象的作用下，谣言被不断重复，更强化了社会公众对其真实

① 徐占品. 安全恐慌下的谣言传播特点 [J]. 青年记者，2012（35）：9-10.
② 陈云松. 保持党和人民的血肉联系 远离"塔西佗陷阱"之陷阱 [N]. 新华日报，2018-7-24（14）.

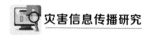

性的确认。①

■ 二、灾害谣言的几种类型

几乎每一次灾害中都会出现灾害谣言，但是无论这些谣言如何改头换面，都是为了迎合社会公众的信息需求，而社会公众的信息需求是比较稳定的，于是灾害谣言的类型就比较固定，主要有灾害预测谣言、灾害损失谣言、灾害救助谣言和其他涉灾谣言四种类型。

（一）灾害预测谣言

灾害预测、灾害防御、灾害救援和科普宣传是防灾减灾救灾的四项重要工作。其中，社会公众最为关心的就是灾害预测，这是综合考量后得出的结果。灾害防御主要手段是提高各类建筑物的抗灾害能力，需要国家和家庭分摊经济成本；灾害救援的成功率低，效果不佳；科普宣传需要传受双方共同开展；只有灾害预测，全部的责任和经济成本都由政府部门或社会组织承担，而且减灾效果非常明显，基于此，社会公众对灾害预测预报非常期待。

从科技发展水平来看，灾害预测仍然是一个重要的科学难题。有些灾害的预测水平较高，基本上可以发挥减灾实效，比如天气预报。但是有些领域无法实现具有减灾实效的预测，比如火灾、爆炸、地震等灾害。社会公众的需求与科技发展的实际水平之间的矛盾决定了灾害信息传播中的灾害预测信息处于供给不足状态，这就为灾害预测谣言提供了传播空间。

灾害预测谣言就是针对未来灾害发生情况所捏造的信息。这一类信息常常引发社会公众的避灾行为，影响到一定区域的社会稳定，属于公安部门严肃查处的一类谣言。近年来出现最多的当属地震灾害领域，影响较大的是《地震警示，××》这一谣言模板。谓其"模板"，主要是因为这则谣言改换个地点就出现在不同地区，近三年来，分别出现过《地震警示，湖南》《地震警示，河南》《地震警示，四川》《地震警示，山西》《地震警示，湖北》《地震警示，江西》《地震警示，江苏》《地震警示，重庆奉节》等版本，内容出于一辙：

中国地震局预报：未来两个月内中国还将发生 7 级以上地震，随着撞击大陆板块破裂，地球外壳逆转，××、××、××、×× 等地为重点，鉴于 ×× 震级可在 7.3-8.0 级，初步预测震点在 ×× 地段，并结合地质学家的预言，向 ×× 及外围地

① 徐占品，刘晓岚. 一条短信，何以影响一个产业——蛆虫柑橘事件引发的媒介思考 [J]. 新闻知识，2009（3）：45-47.

市的所有朋友提议：以后一段时间一定留心身边的几件事情：第一，家里的猫、狗或者鸡鸭等家禽是否有异常的暴躁，狂叫、狂跳，死命外跑，鸡鸭不归笼。第二，河里、水田、水井中是否突然冒泡、翻腾。井水是否突然变色、变满或者变干。第三，自己所在地的天空云彩，是否在早晨或者傍晚，出现条状、肋骨状、辐射状、鱼鳞状地震云。这些都是地震前的征兆，请转发自己熟悉的群或者论坛，做到资源消息互通，也许救的就是自己亲人的命。

新中国初期，李四光预测中国 60 年内将有 4 次特大地震，预测地点分别是在唐山、台湾、四川、××。现在以上三个地方都应验了，还有一个地方没有发生，就是在××。在这几次地震中，我们流了太多的鲜血和眼泪，希望悲剧不要再重演，至少把伤害降到最低最低，倡议所有看到这个留言的朋友，都可以自己去查一查防震的一些方法和措施，并向家里和周围的人宣传。不管是真是假，×× 人应该要有所防范，×× 不能成为中国第四大重灾区。

上述谣言文本中的"××"是唯一变量，根据谣言传播的区域而变化。就是这样一则谣言，传播力很强，传播范围也很广，传播到哪里，哪里的地震部门就联合宣传部门、网信部门、公安部门和新闻媒体开展辟谣。即便如此，这则谣言仍然在不断传播，甚至在相同地区重复出现，湖南省就曾在 2016 年、2017 年、2018 年三个年度的暑期出现过相同的谣言文本。

除了这样的模板式灾害预测谣言之外，还有一些更为简单但影响更大的谣言。2017 年 1 月 5 日，互联网上出现"温馨提示：成都市气象局发布成都历史上第一个红色雾霾警报！预计未来 24 小时，成都市将遭遇成都 2000 多年历史上最严重的雾霾，AQI 将超过 700，局部可能超过 800 的肺癌临界值"的虚假信息，在微博、微信、QQ 群中大量转发，严重扰乱社会公共秩序。[①]2017 年 1 月 28 日，四川筠连发生 4.9 级地震，震源深度 11 千米。地震发生后，当地流传着"开采页岩气放炮引发地震"的说法，1 月 30 日晨，筠连一网民在朋友圈发布消息称："据说今晚还有一炮，大概说是 3 点 20 左右，比大年三十晚上更加震撼，说是能达到 6 级以上，不晓得真假，希望大家注意安全。听到房子被震坏的邻居躲在门后放声大哭，我不晓得该咋个表达这把心情，不知是真是假，还是注意防范。"此消息传开后，许多不明真相的群众纷纷转载，在当地造成极大恐慌，一时间筠连各乡镇纷纷出现群众在大年初二深夜顶着寒风在街头"避难"的情形，很多人不敢回家睡觉，甚至带着年幼的孩子在街头滞留。[②]

---

① 颜雪 . 网上编造传播雾霾虚假信息 被行政拘留 5 日［N］. 成都商报，2017-2-3（2）.

② 罗敏 . 宜宾一男子传播地震谣言 筠连群众通宵避险［N/OL］. 人民网，http://sc.people.com.cn/n2/2017/0201/c379471-29656273-2.html.

其实，不只是在中国，在其他国家也发生过影响很大的灾害预测谣言。

1978年2月7日，两个侨居美国以赌博为业的墨西哥人给墨西哥总统写信，称墨西哥瓦哈卡州的皮诺特帕市将在4月23日发生大地震并引起海啸。4月10日，墨西哥《新闻报》在头版称，美国得克萨斯大学预报，墨西哥将发生大地震。随后，墨西哥阿卡普尔科的地方报纸进一步登载消息，称外国在瓦哈卡州近海的200米深海底埋设了6个核装置，将在4月23日这天，由一架飞机在15000英尺高空遥控引爆。地震谣言和核爆炸谣言造成大量居民外逃，也有人打算趁乱抢劫，只是由于瓦哈卡州长及时抵达皮诺特帕市，才稳定了局势。

1978年5月23日，希腊塞萨洛尼基市远郊发生了5.8级地震；6月20日，该市近郊发生6.4级地震，导致47人死亡；7月4日，在靠近市中心的地方发生5.0级地震，造成1人死亡。连续三次地震，震中越来越靠近市中心，再加上前两次地震都是接近月圆的时候。于是，地震谣言就产生了，"下一个接近月圆的7月20日，将在塞萨洛尼基市中心发生大地震"。于是，这座城市的70万人口几乎逃走大半，人们纷纷低价抛售固定资产，抢购食品。如果事态继续发展，到1978年7月20日，即使不发生地震，这座城市也会毁掉。7月19日，希腊总统康斯坦丁·察佐斯亲自来到这个城市举行大规模宴会，稳定人心，才避免了更大的损失。[①]

（二）灾害损失谣言

灾害损失谣言是指造谣者捏造信息故意夸大或缩小灾害造成的影响。一种情况是胡乱猜测，属于为博关注而散布虚假信息混淆视听；另一种情况是故意瞒报或多报伤亡人数和经济损失，是为了误导社会舆论，虽然都是谣言，但是第二种情况的危害更大一些。

1976年唐山大地震夺走了24万人的性命，根据当时的保密法规定，自然灾害死亡总人数为国家秘密，以至于三年多的时间里从未发布死亡人数。在信息传播匮乏到极限的情况下，死亡人数的谣言如滔滔江水，席卷中华。直至《人民日报》发文，明确道出死亡人数为24.2万多人，谣言才逐渐平息下来。[②]2015年8月12日，天津港发生特大爆炸事故，造成165人遇难，798人受伤。在伤亡情况尚未明确的情况下，毗邻天津的河北廊坊地区开始传播"爆炸造成上千人死亡"，并有出租车司机声称，"自己的哥们亲眼所见，一大片一大片的死尸，特别惨。"这样的谣言还有很多，主要是为了引起关注，或根据自身生活经验对损失情况进行猜测，虽然会引起一定

---

① 孙力舟.各国曾有惨痛教训 大灾难中谣言有极大杀伤力［N］.青年参考，2008-05-20（4）.

② 李湘宁.终结谣言，只需一个权威的死亡人数［OL］.腾讯网，https://view.news.qq.com/a/20120727/000001.htm.

程度的恐慌，但是危害不大。

灾害损失谣言中危害最大的要数地方政府编造谣言瞒报灾情。2012年8月初，台风"达维"过境辽宁，致辽宁鞍山市岫岩县受灾严重，造成38人死亡，而当年鞍山市对外通报的数据是"5人死亡，3人失踪"。五年后，媒体曝光此事，当地政府瞒报死亡人数的真相才浮出水面，15名涉事人员受到处分。虽然相关新闻报道中并未使用"谣言"一词，但是用谣言的定义去衡量，这种瞒报就是地地道道的谣言，并且是一种危害极大的谣言，不仅伤害了灾区民众的感情，更损失了政府的公信力，形成的"长尾效应"对于地方政府来说，无疑一场无形之中的巨大灾害。

（三）灾害救援谣言

灾害发生后，进入灾害救援阶段。这一阶段时间较长，常常持续数日甚至十数日。在媒体的持续报道中，吸聚了社会公众的关注目光，伴随着救援工作的开展，相关谣言此起彼伏，成为传播主旋律中的噪音杂音，干扰灾害救助的顺利开展，因此需要重点关注，并及时化解。

2018年9月，持续降雨导致广东汕头发生洪灾，救援人员奋力营救，受助群众真诚感恩，谱写了一曲和谐救灾曲。在互联网平台上，全国各地网民心系灾情，转发求助信息、关心救援进展、自发捐款捐物、提出意见建议。但是，也出现了各种谣言，影响了正常的灾害救助和灾害信息传播的开展。有人在微信朋友圈传播一则发生冲突的视频并配有文字"谷饶打起来了""政府和灾民""不让人进去救援"，事实上该视频中事件的发生地是湖南省耒阳市，并非谷饶灾区。有人散播谣言称"政府劝散蓝天义工救援队，不让救援队进入灾区救援"，事实上，当地民政部门劝散的机构名称是"中国蓝天救援汕头队"，而非"汕头市蓝天救援队"，此前民政部门已公布"中国蓝天救援汕头队"是第二批"涉嫌非法社会组织"。还有人在网上通过套用其他地市之前发生过的负面新闻炒作救灾负面消息，并配了一张"汕头市长"在救灾途中被人搀扶过泥泞路段的图片，经查，图片为2016年9月浙江泰顺县教育局一名工作人员，不是汕头市政府工作人员，当事人事发后已被免职。①

一起灾害就出现如此多的灾害救援谣言，一方面说明了权威信息发布滞后，给谣言以可乘之机，另一方面也说明了当地社会公众对政府救灾工作不满意。潮汕洪灾一开始就是以负面舆情形式呈现的，社交媒体平台舆情汹涌，并几度登上新浪微博热搜榜，但是当地救援工作迟迟没有开展，激起了社会公众的愤慨，直接导致后

① 汕头网警巡查执法. 网警辟谣：抗灾救援中的这些传言，正如你想的：都是谣言！［Z/OL］. 百家号，2018-9-3. https://baijiahao.baidu.com/s?id=1610597985754692379&wfr=spider&for=pc.

期救援工作中信息传播遭遇各种障碍。

（四）其他涉灾谣言

围绕灾害事件产生的谣言多种多样，除了灾害预测、灾害损失、灾害救助之外，与灾害相关的方方面面都可能出现谣言，这里统一称作其他涉灾谣言。

有质疑灾害事件中官员腐败问题的，意图将舆论矛头引向高级官员，进而上升到意识形态领域否定社会主义制度，用心不可谓不险恶。有哄抬物价做空市场的，2003 年非典期间，有人造谣称"熏醋预防非典""白萝卜防非典""板蓝根防非典"，导致白萝卜、板蓝根等价格一路飙升，白萝卜更是由原来的几毛钱一斤涨到了十来块钱一斤。在 2011 年日本 9.0 级地震之后，有谣言称"碘盐防辐射""海水被污染，要存储食盐"，一天之间，几乎全部超市在售食盐被抢购一空，引起了社会公众的"食盐荒"。还有借机诈骗发"国难财"的。在灾害事件中传播谣言实施诈骗主要有三种形式，一是编发虚假求助信息，二是伪造正规慈善机构的捐款帐号，三是以购买救灾物资的名义行使诈骗。此类谣言主要是利用社会公众在灾难时的爱心和同情心，借机大发"国难财"。

■ 三、灾害谣言的传播特点

（一）"荒谬观点＋合理论证"成为谣言的基本形态

随着社会公众媒介素养的提升，对谣言的识别能力有了大幅度提高，导致谣言形态出现了新的变化。对谣言的文本进行分析，可以将谣言文本分为两部分，观点和论据。谣言的观点具有荒谬性，比如日本地震发生之后，通过互联网传播的"日本大地震原是核试验"谣言就显得荒谬可笑，至于"污染食盐"的言行更是夸大其词。但是正是这些荒谬的谣言迅速传播，直接导致了 3 月 17 日的食盐抢购风潮。之所以会出现这种现象，主要是因为谣言中往往含有真实的论据，这些论据经过严密的论证之后，使得原本荒谬的观点渐趋于真实，混淆社会公众视听。

以"日本大地震原是核试验"谣言为例，这则谣言的文本首先强加给受众一个"世人皆知的常识"：

在海底进行的核试验，会引发地震与海啸。有几个国家，经常用"地震"来掩盖海底核试验的真相，这是近些年西方通信社经常谈论的话题。自然的地震、海底核试验、核试验引发的地震，这三者真假难辨，这是当前的现状。

然后分别通过几个论据对观点进行论证：

第一，福岛附近海域近十年发生的地震震级大都在五六级左右，这正相当于几十万吨级正常核试验的震级。

时间	地点	震级
2001 年 10 月 2 日 17 时 20 分	福岛附近海底 40 千米深	5.6 级
2002 年 7 月 24 日 5 时 5 分	福岛东部海域	5.8 级
2003 年 2 月 16 日 11 时 03 分	福岛附近海域	5.1 级
2003 年 10 月 2 日 17 时 20 分	福岛附近海底 40 千米深	5.6 级
2005 年 6 月 2 日 17 时 20 分	福岛附近海底 40 千米处	5.6 级
2006 年 10 月 11 日 8 时 56 分	福岛附近海底	6.0 级
2011 年 3 月 9 日、10 日	福冈附近海域	不高

第二，石原慎太郎前阵子刚刚放言要以核武器对抗中国，3 月 9 日日本就发生了 7.4 级的地震。

第三，地震后海面出现的神秘漩涡，有可能是日本通向海底核试验场的遂道崩塌，导致海水倒灌引起的。

第四，以日本现有的技术，能导致用于启动冷却设备的三道保障电网都出现故障，特别是柴油发电机不能发电，这有点太不可思议。

第五，美国的航母在 100 千米外的海面就受到那么强的核辐射，而日本本土却仅仅撤离了核电站周围 20 千米的人，那么美国航母上的核辐射从哪来？合理解释就是这些核辐射其实就是日本 3 月 9 日核爆造成的。

第六，日本昨天宣布要自行检测电站核辐射量，不让外国插手，为什么？这是做贼心虚！

第七，日本 37 万平方千米，却修建了 57 个核电站，这正常吗？

在这些论据中，大量使用真实的事件、真实的人物、真实的地点、真实的数据、生活常识。这些本来互不关联的材料被造谣者从浩如烟海的信息库中筛选出来，被巧妙地连接到一起，经过严密的论证之后，大大消解了观点本身的荒谬性，使得谣言中的观点逐渐趋向"合理"。这种"合理性"的获得，为谣言在大众媒介和人际之间进行迅速传播奠定了基础，使得受众开始对谣言深信不疑，并主动参与到谣言的传播中来，成为谣言的传播者。

（二）"大众传播＋人际传播"成为谣言传播的主要渠道

在传统媒体时代，由于媒介信息发布需要经过严格的"把关"，所以大众传播媒介很难成为谣言传播的渠道。谣言主要在群体中进行人际传播，所涉及的范围十分有限，传播速度也很慢，即便产生消极的社会影响，也较为容易控制。但是随着新媒体技术的迅速发展，谣言传播也出现了新的特点，"大众传播＋人际传播"成为谣言传播的主要渠道，大众媒介加快了谣言传播的速度，拓宽了谣言传播的范围，扩大了谣言传播的消极影响。在普遍的安全恐慌下，谣言内容决定了谣言传播的范围及其影响。日本 9.0 级地震后的第七天，一则谣言开始在互联网上广泛传播，"日本核泄漏事件将影响到中国食盐供给"。这一信息通过网络论坛、个人空间（主页）、聊天工具等大众传播渠道快速蔓延。大众传媒框定了谣言的传播范围，人际传播则进一步充实了谣言传播的密度，大众传播和人际传播叠加之后的传播效果是强大的，仅仅一天时间谣言就传遍了全国，无论城镇还是农村，民众纷纷加入到抢购食盐的行列中来，导致国内零售食盐被抢购一空。

在新媒体时代，谣言在人际之间的传播并不局限于传统的人与人之间无介质的信息传递，而是借助电话、手机短信等新媒体形式打破空间限制，加快传播速度[①]。以江苏响水化工厂爆炸谣言为例：一名工人看到化工园区一家企业在排放气体，误以为是发生泄漏，随后打电话对其朋友说"有泄漏赶快逃"，最后一步一步扩散，并逐步误传为"化工厂要爆炸"，最终引起一场大规模逃亡事件。以电话和手机短信为介质的人际传播在熟人社会中发挥着重要的作用。

（三）"恐慌心理＋知识盲区"成为受众信谣传谣的内在动力

马斯洛认为，人类的需求是分层次的，由低到高分别为生理需求、安全需求、社交需求、尊重需求和自我实现。其中，生理需求和安全需求是最基本的，人们首先要解决了安全地活着的问题才会产生其他更高层次的需求。当前，国内外自然灾害频发，动辄导致数万人甚至数十万丧生，食品安全问题愈发凸显，这些信息经由大众媒介传至受众，导致了社会民众普遍的安全恐慌，这种恐慌心理滋生了谣言传播的土壤。

江苏响水化工厂爆炸谣言的传播是基于这样一个前提条件的：2007—2010 年间，园区内发生过两起化工厂泄漏事件，造成 8 人死亡、数十人受伤、30 多人中毒。这些事件造成了工业园区附近居民心理始终处于高度紧张状态，在听到"化工厂爆炸"的谣言后，因为谣言中"爆炸的时间"迫在眉睫，人们无暇去验证信息的真伪，于是在"宁可信其有，不可信其无"的心态驱动下迅速逃亡。谣言事件平息之后，在接受央视记者采访时，人们明确表示：再有这种事，还跑。可见恐慌心理是人们信谣传谣的内在驱动力。

除了恐慌心理之外，知识盲区也成为谣言传播的重要推动力量。在食盐抢购事件中，谣言传播的内在逻辑是这样的：日本核泄漏—海水污染—食盐污染—存储食盐。这个推理过程看起来无懈可击，但是受谣者忽略了一个重要的事实：中国的食

---

① 徐占品，刘晓岚. 一条短信，何以影响一个产业——蛆虫柑橘事件引发的媒介思考 [J]. 新闻知识，2009（3）：45-47.

盐主要是矿盐而非海盐。如果社会公众都知道这一知识点，上述谣言推理中的第三个环节就会被斩断，也就不会发生抢购食盐的行为了。

谣言的危害可以分为认知、态度、行为三个层面。人们在信谣传谣的过程中会进行"成本核算"，是否根据谣言改变自身的行为可能性（P），这取决于预计后果的危害程度（i）和采取行为的困难程度（d）两个要素，与预计后果的危害程度成正比，与采取行为的困难程度成反比，这句话改写成公式即为：

$P=\dfrac{i}{d}$（改变自身行为的可能性＝预计后果的危害程度 ÷ 采取行为的困难程度）

在响水化工厂爆炸谣言中，如果化工厂爆炸，不跑就会受伤甚至死亡，而跑出危害范围则相对容易，于是人们闻风而动，集体外逃。而在日本福岛核电站泄露事件中，有人出国躲避辐射，有人选择待在原地。而做出不同选择的主要依据就是采取行为的困难程度。"成本核算"之后，人们在认知层面和态度层面会倾向自己的行为方式。

（四）"滞后辟谣＋模糊辟谣"助长了谣言的传播

为了消除谣言的社会危害，政府部门常常选择通过大众传媒进行辟谣，但是有些辟谣行为不仅不能阻止谣言的蔓延，甚至还会助长谣言的传播。

谣言止于公开，谣言传播与事件的重要性成正比，与信息的确定性成反比。最好的止谣时机不是在谣言产生之后，而是在谣言出现之前，在普遍的安全恐慌背景下，任何涉及安全的新闻事件都可能成为谣言的培养基，这就要求信息报道要全面深入、公开透明，最大程度消除信息的不确定性，杜绝谣言的产生。但是，由于受到新闻报道惯性的影响，媒体在报道涉及安全的新闻时，总是遮遮掩掩，导致了信息的不确定，在这种情况下，谣言通过网络、手机等媒介形式得以传播。[①]江苏响水化工厂爆炸谣言和日本地震后的食盐抢购风潮中的谣言传播速度都非常快，还来不及进行辟谣，人们已经接受了谣言并导致了行为的改变。这时政府部门面对谣言传播采取的辟谣方式已属滞后，效果并不明显，面对谣言强大的传播能力，一旦辟谣部门和媒体缺乏公信力，这种辟谣不仅不能控制谣言的传播，相反在客观上会起到助长谣言扩散的作用。

模糊辟谣也是助长谣言传播的因素之一。辟谣的目的是消除信息的不确定性，这就要求辟谣信息要真实、客观、公正。[②]但是在现实中，辟谣行为缺乏对受众信息需求特点的深入了解，主要表现为简单辟谣和模糊用语。在面对谣言时，媒体往往

---

① 迟晓明，李一行，常建军. 灾害事件网络舆论监督多重性分析 [J]. 防灾科技学院学报 .2009（1）：110-113.

② 徐占品，郭子辉. 浅谈地震灾害中政府部门的危机公关——从山西运城地震事件谈起 [J]. 防灾科技学院学报 .2010（2）：114-118.

通过简单的三言两语进行观点的更正，比如在日本地震引发的核辐射恐慌中，新闻媒体只是一味在强调不会对我国产生影响，但是并未公布监测结果以及辐射值与正常值的关系，这种简单的辟谣显然不能发挥很好的效力。在食盐抢购事件当天，主管部门也通过网络媒体进行辟谣，但是由于辟谣信息不够详尽，不仅未能阻止社会公众的抢购行为，反而被公众理解为"维稳式辟谣"，而进一步助长了谣言的传播。

此外，媒体辟谣中的模糊用语，也产生了不良的影响。比如辟谣中"专家""近期""无明显变化""一般情况下""正常情况下"等。以"专家"一词为例，"专家"本意是指对某一事物精通，或者说有独到见解的人，在很多新闻事件中，专家常常可以成为"舆论领袖"，新闻媒体正是看到了"专家"在引导公众舆论中的特殊作用，才常常借助"专家"的声音来表达自己的观点。但是由于在新闻报道中"专家"的范围不断扩大，越来越多的"伪专家"被堂而皇之冠以"专家"之名，根据劣币驱逐良币原理，受众逐渐不再相信"专家"的声音，甚至会从相反的方向去理解他们的观点。也正是这些模糊用语，使得辟谣行为反而助长了谣言的传播。

四、灾害谣言应对

灾害谣言对灾害信息传播的社会效果具有很大的影响。谣言一旦不能得到有效控制，其产生的消极作用将会产生直接的破坏性。灾害谣言的应对是对政府和媒体的考验，只有做到及时发现谣言和有效应对谣言，才能破除噪音杂音，为灾害信息传播的顺利开展保驾护航。

（一）灾害谣言监测

灾害谣言主要存在两个渠道：一是互联网平台；二是人际传播。互联网平台上的灾害谣言可以通过网络舆情监测来及时发现，而人际传播中的谣言则需要建立有效的舆情联动机制。

网络舆情监测有两种手段，一是购买市场上成熟的舆情监测软件，二是利用开放的信息平台，比如新浪微博、腾讯微信、百度新闻、百度贴吧、天涯论坛、凯迪社区等。无论何种手段，都需要设置合适的关键词，以确保信息搜索范围的覆盖率，防止遗漏信息。现在市场上的各种舆情监测软件都在尽可能实现智能化，通过算法的设置来实现舆情告警和初步分析，可以选择时间段生成走势图、词频图，自动区分信息来源并进行数据统计，甚至可以描绘特定信息的传播路径。但是，受到信息编码多样性的影响，计算机对信息的语义分析还处于初级阶段，目前来看，任何舆情监测软件都无法独立完成舆情监测分析研判的全链条工作，都需要进行人工复核和分析研判。关键词范围小，搜集到的信息量就会大；关键词范围大，搜集到的信息量就小。所以在舆情工作中，为了确保监测到的内容不遗漏，往往要设置小关键词，获得大数据量，再通过人工去冗，实现精准分析研判。对灾害谣言的监测，属于语义判断层面的工作，是软件监测所无法实现的，只有在芜杂的灾害信息中，通过人工阅读的方式去发现灾害谣言，再根据传播声量来判断谣言的影响范围和影响程度。

通过互联网平台的谣言监测是存在盲区的。目前来看，在一些灾害事件中，谣言信息并不是最早出现在公开平台上的，而是出现在人际传播中，或是具有人际传播特点的微信朋友圈、微信群等较为私密的空间里，这就为发现谣言带来了技术上的困扰。针对这种情况，要建立一个舆情监测联动机制，一方面借助基层信息员的人际关系获取人际传播和社交媒体私密空间里的谣言信息，确保第一时间掌握情况，为谣言应对赢得时机。另一方面，要加强对公开平台信息的监测，及时观察谣言是否向网络空间扩散。

人际传播中的谣言难以发现，但是当其扩散到一定程度之后，就会突破人际传播的范畴，进入大众传播平台之中，这就成为了可以被检测到的信息。2016年7月邢台洪灾之后，受灾最为严重的大贤村上百村民围堵高速，造成较大的社会影响，一开始各类短视频、照片都是通过微信群扩散，几个小时之后，这些内容开始在微博上出现，随后就进入了主流媒体的自媒体平台，被社会公众广泛知晓。

（二）灾害谣言处置

从近年来发生的各类灾害事件来看，灾害谣言传播并不是杂乱无章的，无论是谣言的文本，还是出现的时间，抑或是造谣的形式，都具有一定的规律性，这就为规范应对灾害谣言提供了便捷。

第一，灾害谣言处置要重"防"。灾害谣言的应对越早越好，要聚集先发优势，在谣言出现之前就做好防范措施，从根本上消除谣言可能带来的负面影响。防范灾害谣言，就要针对造谣者、传谣者、信谣者的社会心理下功夫。相关部门要做好党中央国务院关于提高自然灾害防治能力的政策宣传，做好防灾减灾救灾科学知识普及，让社会公众正确认识灾害知识和我国的基本国情，帮助其克服对灾害的恐慌心理，提升对灾害谣言的辨别能力；各级灾害管理部门和法制部门要结合全国法制宣传日、全国防灾减灾日开展专门针对谣言的普法宣传，让社会公众了解造谣、传谣将会承担的法律后果；充分利用大众传媒和社交媒体的传播优势，用科学知识和法律知识填堵灾害谣言的传播渠道，挤压灾害谣言传播的生存空间，营造全社会抵制谣言的舆论氛围；灾害管理部门要针对灾害谣言制订应急预案，明确谣言信息的监测和应对责任、灾害谣言的应对流程和各种类型谣言的辟谣口径。只有把这些工作做在平时，才能提升社会公众的防灾素养、媒介素养和法律素养，练就"火眼金睛"，看清谣言本质，让谣言无处遁形。

第二，灾害谣言处置要尽"快"。灾害谣言的应对越快越好，尽量减小谣言出现和谣言应对的时间差，最好能在谣言出现的第一时间就对谣言进行干预。灾害事件中，谣言呈指数增长趋势，一传十，十传百，借助互联网平台，迅速扩大范围产生影响，甚至引发行动，对本就脆弱的社会秩序产生冲击，造成严重后果。谣言一旦产生，真相就在和谣言的赛跑中处于劣势。有关部门只有快速发现谣言，准确研判谣言传播趋势，强有力发布权威信息，才能后来者居上，赶在谣言大范围蔓延之前控制住局势。在这个过程中，要重视利用权威媒体来发布辟谣信息，让"大路"上的辟谣信息压制"小道"传播的谣言，阻遏谣言产生负面影响。近年来，湖南省地震局针对《地震警示，湖南》谣言的辟谣具有代表性，他们委托专门的舆情监测机构开展涉震舆情监测，并注重收集人际传播中的谣言信息，第一时间通过湖南电视台、红网和湖南省地震局官方网站、双微平台发布辟谣信息，引导社会公众辨别谣言，有效阻断了谣言的传播。此外，在2018年2月12日的廊坊永清4.3级地震中，相关部门通过联合监测的方式，对谣言露头就打，最终让真相跑赢了谣言，消弭了京津冀地区社会公众的恐慌。

第三，灾害谣言处置要依"法"。在灾害事件中造谣和传谣可能面临三重法律责任。一是民事责任。《中华人民共和国民法通则》第一百二十条规定："公民的姓名权、肖像权、名誉权、荣誉权受到侵害的，有权要求停止侵害，恢复名誉，消除影响，赔礼道歉，并可以要求赔偿损失"。二是行政责任。《中华人民共和国治安管理处罚法》第二十五条规定："散布谣言，谎报险情、疫情、警情或者以其他方法故意扰乱公共秩序的""处五日以上十日以下拘留，可以并处五百元以下罚款；情节较轻的，处五日以下拘留或者五百元以下罚款"。三是刑事责任。《中华人民共和国刑法》第二百九十一条规定："编造虚假的险情、疫情、灾情、警情，在信息网络或者其他媒体上传播，或者明知是上述虚假信息，故意在信息网络或者其他媒体上传播，严重扰乱社会秩序的，处三年以下有期徒刑、拘役或者管制；造成严重后果的，处三年以上七年以下有期徒刑。"我国社会主义法制建设的基本要求是"有法可依、有法必依、执法必严、违法必究"，灾害谣言应对也要与政法部门密切配合，对造谣传谣的行为要依法依规，落地查人。近年来，各地在处置灾害事件时，都把对造谣者和传谣者的处罚情况公之于众，起到了以儆效尤的作用。

第四，灾害谣言处置要借"力"。灾害事件中的谣言种类很多，需要多部门联合应对。一方面，灾害主管部门与宣传、网信、安全、公安等部门以及新闻媒体之间要联合监测联合应对。另一方面，针对谣言中的专业问题，也要联合相关专业部门开展联合发布，以增强辟谣信息的权威性，在 2008 年汶川地震之后，重庆市彭水县万足镇出现蟾蜍聚集现象，引起了当地公众关于发生地震的猜想。重庆市地震局在发布的辟谣信息中称："市地震局会同市农业局、市环保局、市气象局专家组成现场考察小组，赶赴现场调查。专家们通过实地查勘、了解情况和看录像资料，从蟾蜍的生存环境、生活习性、气候条件等多方面进行详细分析，一致认为：当地出现大量蟾蜍，可能是因为彭水电站蓄水后，在万足镇形成了回水区，有利于大量蟾蜍繁殖。蟾蜍属两栖类动物，生长在一定阶段后有向岸边迁移的生活习性。"这里就借助农业局、环保局、气象局专家之"力"做出解释，回答了社会公众的疑惑，稳定了公众情绪和社会秩序。此外，一些微博账户频繁发布所谓"地震云"预报地震的谣言，地震部门多次交涉无果，中科院大气物理研究所李汀博士先后撰写《让你失望了，地震云并不存在》《百度百科"地震云"词条的修改》等科普文章，否定了"地震云"的存在。这是第三方专家的权威解读，成为了此后地震部门回应地震云的标准口径。

第六章　灾害信息传播受众

第一节　灾区受众

在拉斯韦尔的"5W"模式中，相对于传播者来说，受众呈现为一种弱势存在。和早期的传播效果理论相一致，"魔弹论"（也称"皮下注射论"）反映的就是传播过程中传者的无上权力和受者的从属地位，这种奴隶式的受众并非单纯理论研究的谬误，亦是政治经济环境和信息满足程度制约下的一种客观存在。随着传播环境、传播技术、传播观念的不断变革，受众摆脱从属地位逐渐变为可能。传统媒体时代，报纸、广播、电视等媒介势均力敌，媒介的发展战略与市场竞争被框定在各自的势力范围之内。"在和产业相关的研究上，特定的内容和渠道经常成为定义受众的优先基础"。[①] 新媒体时代，互联网络成为了一种信息载体，这种载体打破了传统媒体之间的界限，促进了媒介融合。这种媒介变革深刻影响着传播者和受众的思维方式。现在我们面临一个困境：再也不能轻易地把单一个体或一个群体归为何种媒介的受众。

灾害产生变动，变动产生新闻。自然灾害事件中受灾地区的民众需要通过信息交换获得救助。最大限度减轻自然灾害的损失，除了防灾之外，需要及时有效地开展灾后救助和灾后重建。面对灾害事件，无论受灾与否，受众的信息需求和信息选择都会呈现出一定程度的变异。开展灾害信息传播受众研究，可以增强灾害信息传播的针对性，助力灾害救助。

2008年9月，作者赴汶川地震重灾区汶川县、都江堰市等地开展了为期一周的科学考察，对地震亲历者的信息需求和信息接收方式进行了问卷调查和深度访谈。[②] 2014年12月，又深入"8·03"鲁甸地震重灾区的6个乡镇，进行了为期10

---

① [荷] 丹尼斯·麦奎尔. 麦奎尔大众传播理论 [M]，崔保国，李琨，译. 北京：清华大学出版社，2006（1）：318.

② 郭子辉，徐占品，郜蒙浩. 广播媒介在灾害救助中的积极作用——基于汶川等十县市的调查结果 [J]. 防灾科技学院学报，2009（1）：102-105.

天的田野调查，掌握了大量的一手资料。通过这两次调研，对灾害信息传播受众有了较为深入的了解，也对灾害信息传播实践积累了一些建议。

■ 一、灾害信息传播受众的分类

对灾害信息传播受众进行研究，首先要建立一个分类标准并对灾害信息传播受众进行分类。

信息获取渠道是最常用的受众分类标准。依此可以明确地将受众划分为纸媒读者、广播听众、影视观众等类型。这种分类体现的是媒介的强权，是对受众信息选择主动权的漠视。尽管市场竞争中的媒体都口口声声把受众当作上帝，但是媒介精英身份带来的优越感，常常使得媒介和媒介从业人员将自己凌驾于受众之上。我国媒介机构的双重体制，决定了其半官半民、非官非民的特殊身份，媒介占据舆论监督的主导地位，成为社会治理和国家法治的重要补充。在灾区，民众对救援和重建中的问题产生不满时，往往将解决问题的希望寄托在高层官员和新闻记者的微服私访和监督报道上来，由此可见一斑。同时，新媒体打破了不同媒介之间泾渭分明的界限，人们可以通过互联网读报读刊、收听广播、观看影视节目、刷微博发朋友圈，信息选择的多元化使得他们不再是任何单一媒介的拥趸。受众选择信息，而不是选择媒介，以信息获取渠道作为受众类型划分标准正在脱离传播实践。

灾害信息传播受众，面对灾害造成的巨大破坏，其信息需求和信息接收习惯都会发生应激性改变。灾害事件常常造成生命线工程的破坏，电力、交通、通信的中断，切断了除广播媒介之外的所有大众传播渠道，可见，对于重灾区的受众来说，区分信息传播渠道没有什么意义。灾害事件发生后，相关部门会开展灾害评估，以确定不同区域的受损程度。地震之后地震局会发布地震灾害烈度图，台风之后气象部门和民政部门会发布台风影响区域和受损情况，灾害事件可以明确地分出受灾区域和未受灾区域，这就为灾害信息传播受众以地域为标准进行分类提供了可能。据此，作者认为，灾害事件中受众所处区域和受损情况是导致受众信息需求、媒介选择差别最大的因素，可以将灾害信息传播受众分为灾区受众和外围受众。

■ 二、灾区受众的内涵和外延

传播学里的受众主要是针对大众传播而言的。人内传播和人际传播活动中，传受双方的区别并不明显，群体传播和组织传播都局限在一个小群体里，小群体里的社会成员都生活在一定的社会和地理边界内，他们的传播活动对象规模较小，尚难称"众"。① 在丹尼斯·麦奎尔看来，受众是社会环境和特定媒介供应方式的产物。②
郭庆光认为，受众指的是大众传播的信息接受者或传播对象。无论对受众的概念如
何表述，大都离不开这样几个要素：其一，受众是传播活动中一个必不可少的要素。
任何传播行为都不可能脱离受众而存在，受众就是传播活动的一个终点，信息的到
达表示传播行为的成立，传播活动中一旦受众缺位，传者的信息没有归宿，传播行
为就不复存在。③ 其二，受众是信息传播的对象。这在一定程度上明确了受众在传播
活动中的地位，无论如何强调受众的重要性，在具体的传播活动中，传者常常掌握
更多的信息，处于信息传播的优势地位，受众掌握的信息量小，传受双方出现信息
差，信息才能实现从高位向低位的流动，传播活动才能运行。第三，受众地位并非
是一成不变的，受众也不是完全被动的。无论是作为群体的受众，还是作为市场的
受众，受众都具有主动性，体现在对信息内容的选择性接收、选择性理解和选择性
传播等方面。一个传播链上作为终端的受众可能成为一条新传播链上的传者。

结合受众的概念和灾害信息传播的特殊性，我们认为：灾区受众特指灾害破坏
范围内的灾害信息传播对象。在这个概念里，我们需要明确以下几个方面的问题。

第一，灾害信息传播并不特指大众媒介参与的传播活动，也包括人际传播、群
体传播和组织传播等传播类型。灾害事件造成生命线工程破坏，常常制约大众传播
媒介发挥作用。④ 尤其是在重特大突发灾害中，受灾严重区域的电力、交通、通信设
施出现损坏，会在一段时间内产生信息"隔离区"，里面的信息传不出去，外面的
信息传不进来。在此情形下，灾区内开展的自救互救主要依靠人际传播、群体传播
和基层的组织传播展开，其中人际传播发挥的作用最大。

第二，灾区受众是一个广义的概念，不具有微观意义。根据灾害管理部门提供
的资料，我们可以明确哪些区域受到灾害影响，造成人员和财产损失，处在这个区
域里的受众就是灾区受众。但是无法明确判定某一个人或某几个人是否属于灾区受
众，毕竟有些灾害事件造成破坏的区域边界并不十分明晰。2008年汶川8.0级特大
地震，全国大部分地区有感，除四川、重庆、云南、陕西、甘肃之外，其他地区也
有关于受损的零星报道。

第三，灾区受众关注和选择的信息并不一定与灾害直接相关。灾害发生之后，
与灾害直接相关的信息最受关注。我们不能据此认为，灾区受众仅仅关注与灾害直

---

① 李彬. 传播学引论（增补版）[M]. 北京：新华出版社，2003：221.

② [荷] 丹尼斯·麦奎尔. 受众分 [M]. 刘燕南，李颖，杨振荣，译. 北京：中国人民大学出版社，2006：2.

③ 段鹏. 传播学基础：历史、框架与外延 [M]. 北京：中国传媒大学出版社，2013：207.

④ 徐占品，朱宏，刘聪伟. 媒介竞争背景下的纸质媒介灾害信息传播策略 [J]. 新闻知识，2015（6）：22-24.

接相关的信息。与常态的信息传播相比，灾区受众关注的信息更聚焦，但是也并不单一。除了黄金救援期之外，日常生活和对未来生活的规划才是灾区受众持续关注的问题，虽然这些信息不直接指涉灾害，但是无法摆脱灾害语境，比如灾后第一个新生命的诞生是媒体争相报道的内容，这是因为在灾害语境中，新生命的诞生可以有效冲击死亡带来的伤痛，有利于重建灾害事件重创后的社会秩序，这也是灾区受众关注的信息。

第四，灾区受众是一个时间概念，具有可变性。正如报纸的读者可能会转变为新媒体的拥趸，广播的听众会成为电视的忠实粉丝一样，灾区受众也会发生变化。灾害有其孕育、发生、恢复的过程，灾害对一个区域造成的物质破坏、精神破坏和制度破坏也会逐渐得以修复，灾区的满目疮痍终会变成美丽的家园，灾区受众的信息需求和信息选择也就逐渐脱离灾害语境，其特殊性随之消失。所以，没有永远的灾区受众，也没有永远的外围受众，二者之间可能随着新的灾害事件而发生相互转化。

▎三、灾区受众的信息需求

灾害信息传播的特殊性是由灾害事件对社会秩序的破坏性生成的。灾害带给人类的危害，不只是直接的人员伤亡和财产损失，还有个体精神上的伤害和区域文化的破坏。尤其是灾害事件造成的破坏具有连片的特点，这就使得整个区域都笼罩在灾害的阴影之中，这种整体氛围对个体的精神恢复具有阻碍功能。总之，灾区受众无论是在灾害潜伏期、发生期还是恢复期，都具有特殊的信息需求。

（一）灾区受众在灾害突发期的信息需求

灾害事件的发生打破了灾区受众常态的信息接收惯性。一方面，灾害事件导致灾区受众的生存环境发生了巨大变化，受众出于自身安全的需求，急于了解当前的灾情和救助措施。另一方面，灾害的发生常常伴随着交通、电力、通信等生命线工程不同程度的破坏，导致常态的信息获取渠道受阻。强烈的信息需求和常态传播渠道受阻，是灾害信息传播在灾区的现实反映。这一状况决定了整个灾害突发期信息传播的整体态势。

灾区受众在灾害突发期的信息需求指向两个时间节点。第一个时间节点是灾害发生之前。自然灾害的发生具有一定的规律性，为了避免造成灾害损失，灾区受众最为关切的是灾害预报问题。灾害预报是科学问题，需要专门的研究机构动用现代科技手段形成预报意见，再经由特定的发布主体进行社会发布。当前，在所有的自然灾害种类中，气象灾害、地震灾害和地质灾害分别由气象局、地震局和自然资源部门预报。气象预报的发布最为成熟，而地震灾害和地质灾害的预报发布存在争议。

第二个时间节点是灾害事件发生时。尤其是一些没有明确预报意见的灾害事件发生时，常常造成信息的闭塞。灾区受众迫切需要了解发生了什么，这决定着其下一步采取何种应对措施。灾害事件常常对大众传播依赖的物质条件产生破坏，使得外部信息很难进入灾区，灾区民众根据自身的生活经验和人际传播、群体传播对周边环境进行判断。人际传播和群体传播呈现为一种闭合式的传播过程，受到客观条件的影响，社会公众在灾害发生时的信息需求很难得到满足，这也对灾害信息传播事件提出了更高的需求。

前文述及，灾害事件具有破坏性，一定会对人类生产生活造成负面影响，尤其是一些大的自然灾害，如地震、洪灾、滑坡、泥石流等，常常造成大量的人员伤亡。正是如此，才使得社会公众对灾害事件的关注度高。严格来说，每一个个体都是独立的，从生理属性上看，除了身体接触之外并不能与其他个体之间产生联系。人与人之间的紧密联系完全依靠信息的流动。信息交换丰富了人类的精神生活，加强了人际之间的交流，对共生共存起到了决定性作用。灾害事件发生时，社会公众依靠生活中积累的经验和内化的信息知识，迅速对灾害事件的类型进行判断，并决定采取何种趋利性行为。

（二）灾区受众在灾害救助期的信息需求

灾害发生之后，灾害救助几乎同步展开，这得益于灾害信息的迅即传播。灾害发生后的信息传播速度直接影响到灾害救助的效率。灾害救助中，强调"灾情就是命令，时间就是生命"，无论是气象灾害、地质灾害还是地震灾害，都直接影响到人们的生命财产安全。灾害救助过程中，参与救助的人员与受灾人员之间的信息沟通显得尤为重要。

通过在四川汶川都江堰、云南鲁甸巧家等地的田野调查，发现灾区受众在灾害救助期间主要关注以下几个方面的信息：

第一，人们最为关心的自身和家人的安危。根据马斯洛需求层次理论可知，人们的需求从低向高分别为生理需求、安全需求、社交需求、尊重需求和自我实现需求。在自然灾害这种应激性事件中，人们的需求层次稍有不同，安全需求取代了生理需求成为第一需求，"发生了什么？我是否安全？我的家人是否安全？"在确定自身和家人安全之后才会思考生理需求。这种变化也取决于社会财富积累情况和社会秩序构建情况。灾害事件常常伴随信息传播渠道的破坏，尤其是灾区之外的大众媒介信息无法到达，这就极可能出现一个信息盲区，人们对信息的需求无法得到满足，人际传播和群体传播成为灾区信息传播的主要形式，在较小的区域范围内指导灾害救助的开展。社会公众对自身安全和家人安全信息的强烈需求，也影响此后灾害救助的开展。在确保自身安全和家人安全的情况下，人们才开始参与群体里的互救。

第二，灾区受众关注灾害造成的损失情况。灾害事件是动态的，以地震灾害为例，主震发生之后，常常还会发生多次余震，并可能引发其他次生灾害。洪水灾害也是一样，如洪水之后的水位变化，受灾区域的变化，以及由此引发的滑坡、泥石流等次生灾害。这些后续的灾害变化，也对灾区受众生命财产安全和灾害救助产生影响。灾区社会公众对此类信息需求量大。在 2008 年汶川地震发生后，在川新闻媒体紧盯抗震救灾总指挥部，高度关注灾害的后续发展。灾害事件造成的破坏直接影响到灾区受众灾后的生产生活。2014 年 8 月 3 日鲁甸地震发生后，鲁甸县火德红中学是一个安置点，据该中学的志愿者反映，安置点的灾民之间谈论最多的话题就是"地震造成的伤亡"和"以后的生活怎么办"。可见，灾害损失是公众最为关心的话题之一，这一信息需求决定了灾害信息传播的偏好。

第三，灾区受众关注政府和非政府组织的救助情况。在一些大的自然灾害发生后，单纯依靠自救互救常常无法满足救助的需要，这就需要专业救助与社会救助力量的加入。在 2008 年汶川地震中，由于震中电力、通信、交通中断，人们对自身处境产生了深深的担忧。据当时的村民回忆，他们后来找来了收音机收听信息，在 5 月 12 日下午 3 点多的时候，听说温总理要来灾区，大家一下子就放心了。可见，救助信息可以大大提振灾区民众救灾的信心。2016 年 7 月中下旬河北中南部的洪水灾害中，邢台市大贤村十余人遇难，正是当地政府人员在面对媒体时对灾情估计不足，未能及时通报灾害救助情况，从而引发了群体事件，大贤村民集结围堵高速公路，对当地的灾害救助产生了负面影响。专业救助的主要力量是专业救援组织和部队官兵，他们活跃在各类自然灾害救助现场，成为灾害救助的一个符号。灾区受众也充分认识到了信息传播与灾害救助之间的微妙关系，并对大众媒体介入灾害信息传播抱以希望。2013 年 7 月 22 日发生的岷县、漳县 6.6 级地震，由于灾害损失不大，新闻媒体的报道力度不大，在社交媒体平台上出现了批评声音。一种代表当地民众共同心声的信息显示，人们对于媒体报道不满，认为新闻报道时效和频次上的偏差导致对灾害救助滞后和救灾物资匮乏。

（三）灾区受众在灾害重建期的信息需求

按照灾害救助的"黄金 72 小时"原则，灾后前三天是灾害救助的黄金时间，此后的救援效率会大幅降低。但是救援问题并不是一个单纯的科学问题，其中往往蕴含着各种因素，尤其是一些重特大灾害，造成的人员伤亡和经济损失较大，灾区民众的心理和情绪容易极化，并试图寻找情绪的突破口。此时延长灾害救助时间，既是灾区民众的客观需求，也是引导社会公众关注点的必要举措，更是树立政府部门社会形象的重要手段。近年来的各类灾害事件的救援时间大幅度延长，也是基于这一考虑的。

结合灾害救助的客观需求和灾区公众的心理需求，在一个特定的时间，会中断灾害救援，从而进入灾后重建阶段。灾后重建阶段信息传播的最大矛盾就是灾区公众对新闻报道的需求与新闻媒体的淡化报道之间的矛盾。从新闻价值的角度考虑，在灾害突发期和灾害救助期，大量灾害信息进入传播渠道。但是随着时间的推移，社会公众开始出现新闻脱敏，易于将关注点迁移到其他的热点新闻事件中来。传播主体通过前馈，开始逐渐减少对灾害事件的报道，加之灾后重建周期较长，进展较为缓慢，新闻价值大打折扣。

灾区受众与外围受众对信息的需求不同，其主要的区别在于诉求的差异。灾区受众直接面对灾害损失，其信息诉求具有多元性，一方面需要了解灾害重建的具体情况，包括重建的举措、步骤、资金来源，尤其是政府部门和非政府组织对于灾后重建的资金支持力度。另一方面，也迫切希望通过新闻媒体的持续报道吸引社会公众对灾区重建的关注，以此吸引重建资金、救助项目和强化舆论监督。鲁甸地震发生之后，作者曾经在2014年12月深入重灾区调查灾害信息传播情况，在龙门山镇、火德红、水磨、乐红等乡镇的村庄，听到了不少灾区民众对新闻报道的不满。他们认为媒体应该在灾后重建阶段给予灾区更多的关注，尤其是对在重建中的腐败问题、瞒报问题进行监督。

综上，我们认为灾区受众对媒体的需求甚于对信息的需求。灾后重建期，救援已经结束，灾害损失已经造成，有的家庭遭受重创，有的人离开住所，大家集中在板房区，往往对未来的生活抱以消极态度，但是应激状态下的人们又极其敏感，对待外界的信息十分挑剔。在最基层的乡村组织里，社会公众对高层政府和新闻媒体的信任度高于对基层政府的信息度。

■ 四、灾区受众的媒介选择

媒介是信息的载体，信息传播受到媒介的绝对控制。常态环境中，人们可以任意地选择获取信息的渠道，并由此形成媒介竞争，也推动传媒新技术的更新和媒介形式的新旧更迭。但是灾害事件中的信息选择具有明显的实用性特征，一方面受到媒介物质依赖性的影响，很多媒介无法实现在灾区的流畅传播，比如报纸、杂志等纸质媒介，广播、电视等传统电子媒介，以及互联网媒体等，都在不同程度上受到影响。总体上看，媒介的选择受到客观条件的制约。在2008年年初的南方雨雪冰冻灾害中，湖南、贵州的部分地区受灾严重，由于输电线路的雪荷载高于当初设计的标准，导致电力中断，并由此影响到交通线路和通信线路。2008 年 5 月 12 日发生的四川汶川 8.0 级地震中，汶川县城通信、交通中断，其中的信息无法传出，其受灾情况远比北川县城、映秀镇等地为轻，实际影响了对其他重灾区的救援效率。

（一）可选与愿选：**客观限制与主动选择**

无论如何强调新媒体对人们生活的影响，我们仍然需要至少一种媒介形式作为灾害事件中的兜底媒介，在电力、通信中断的情况下，仍然可以发挥信息传播的作用。广播媒介就是这样一种媒介，依靠 20 世纪建设起来的庞大的无线广播网，在全国范围内无远弗届，而且不受物质依赖性的制约，常常在重特大自然灾害事件中发挥生命线作用。在一些重大自然灾害事件中，政府的救援物资里都有无线电接收终端——收音机。同样的，作为防灾素养最高的国家之一的日本，其家庭应急包里就常备有收音机。

灾害发生后，灾区受众的媒介选择受到客观条件的制约。灾害事件对自然环境和社会秩序的冲击大大超越了人们的适应水平，巨大的落差需要利用信息来弥合。在这种情况下，人们对媒介的需求是极其强烈的。几乎所有可选的媒介都成为人们依赖的对象。在民间舆论场中，有很多人对以新闻联播为代表的官方新闻话题体系抱以质疑态度，但是在灾害之后，人们对主流媒体新闻栏目的信任度和好感度大大提升，这一方面是因为主流媒体传播的高层声音是对灾害事件定性和灾害救助的权威信息；另一方面信息传播的其他渠道不畅，客观上屏蔽了许多松散化的传播内容，媒介和信息竞争环境难以形成，灾区受众的可选范围大大缩小。

但是，并不是所有的灾害事件都会造成媒介的区域性失能，或者灾害信息传播渠道愈合较快，这就摆脱了灾区受众在媒介选择中的被动地位，可以自由地选择任何运行着的媒介形式。在 2014 年鲁甸地震中，当地的社会公众几乎没有人通过收音机来获取信息，这与我们在 2008 年汶川调研中的结果大相径庭。鲁甸地震后，人们获取信息的渠道主要是手机上网和电视机，只有极少数乡村社会精英有收听收音机的习惯，其他被问到的访问对象都对广播媒介表示很陌生。现实情况是，鲁甸地震造成了震中区域短暂的电力中断，经过电力部门的抢修，电力和通信很快恢复正常。这就意味着，灾害之后灾区受众可选择的媒介形式与常态无异，媒介的选择具有主动性。

（二）首选与多选：**目的需求与偏好需求**

首选媒介是灾区受众在长期的信息接收过程中形成的媒介使用习惯。根据信息需求、信息接受舒适度、信息终端的社会涵义的不同，每个个体都有独特的信息选择和媒介选择。这是个体与媒介之间不断接合而达成的一种接触关系。从宏观上看，媒介可以分为报纸、广播、电视、互联网等媒介形式；从微观上看，每一种媒介形式又可以细化为若干类型，比如移动互联网终端的分类，按照系统可以分为安卓系统和 IOS 系统，按照移动通信技术的不同可以分为 3G、4G、5G 等。无论宏观还是微观，这些都会影响到社会公众的信息接收，进而影响到公众思维习惯和行为习惯。

首选媒介不一定是有效的，由于受到信息接收习惯的影响，人们的首选媒介往往是惯性的，甚至是下意识的。汶川地震之后，作者针对汶川映秀和都江堰的社区、工厂、政府部门、中小学校进行媒介选择方面的调查。我们把调查对象分为两组，第一组是成年人，第二组是初中生和小学生。两组人员针对其中的一个问题给出了截然不同的答案，这个问题的描述是"地震发生后你是通过何种媒介了解相关信息的"，其中成年组绝大多数选择的是广播媒介。根据当时的实际情况，我们认为这一答案是准确的。但是少年组有超过一半的人选择的是电视媒介，实际情况是当时导致的电力中断无法保障电视媒介的信息传播。少年组的答案恰恰说明了电视是他们的首选媒介，但是这一媒介是无效媒介。

灾害之后的媒介选择与常态的媒介选择是有区别的，这主要是由于人们对信息的需求不同。常态环境中，人们的信息选择具有较大的随意性，主要表现为对焦点事件的关注，并且不断更迭。但是灾害发生之后的灾区受众，他们关心的话题在长期时间内集中在与灾害相关的报道上，这就决定了他们会从接触到的信息传播渠道中搜索所需信息，灾区受众会选择所能选择的所有媒介形式。

（三）适应与惯性：媒介使用习惯的重构

在经历一次灾害之后，尤其是特殊的媒介接触经历，会对灾区受众此后的媒介使用习惯产生深刻影响。一方面，他们对生命线媒介的重视程度会改变，在一些重特大自然灾害发生过的地区，他们对广播媒介的使用频率有明显的提升，很多家庭会常备一台收音机以备不时之需。

另一方面，灾区受众对媒介信息的选择也会产生"孕妇效应"，他们对同类灾害事件的关注度会有明显提升，尤其是本区域内的相关灾害事件。不但如此，灾区受众还会将这些信息与自己所经历灾害的相关信息进行比对。前文述及的岷县、漳县 6.6 级地震中，当地民众诟病主流媒体的报道，其依据就是汶川地震的报道、舟曲泥石流的报道、玉树地震的报道。

灾害之后，灾区受众的媒介使用习惯会发生改变。一方面，他们会根据灾害应急的需求完善自己的媒介选择标准；另一方面，灾害事件对人们价值观会产生影响，并由此影响人们的信息选择内容，也因此影响媒介选择习惯的重构。

■ 五、灾区的人际传播和群体传播

无论是何种灾害，在信息传播中有一个不容质疑的现象，这就是大众传播和组织传播对灾区受众说，发挥的作用非常有限。而在灾情发布、灾害救助中，人际传播和群体传播发挥了最为明显的作用，是在灾区制造话题、形成舆论、引导态势的重要渠道。

（一）人际传播仍然是最有效的传播类型

人际传播是非常神奇的传播形式，是在平等的个体之间进行信息传递最为有效、最为便捷的，灾害事件为灾区受众的人际传播提供了话题，在这个范围内的人都经历了这一场灾害事件，他们拥有共同的语境，观点和诉求也基本相同。

灾区范围内的人际传播，话题具有高度的统一性，人际之间交流的内容就是灾害事件的最新动态。从大众媒介新闻报道中获得的各级政府组织最新的批示指示和社会各界的救助举措更容易获得灾区受众的关注，并进入二次传播渠道。同时，灾区受众也在时刻感知着周围环境的变化，人员的伤亡、财产的损失、地理环境的变化、灾害救助的进展，都会作为人际沟通的重要话题进行双向交流。

在灾害自救互救过程中，人际传播发挥的作用十分明显。自救互救是基于这样一个传播语境，信息传播范围和自救互救范围具有一致性，这种较小地域范围内的信息传播，完全可以摆脱物质依赖性的影响，而且快速的信息反馈，可以实现信息的自净，提升灾害救助的效率。

但是，我们也应该意识到，正是人际传播的区域性，外部信息很难介入，人际传播的内容会不断偏激，最终形成较为极化的舆情。比如 2014 年在鲁甸调研期间，几乎所有的受访者都对当地的灾害救助表示不满，即便是大众传媒在不断对这种负面情绪进行干预，但是在小范围内并不能产生任何影响，灾区受众形成的群体意识深深植根于群体每个成员的心中。

（二）群体传播成为培育虚假信息的"温床"

群体传播本来是一种松散的传播类型，在群体目标的达成中发挥重要作用。但是这种非制度化的传播形式在灾害事件的语境中，受到科学认知的限制，受到群体意见领袖的影响，不少社会公众对虚假信息的传播推波助澜，从而成为谣言传播的温床。2017 年 1 月 28 日凌晨发生的四川宜宾筠连 4.9 级地震，造成了部分房屋出现裂缝，并未发现人员伤亡。但是由于发震时间的特殊性，春节是一个家庭团圆的重要节日，地震造成的恐慌与欢庆祥和的节日气氛形成了强烈对比。

地震发生之后，互联网上舆情突起，在新浪微博热搜榜上，"地震"热度甚至一度超过了"春晚"。

筠连地震发生后，社交媒体上主要有三种观点传播，有网民认为一月内连发数次小震，且震级逐渐增大，他们对相关部门的不作为表示质疑；有网民认为地震是由页岩气开发企业放炮造成的，对页岩气开发充满敌意；还有的网民直接发布谣言，指出还会发生 6.2 级地震。这些信息从人际传播进入开放的网络空间，实现"小道消息"向"网上信息"的华丽转变。当地的民众再将网络上的谣言作为话题引入人际传播之中，最终导致在 1 月 29 日凌晨 5:00 左右，筠连县大多数居民从家里逃出，在空旷地区避震，对当地的社会秩序造成了冲击。

此类信息的传播主要是在相对熟悉的群体环境中进行的。微信群为本次事件中的谣言传播提供了恰当的平台。微信群相对于现实中的群体来说，更适合谣言的传播，熟悉的人际关系大大增强了谣言的"可信度"。

第二节　外围受众

与灾区受众相对应的是外围受众。灾害事件对外围受众来说，主要是提供了其了解社会变动、进行人际交往的一个或一系列话题。除此之外，受到地缘关系和社会心理的影响，外围受众还会根据灾害信息的传播而为灾区提供救助。

一、外围受众与普通受众的区别

灾区受众与外围受众这一对概念被统一到灾害事件之下，也就是说，灾害事件的发生是灾区受众与外围受众存在的前提。如果没有区域范围内的灾区受众，那么所有接触到大众传媒的群体都被称为受众。为了与本章讨论的对象进行区分，我们在这里把一般意义上的受众称为普通受众。

总体来说，普通受众是一个松散的群体。作为大众传媒的信息接受者，他们接收信息的时间、地点以及获取信息之后的反应，都不受到任何限制，具有绝对的自主选择权。在这种状态之下，除非出现具有争议性的公众议题，否则很难形成社会共识。大众传媒为普通受众提供了一个信息选择的自由王国，他们在给定的范围内根据自身的需求自由选择媒介及其内容。但是，本章所称的外围受众与之具有很大的差别。

外围受众在灾害事件后的信息需求和媒介选择与普通受众不同。灾害发生后，外围受众对灾害事件集中关注，他们在接受信息时往往经历一个从被动接受到主动获取的过程。灾害事件的发生改变了整个社会环境，信息传播活动已经扩展到了社会生活的各个方面。灾害事件的突发性和破坏性与新闻价值相符，常常成为各类媒体争相报道的内容。一时间，灾害事件在媒体上的曝光度迅速提升，作为焦点新闻引起社会公众的广泛关注，也成为社会公众开展社会交往的重要话题。在高频率的灾害信息冲击下，一部分受众开始对灾害事件进行持续关注，他们不满足于被动接受信息，开始主动追逐信息。传统媒体的外围受众往往表现在对特定版面和时间上呈现的灾害信息的追逐，新媒体的外围受众则主动挖掘各类平台上的灾害信息，甚至是一些非权威渠道的内容。

外围受众对灾害信息的选择还表现在更长的时间跨度上。灾害事件的发生、灾害救助的开展、灾后重建的进行，会持续一个很长的时间段，在这个时间段里，外围受众对灾害信息的关注会一直存在。这和普通受众是不同的，普通受众接收灾害信息完全是被动的，一旦媒体上的灾害信息密度下降，他们的信息选择就会把灾害信息排除在外。甚至有人在重大自然灾害哀悼日，因对网络游戏暂停服务而产生不满情绪，录制辱骂视频在网上大肆传播，造成了非常恶劣的社会影响。[1] 这虽然是普通受众中的极端个体，但由此也可以看出，对灾害信息持排斥态度的人也不在少数。

外围受众对灾害信息的关注常常会迁移到对灾害救助的行动上。灾害信息传播的目标有二：一是救灾；二是新闻。外围受众对灾害信息的选择带有主动性，这种主动性反映在心理层面，常常感同身受，尤其是在灾害救助和灾后重建阶段，通过惨烈的场景和感人的故事，激发外围受众的同情心、同理心，通过捐款捐物、参加救援等行动支持灾区人民。在"一方有难，八方支援"的价值观背景下，外围受众的支持行动往往成为国家救助的有益补充，发挥着重要作用。当然，对其进行必要的引导和规划是必不可少的，在芦山地震之前，社会救援力量常常"帮倒忙"，从芦山地震开始，外围受众中的社会救援力量强调理性参与，效果明显。

■ 二、灾害信息传播外围受众的特点

灾害事件中，灾区受众与外围受众一起构成了灾害信息的关注群体，既是灾害信息的消费者，也是灾害信息的生产者，甚至影响着灾害信息传播的内容和社会舆

---

① 华商网. 女子视频辱骂灾区人民 沈阳警方已将其抓获［N/OB］.http://news.hsw.cn/2008-05/21/content_6970181.htm.

论的走向。通过对历次灾害事件中的外围受众进行分析，我们认为，外围受众具有以下传播特点。

（一）外围受众的阶段性

外围受众具有明显的阶段性特征，这取决于三个方面：客观现实、媒介报道和主观选择。自然灾害事件是客观存在的，不以人的意志为转移。在哪里发生，什么时候发生，造成多大的伤亡，从科学的角度来看，我们只能不断去认识。按照现在的科技水平，有些灾害我们可以做到提前预测，比如气象和气候灾害，可以通过预报和人工干预的方式减轻灾害损失；但是像地震灾害、火灾等则很难提前预测，只有在灾害发生之后才能为人们所知，这就决定了灾害事件的发生具有很强的阶段性。灾害事件是灾害信息传播的基本前提，灾害事件的阶段性也决定了灾害信息传播受众的阶段性特征。此外，灾害信息具有一定的破坏性，发布不当容易成为社会稳定时间的导火索，即便是在信息传播如此发达的现代社会，世界各国对灾害事件的报道都是慎之又慎的。比如 2011 年 3 月 11 日日本福岛 9.0 级地震，NHK 在播放地震引发海啸的视频时，专门对原始视频进行了编辑，删去了遇难者生前站在屋顶上挥舞衣服求救的画面，删去了地震之后部分社会公众慌乱的画面，从新闻报道的角度减轻可能引起受众的不适感。正是由于灾害事件的负面影响，媒体在灾害报道中会采取弱化的方式进行，主要通过选择角度和缩短报道周期等手段。再次，从受众心理的角度来看，灾害事件常常为受众带来灾难情绪，主要表现为消极心态、发泄需求、安全焦虑和归咎追责的冲动。这种情绪会使民众带着放大镜和"找茬"心态去解读灾害事件中的各种言行。长期的灾难情绪会对人的性格造成明显的负面影响。[①]综上，外围受众作为灾害信息传播受众的一种，受到自然灾害发生周期、灾害信息传播的倾向性和受众自身心理情绪的影响，都不会长期关注灾害信息，一定会表现出明显的阶段性特征。

（二）外围受众的区域性

外围受众比灾区受众所处的地理范围更广，不同的区域的致灾因子不同，易于发生的灾害种类也不同，社会公众对灾害的认知就存在较大的差异。以地震灾害为例，在四川、云南、新疆、西藏等地震多发区域，频繁发生的地震使其接触到地震相关信息的频率变高，人们对地震信息的脱敏程度也在提升。但是湖南、浙江、江苏等地震少发省份，人们很少经历过地震，他们对地震的认知主要来源于影视作品和新闻报道，往往将地震与"墙倒屋塌、人员伤亡"相联系，对地震怀有恐惧心理，

---

① 曹林．防范和克制我们的"灾难情绪"［N］．中国青年报，2013-10-17（2）.

由此延伸至对地震信息的高度敏感。2016—2018 年，连续三年暑期，湖南省境内都出现了《地震警示！湖南》的地震谣言。每次谣言传播都造成一定区域的社会公众恐慌。湖南省地震部门联合宣传部门、网信部门和新闻媒体进行辟谣。到了次年，这一谣言文本又会大范围传播，相关部门再次辟谣，如此反复。溯其根源，在于当地社会公众对地震的恐慌心理导致对灾害信息反应过度。

我们也注意到，在灾害发生频率相当的地区，外围受众也存在较大的差别，显然还有其他因素影响外围受众的信息接受状况。通过对近年来自然灾害中信息传播情况的关注，我们发现，广东、北京、上海、浙江等地的社会公众对信息关注程度高，这与当地公众较高的媒介素养相关。上述地区经济发展充分，人口密度大，属于知识密集型区域。这些地区的公众获取信息的意识更强，获取信息的渠道更加多元，对待包括灾害事件在内的信息更加理性，比其他知识匮乏地区的社会公众更关注客观世界的变化，也更关注灾害信息。这种变化还表现在同一个城市的不同区域。我们发现，在灾害信息传播的过程中，高校更容易聚集话题，传播声音，往往登上微博热搜榜和百度搜索热点，引起社会公众的关注。

（三）外围受众的参与性

灾害事件不同于其他新闻事件。对受众来说，大多数新闻事件都只是在认知层面影响社会公众，是一种经验积累和外界感知的过程，而灾害事件对社会公众的影响会延伸至态度层面，甚至行为层面。据审计署审计公告显示，截至 2009 年 9 月 30 日，全国共为汶川地震灾区筹集社会捐赠款物 797.03 亿元（含"特殊党费"）。[1]2015 年 8 月 12 日晚，天津港发生特大爆炸事故，造成 165 人遇难。事故发生后，相关新闻通过各类媒体平台广泛传播，除了天津市社会公众外，周边北京地区、河北地区的受众自发在当地献血，支援天津抢救伤员。除此之外，各类 NGO 组织和志愿者也纷纷向灾区派出救助力量，帮助灾区民众开展救援和重建，发挥了重要作用。人们习惯于把 2008 年称为中国的 NGO 元年，民间公益组织及其志愿者在汶川地震的救援和重建过程中，以前所未有的态势集体登场。2013 年芦山地震中，国内各类大型 NGO、公益组织联合体和草根志愿者团队积极行动，成为了政府部门的行动补充和得力助手，在各类灾害事件中发挥着越来越重要的作用。[2]他们作为外围受众的一部分，在一定程度上代表着外围受众的态度和行为，也显示出，与普通公众相比，外围受众在灾害救助和灾后重建中的参与性更高，发挥的作用更大。

---

① 中华人民共和国审计署办公厅.中华人民共和国审计署审计结果公告 2010 年第 1 号（总第 48 号）［EB/OL］.http://www.gov.cn/zwgk/2010–01/06/content_1504299.htm.

② 环球网.经历多次灾难考验 中国 NGO 生存成长之路［Z/OL］.http://hope.huanqiu.com/exclusivetopic/2013–06/4049254.html.

■ 三、外围受众的信息需求

前面谈到，灾害事件中，外围受众对灾害信息的关注是积极主动的。在大量灾害信息之中，外围受众更想获得哪些信息？通过实地调查和大数据分析发现，外围受众的信息需求主要表现在三个方面。

（一）即时的灾害信息

突发灾害事件产生变动，变动产生新闻。社会公众总是关心与自身相关的外部信息，从人类长期的发展过程来看，灾害与人类生存息息相关。在人类的意识里，对灾害的关注程度影响着自身安全的安全状况，所以对灾害信息的关注近乎一种本能。从新闻价值角度考量，灾害事件具有重要性、显著性、时新性等要素，是一类具有很大传播价值的新闻题材。即时灾害信息常常引起社会公众的广泛关注，灾害事件发生后，人们急于了解事件的基本信息，包括灾害事件发生的时间、地点、灾种、影响范围、致灾程度，各类新闻媒体也抢发新闻，对灾害信息传播时效性的追求几乎达到苛刻的程度。新浪微博账号"@中国地震台网速报"因为掌握地震信息发布的独家资源，迅速成长为一个拥有近千万粉丝的大V账号，每一条地震信息的阅读量都在几十万，最大单条阅读量过亿。[1] 就是这样一个大V账号，在2015年阿富汗强震后却遭到了网友的调侃和质疑，有网友称："震长，你瞌睡了吗？播报迟了！"[2] 事实上，经过与新华网转发的来自美国地质勘探局的速报信息相比，@中国地震台网速报微博仅慢了10分钟左右。

外围受众对即时灾害信息的关注主要有两种情况，第一种情况是把灾害信息作为一种新闻来看待，他们需要了解外部环境的变化。从这个角度看，灾害信息与其他各类信息没有本质的区别。第二种情况是把灾害信息当作一种服务来看待，他们要从此类信息中探求对自身安全、经济、活动等的影响，并及时做出调整，防止对个人造成损失。无论何种情况，其表现形式是一样的，都是外围受众对灾害信息的需求。

（二）短期的救援信息

对生命的关注是灾后受众最为关心的内容之一，无论是在鲁甸地震灾害还是在汶川地震灾区的调研，问卷都明确指向了这一答案。灾害发生后，灾区受众关注自身和亲友安全。同样的，对外围受众来说，生命救援也最能牵动他们的心绪，成为他们高度关注的涉灾内容。在2008年南方雨雪冰冻灾害报道中，中央电视台和湖南电视台都进行了间断的直播，为全国观众关注这场灾害提供了平台和内容。2008年

---

① 高威. 一条阅读量过亿的政务微博是如何炼成的？[Z/OL]. 搜狐网.http://www.sohu.com/a/165139940_181884
② 李文姬. 国家地震台网回应速报慢质疑：人工分析耽误发布[N]. 法制晚报：2015-10-26.

汶川地震发生后，中央电视台开通"综合频道与新闻频道并机直播的特别报道"，综合频道也"停止节目的正常播出、停止各时段广告的播出"，第一时间向国内外观众展示灾害救助的过程。从电视画面显示，每当救援人员成功营救出一名被埋压人员时，电视机前的观众都会鼓掌欢呼，人们高度关注灾后救援进展，据央视索福瑞对汶川地震报道的收视调查，虽然在工作日，综合频道的最高收视率"仅次于春晚"，[①] 充分显示了外围受众对此类信息的关注度之高。

外围受众对生命救援的关注是短期的，一般持续在一周左右，特殊情况下，受到媒体长期持续的报道，会延长至半个月左右，这主要是因为救援的时效性问题。灾害救援向来有"黄金 72 小时"的说法，也就是说在 3 天之内，救援成功率是相对较高的；时间越长，成功率越低，外围受众对生命救援的期望也相应降低。所以在一段时间之后，相关部门就会宣布救援结束，这也标志着外围受众对生命救援的关注随之结束。

（三）长期的灾后重建信息

外围受众对灾害信息的关注时间有时候出乎人们的意料。他们不但会关注灾害、救助，甚至还会关注灾后重建方面的信息。相当于生命救援来说，灾后重建的持续时间会很长，有的需要几个月，甚至几年、十几年。据报道，2011 年日本福岛地震的重建工作到 2021 年仍未完成。

随着时间的推移，外围受众对灾后重建信息的关注会逐渐降低。一方面灾后重建的变动较慢，新闻价值大打折扣；另一方面，新的热点事件，甚至是新的灾害事件不断出现，在一定程度上会吸引外围受众新的关注。但是在一些特殊的时段或者灾后重建出现标志性事件时，新闻价值会重新被媒体挖掘，相关信息再次回到外围受众的视野之中。

虽然灾区受众与外围受众都关注灾后重建信息，但是二者具有明显的区别。在目的上，灾区受众是为了获得媒介资源，以便实现国家和社会组织（个人）对重建工作的支持和开展舆论监督；而外围受众对灾后重建信息的需求，则不带有这样的目的性。与之相联系的是，灾区受众对重建信息的获取是主动的，甚至制造新闻事件，以吸引媒体和社会公众的关注，外围受众则是被动的。

▌四、灾区受众与外围受众信息需求的区别

灾区受众与外围受众之间所处区域的不同，在灾害事件中所受损失有很大差

---

① 李俊兰 .5.12 责任中国：央视汶川地震直播令世界刮目相看［N］. 中国青年报：2008-6-5.

异，从宏观上来看，他们分属救助者和被救助者。受到社会心理的影响，这两类受众在面对同样的信息时，却反映出了不同的接受特点，具体来说，主要有以下几点。

（一）理性与感性

理性是人类生理进化的重要标志，是人类具有的依据所掌握的知识和法则进行各种活动的意志和能力，是从人类的认识思维和实践活动中发现出来的，主宰人类的认识、思维和实践活动的主体事物。[①]感性则是与理性相对应的一个概念，主要是指凭借感官等认知的、基本由个人的感情决定的一种认识事物的方式。

灾害事件是客观的，灾害信息传播带有主观性，受到客观条件和主观条件的制约，不同的受众类型对相同灾害信息的理解具有很大区别。灾区受众对灾害信息的接受更偏重感性。因为他们身处灾区，自然灾害对其生活造成一定影响，他们在接受信息时，更易于将自我境遇与媒体报道进行对比，以"我"为出发点来否定其他信息，也就是说，他们常常纠结于新闻报道的微观真实，而否定灾害信息传播的宏观真实。除此之外，灾区受众处于恐慌状态，自然灾害强大的破坏力和变动的生活环境，使其思维方式常常发生改变。在此种情形下，一些带有情绪性地虚假信息更易通过人际传播的形式进行扩散而滋生谣言，助长非理性诉求的表达。

与灾区受众的感性不同，外围受众面对灾害信息可以保持足够的理性。从对灾害事件本身的评判，到灾害救助的有序开展，再到舆论引导和舆论监督，外围受众都保持了一个"旁观者"的必要的清醒。在各类重大自然灾害事件中，他们的观察视角不局限在灾害本身带来的苦难，而是将思考范围扩展至法律制度是否完善、体制机制是否顺畅、天灾还是人祸、汲取何种教训等更深层次的问题，为后续的灾害应对积累经验。

（二）广度与深度

信息的多样性是衡量媒体传播力的重要指标。灾害信息传播涉及灾害事件的方方面面，既有与灾害直接相关的信息，包括灾害的要素、人员伤亡和财产损失情况、灾害救助过程和成效等等，也有与之间接关联的信息，如灾区技能培训、救灾物资调拨等。

灾区受众对灾害信息的需求较为单一，他们除了关心安全问题之外，就是如何恢复生产生活。2014年笔者在云南鲁甸调研时发现，灾区群众在集中安置点讨论最多的就是两类话题，伤亡情况和重建情况。他们关注的信息范围较窄，但是对信息的深度挖掘能力很强。他们以这两类信息为线索，主动获取与之相关的信息。如果

---

① 张雄. 哲学理性概念与经济学理性概念辨析 [J]. 江海学刊, 1999（6）：81.

大众传播媒介不能满足他们的信息需求，他们会通过人际传播、群体传播等非制度化的传播形式附加信息，甚至为了追求信息的深度，而放弃对信息真实性的把关，灾区的谣言类型和谣言传播能力要远大（强）于灾区之外。

外围受众对灾害事件的关注广度远胜灾区受众，但是深度较灾区受众为差。这主要是因为外围受众本身并未受到灾害事件的直接影响，生命财产安全并不受到灾害事件的威胁。因此，他们更多地表现为对灾害前因后果的关注，对灾害事件中人性地关注，对社会治理水平和能力的关注。这些问题需要扩大灾害信息传播的渠道和内容，只能在信息接受的广度上下功夫。

（三）信任与怀疑

对媒体灾害信息传播的态度也是灾区受众与外围受众信息需求的一大区别。自然灾害具有破坏性，常常造成电力、通信、网络的中断，导致灾区出现一定范围内的信息盲区，人们对外部信息尤其是主流媒体的信息处于极度渴求的状态，此时信息供给侧处于优势地位。加之灾害事件对灾区受众产生心理影响，之前建构的世界观尤其是天人关系会遭到不同程度的解构，人们会意识到个人力量在灾害面前的微不足道，更倾向于依赖强大的国家力量来应对灾难，这种依赖心理导致了灾区受众对主流媒体的灾害信息传播更倾向持信任的态度，与之相关的一个现象就是媒体中经常报道的"巨婴现象"。[①] 与之不同的是，外围受众处于对灾害救助和灾后重建的关注，对信息传播的时效性、真实性、全面性、生动性有更高的需求，一旦主流媒体在灾害信息传播中处理不当，就会导致外围受众对新闻传播目的的质疑，尤其是在传统媒体时代，我国灾害报道形成并保持的惯性仍在部门媒体发挥作用，"报喜不报忧""丧事喜办"等现象加剧了外围受众对主流媒体报道形式和报道内容的质疑。

---

① 刘颖. 对"巨婴"说"不"［Z/OL］. 华龙网. http://say.cqnews.net/html/2018-12/24/content_50209221.htm.

第七章　灾害信息传播效果

第一节　灾害信息传播效果评价

灾害频发威胁着人民群众的生命财产安全，影响着社会的和谐稳定。灾害信息传播在灾害救助、舆论引导和防灾科普等方面发挥着重要作用，成为学界、业界和社会公众热议的话题。如何指导和评价自然灾害事件中的信息传播实践，显得尤为重要。

■ 一、建立灾害信息传播效果评价标准的意义

灾害事件的发生打破了一定区域在一定时间内的社会稳定，灾害救助活动则是为了修复这种失衡的社会秩序。从灾害事件发生到灾害救助开展，各种社会力量纵横穿插，围绕灾害救助开展一系列活动，形成了一个以救灾为核心的社会系统。在这个社会系统中，灾害信息传播是连接各单元的纽带。可以说，灾害信息传播能力的高低直接影响着灾害救助社会系统的运行状况。建立灾害信息传播效果评价标准，是政府、媒体和公众三者的共同要求。

（一）建立灾害信息传播效果评价标准是开展应急管理的客观需要

在中国，媒体是党、政府和人民的耳目喉舌，党管媒体是新中国一以贯之的方针。当前，中国社会正在经历一个艰难的转型期，改革的阵痛催生出一系列的危机事件。[①] 应急管理能力，直接考验着党和政府的执政水平。转型期的媒体表达既是社会公众不满情绪的减压阀，也是社会正能量和正确舆论导向的孵化器。

自 2008 年以来，中国境内的灾害事件频发，既有自然灾害事件，包括南方雨雪冰冻灾害、汶川特大地震、玉树地震、舟曲泥石流、北京暴雨山洪泥石流灾害、雅安地震、九寨沟地震等；又有人为灾害事件，如食品卫生安全事件、重大交通事故、

[①] 黄毅峰.转型期中国群体性事件的征象考察与调控路径分析 [J]. 成都理工大学学报（社会科学版），2013（4）：9-17.

群体性事件等①。政府的应急管理能力决定了区域社会秩序的恢复水平。尤其是自然灾害事件的发生，常常造成巨大的人员伤亡和经济损失，对区域社会稳定的影响大，社会秩序的恢复难度大，政府应急管理成本高。

众所周知，灾害事件发生之后，由于媒介竞争和公众心理变化等原因，灾害信息传播会在局部范围内出现短期失控，尤其是通过自媒体发表的情绪化信息，常常误导公众，从而为政府的救灾举措设置障碍。建立灾害信息传播效果评价标准，可以对政府、媒体和公众的灾害信息传播行为进行约束，明确灾害事件中信息传播的原则和方式，将一些不利于灾害救助、不利于满足受众信息需求、不利于正确引导社会舆论、不利于防灾减灾科普宣传的信息排除在灾害信息传播系统之外，可以降低政府危机管理的成本，增强政府危机管理的效率。

建立灾害信息传播效果评价标准，有利于维护政府形象。政府进行危机管理的最大目标就是维护和重塑形象，提升公信力。灾害事件对于政府来说，是"危"更是"机"，充分利用灾害信息传播，制造有利于政府形象的话题，将政府组织高效为民、勇于担当的良好形象展现给公众。同时，灾害信息传播效果评价标准也约束政府的信息传播行为。在历史灾害事件中，不乏为了政府利益而牺牲受众知情权的行为。这些行为虽然暂时起到了维护稳定的作用，但是从长远来看，其负面作用很大并且很难消除。新媒体时代的到来，公众倒逼政府改变灾害信息传播策略，从"捂盖子"转为"揭盖子"，虚心接受舆论监督，从而塑造良好的政府形象。

（二）建立灾害信息传播效果评价标准是媒体有序竞争的必然选择

媒介竞争可以分为三个阶段，即产业先见之争、核心能力之争与市场地位之争。②具体到灾害事件中来，各媒体之间的竞争主要表现为市场地位之争，也就是说，如何向受众传播最新的、独家的、受众最需要的信息，已经成为了各家媒体在灾害信息传播过程中绞尽脑汁思考的问题。灾害事件常常产生异动，成灾时间短、灾害影响大，使得灾害事件具有很大的新闻价值；由于灾害事件关乎社会公众的切身利益，受到了全社会的重点关注，灾害事件自然成为各种媒体竞争的新闻资源。

从近几年的灾害信息传播实况来看，灾害事件中的媒介竞争并未能完全向着好的方向发展，竞争中也出现了一系列的问题。首先，灾害信息传播竞争具有盲目化。灾害发生之后，为了在第一时间获得灾区现场的信息，许多媒体无视自身定位，一味追求新、快、奇，靠前报道，往往导致所生产的新闻缺乏特色，不能满足

---

① 赵树旺.社会危机事件的媒介传播策略 [J].新闻爱好者，2010（19）：9-10.
② 王斌.链与网：媒介竞争和媒介生产的视角切换 [J].国际新闻界，2009（8）：97.

受众的多样化需求，从而导致灾害新闻同质化现象，不仅浪费宝贵的新闻资源，还未能满足受众的信息需求。其次，灾害信息传播的恶性竞争容易导致灾区民众的二次伤害。灾害发生之后，各新闻媒体都向灾区派出新闻工作者，大量的新闻工作者涌向灾区，占用宝贵的救灾资源。为了挖掘独家新闻，新闻工作者对灾区民众的报道往往缺乏理性，在采访中触及采访对象痛处的事例屡见不鲜，甚至在一些灾区，民众打出了"请记者和志愿者走开"的标语。

建立灾害信息传播效果的评价标准，为新闻媒体的灾害报道指明了方向，也为新闻媒体提供了新的新闻资源。按照评价标准进行灾害信息传播，可以为灾害信息传播划定一个范围，避免出现恶性竞争，减少新闻伤害，树立新闻媒体在灾区受众心目中的良好形象。只有逐渐形成良性的新闻竞争氛围，才能促使各新闻媒体理性看待灾害事件的新闻价值，根据媒介定位进行特色报道，丰富灾害信息传播内容，满足广大受众的多样化需求，实现良好的社会效益，并带动经济效益的增加。

（三）建立灾害信息传播效果评价标准是公众参与灾害救助的理性诉求

受众是灾害信息传播的终端或次终端，是灾害信息传播价值实现的诉求对象。灾害事件常常成为公众实现社会参与、承担公民义务的重要平台，灾害信息传播扩大了公民的参与范围和参与程度。2008年汶川地震发生后，社会公众通过新闻媒体了解到灾区灾情，积极主动地为灾区捐款捐物，新闻媒体的社会动员能力得到了很好的彰显，在公众参与灾害救助的过程中，舆论的引导作用十分明显。2012年北京"7·21"暴雨山洪泥石流灾害中，由于受到灾害信息传播中的噪音影响，在北京市民政部门公布捐款账号时，地域歧视造成的极端情绪在长期压抑后爆发，许多公众并不买账，甚至予以侮辱性的言语。[1]同样，由于受到"郭美美事件"的影响，社会公众在参与雅安地震和定西地震的救助活动时，不仅对红十字会的信任降到了谷底，甚至对捐款这种参与救助的方式持怀疑态度。

灾害事件中，社会公众参与救助的方式除了捐款之外还有很多，比如作为志愿者直接奔赴灾区参与灾害救助，通过自媒体发布灾区需求。社会公众对灾害的认知均来自灾害信息传播，也就是说，灾害信息传播直接决定了受众的灾害救助参与状况。

灾害信息传播效果评价标准不只是用作灾后的效果评估，同时也是指导灾害信息传播实践的重要原则。建立一个全面科学的评价标准，可以保障灾害信息传播有序运行，保障信息传播的客观通畅，摒弃不符合评价标准的信息，为社会公众参与

---

①徐占品，刘利永.新媒体时代灾害信息的传播特点——以北京"7·21"特大暴雨山洪泥石流灾害为例[J].新闻界，2013（5）5：48-53.

灾害救助提供一个良好的信息环境。

二、灾害信息传播效果评价标准的具体内容

灾害信息传播效果评价标准可以概括为"四个有利于"，具体来说，主要包括以下四方面的内容。

（一）灾害信息传播要有利于灾害救助的顺利开展

灾害事件常常造成严重的人员伤亡，2008 年的汶川地震造成超过 8 万人遇难和失踪，37 万余人受伤。灾害信息及时准确的传播，直接影响着灾害救助能否顺利开展。满足灾害救助的信息需要，是灾害信息传播的首要任务。从近年的灾害事件中可以看出，无论是政府、媒体还是社会公众，都最关心灾区民众的生命财产安全。

灾害事件的发生常常造成交通、电力、通信的中断，由于媒介信息传播的物质依赖性，报刊、电视、互联网等大众媒介传播的信息很难达到灾区，灾区的信息也传不出来。2008 年汶川地震后，汶川县城成为信息盲区，导致无法开展有针对性的救援，也影响到了其他重灾区的救助。自然灾害事件中，所有媒体都应该首先保证灾害救助的信息需求。在灾害救助中，救援组织可以通过协商来获得媒介的使用权，打通信息通道，直接服务于灾害救助。2013 年 7 月，四川等地普降大雨，多地爆发山洪泥石流灾害。都汶高速桃关一号隧道被困近 2000 人，中央媒体和地方媒体集中报道了这一事件，在一定程度上促进了灾害救助的快速、顺利开展。灾害事件中，无论是政府传播者、媒体传播者还是公众传播者，都应该及时发布灾害救助信息，充分利用传统媒介和新媒体进行信息传播。此外，鉴于广播媒介在灾害救助中的生命线作用，建议设置专门针对灾害事件的广播频道，通过普及宣传，让公众在灾害发生之后，自觉地通过该频道了解自救互救知识和政府的救援动态。

（二）灾害信息传播要有利于满足受众的知情权

新媒体时代打破了传统媒介的信息垄断，信息传播渠道和信息内容趋于多元化。互联网的快捷、开放，使得一些不确定信息和消极信息第一时间暴露在受众面前。邢台地震和唐山地震那样的灾害报道已经永远成为了历史。灾害信息传播必须从"捂盖子"转为"揭盖子"，各类媒体，尤其是主流媒体，要快速、准确、全面地报道灾害事件，以满足受众的知情权。

灾害事件容易引发集合行为，集合行为是产生和传播流言的外部环境。流言中往往夹杂着大量的谣言，对灾害救助甚至是灾区的社会稳定产生消极影响。"谣言止于公开"，专业媒体在第一时间对灾害事件进行报道，可以彻底消灭谣言或者很大程度上消除谣言传播的危害。

满足受众知情权还要兼顾信息传播的全面性。传统的灾害报道过多关注正面引导，忽略灾害事件中的伤亡损失和灾害问责等问题，而这些问题往往是受众十分关心的。2008年汶川地震的报道在灾害信息传播史上具有里程碑式的意义，一个重要的原因就是央视《新闻联播》几乎每天都通过"抗震救灾最新数据"或"国务院救灾总指挥部权威发布"等形式及时准确地把灾害造成的损失向社会公众发布。[①]

（三）灾害信息传播要有利于社会舆论的正确引导

我国的新闻机构是党和人民的耳目喉舌，新闻报道要以正确的舆论引导人。灾害事件造成的破坏易于引起社会公众的持续和深度关注，灾害事件中的政府行为也最能检验政府的危机控制和管理能力。政府作为灾害救助的主要力量，其救助效果一方面取决于社会公众的配合程度，一方面取决于良好的舆论环境。灾害信息传播只有正确的引导社会舆论，才能整合救助力量，使自然灾害损失降低。此外，灾区公众由于直接遭遇灾害，存在一定的心理恐惧，正确的社会舆论有助于灾区公众积极开展自救互救，有助于维护灾区社会的稳定。如果各种消极信息甚至是虚假信息传入灾区，将直接扰乱灾区民众的生活，不仅影响灾区民众的心理修复，还直接影响灾害救助的效度。

灾害信息传播要做到有利于正确引导社会舆论，第一，要实现媒体融合和合作。汶川地震发生后，国内的各种媒体都将报道抗震救灾作为首要任务，央视综合频道和新闻频道并机直播的《抗震救灾 众志成城》牵动了亿万民众的心，通过媒体的正确引导，社会舆论指向抗震救灾，大大提高了灾害救助的效度。[②]第二，要掌握舆论引导的策略。新媒体对传统的舆论引导方式进行了全面的解构，灾害信息传播的舆论引导必须建立在满足受众知情权的基础之上，没有足够的信息量，没有全面客观的报道，正确的引导舆论无从谈起，舆论引导要避免生硬的说教，用事实说话，国家领导人不怕危险前线指挥、灾害救助的现场直播，是最有感染力的。第三，舆论引导要关注网络舆情。目前，网络已经成为了社会舆论生成的重要场所，由于网络的匿名性，使得许多消极言论在此滋生蔓延。搜集和分析网络舆情，通过主流媒体进行回应，会起到消弭流言、引导舆论的作用。

（四）灾害信息传播要有利于防灾减灾科普知识宣传

灾害信息传播不只是灾害事件本身的信息传递，还要照顾到受众对防灾减灾知

---

① 徐占品，李华，邬弯，等.在探索中发展：《新闻联播》灾害事件报道的嬗变 [J].防灾科技学院学报，2008（3）：104-107.

② 杜志红，焦彦艳.灾难报道情感信息处理的范本——试析央视《抗震救灾 众志成城》[J].中国广播电视学刊，2008（10）：60-62.

识的需求。目前，一些灾害事件尚未实现准确预报，这就需要社会公众掌握一些灾害事件的常识，当灾害突发时可以从容应对，避免大范围的人员伤亡和财产损失。防灾减灾科普知识宣传是媒体在灾害信息传播中避免同质化的重要举措，也是全社会公众的迫切需求，这是灾害信息传播市场效益和社会效益的双重要求。随着灾害事件的频繁发生，防灾减灾科普宣传显得尤为重要，2008 年汶川地震发生的当天，央视《新闻联播》栏目就播出了"防震避震小常识"，指导人们如何应对地震灾害，收到了很好的效果。

灾害信息传播要做到有利于防灾减灾科普知识宣传，需要从以下几个方面展开工作。第一，加强媒体和防灾减灾相关部门的合作。自然灾害知识具有专业性，媒体记者要想准确传播相关知识，需要和相关部门之间进行合作，一方面获取防灾减灾科普信息，另一方面审校新闻稿件中的错误。近年关于地震灾害的报道中，有媒体混淆了地震预报和地震速报，在严肃的新闻报道中出现了错误。第二，防灾减灾科普宣传要贯穿于常态的信息传播活动之中。灾害事件发生后，由于社会公众的广泛关注，开展科普宣传事半功倍，但是常态下的科普宣传也十分重要，不可或缺。各种媒体要充分利用自身优势，以寓教于乐的方式开展防灾减灾科普宣传，唯其如此，才能在遇到自然灾害时，掌握应对技巧，降低灾害损失。

■ 三、灾害信息传播效果评价标准中需要注意的几个问题

灾害信息传播效果评价是一个复杂的过程，要想通过一套标准去科学地衡量灾害信息传播具有很大的难度，"四个有利于"的标准并非一个严谨的定量标准，而是一个笼统的定性标准。但是这个标准的存在，可以有效解决当前灾害信息传播中存在的一些乱象，从而为灾害信息传播提供参考。

（一）该标准并非灾害信息传播效果评价的必要条件，而是充分条件

灾害事件中，信息传播的内容极其丰富，通过人际传播、群体传播、组织传播和大众传播释放的信息量大而冗杂。这些信息并不需要同时满足"四个有利于"的标准，也就是说，"四个有利于"并不是评价灾害信息传播的必要条件，而是充分条件。

突发灾害事件发生后，各类传播者为了保证灾害信息传播的时效性，常常以放弃灾害信息的全面性和深入性为代价，将即时信息碎片化地传播出去。如地震灾害中国地震台网中心发布的地震速报，各新闻媒体发布的简讯，以及社会公众发布的主题微博，这些信息内容单一、形式简单，不可能同时满足"四个有利于"的要求。但是，我们不能轻易否定这些信息的传播价值。所以，只要进入传播过程的灾

害信息能够满足"四个有利于"中的任何一条，就是整个灾害信息传播系统中的积极元素，都对灾后社会秩序的恢复重建发挥着重要的作用。

既然"四个有利于"并非灾害信息传播效果评价的必要条件，也就是说，并不是说所有的灾害信息需要同时满足"四个有利于"。那么，"四个有利于"之间的关系如何呢？在具体的灾害信息传播效果评价时，该如何使用这一标准呢？其实，"四个有利于"在灾害信息传播效果评价中所占的比重是不同的，是由前向后递减的。在四个标准中，"有利于灾害救助顺利开展"是核心，是首要标准，甚至可以牺牲其他标准来保证这一标准的实现，但是绝不能为了满足其他标准而牺牲这一标准。在具体的灾害事件中，需要信息传播者合理进行信息把关，最大限度地满足灾害救助的需要。在"7·22"定西6.6级地震灾害的信息传播过程中，可以从微博上看到许多对国内媒体报道的批评声音，这些不满主要集中在两个方面：一是中央媒体对这次灾害事件报道时间短、密度小；二是一些网站在灾害救援的关键时刻没有进行相关报道，反而浓墨重彩地报道英国王室添丁新闻。按照灾害信息传播效果的评价标准进行评估，这次灾害事件中的信息传播活动无疑是存在失误的。

（二）"四个有利于"不只是一个现实标准，还是一个历史标准

灾害信息传播实践与人类社会发展同步。原始传播时代，由于受到生产力的限制，人类生存受到各种自然灾害的威胁，在与自然灾害作斗争的过程中，及时畅通高效的信息传播具有重要作用。在阶级社会中，灾害信息传播实践又受到了统治阶级的种种限制，受众的知情权得不到保障。[①] 随着现代传媒技术的进步，现代报刊、广播、电视等传统媒介在灾害信息传播时效性、针对性、影响力等方面有了很大的提升，灾害信息传播模式逐渐形成。但是，由于信息把关被媒介机构及其背后的利益集团垄断，传统大众媒介时代的灾害信息传播更加注重宣传效果而常常忽视对事实和受众的尊重。[②] 互联网的兴起带领着人类社会进入了新媒体时代，传统媒体的信息垄断被彻底打破，传播者和受众之间的界限越来越模糊，从而真正意义上实现了传播过程中的反馈。新媒体时代的灾害信息传播也更加迅捷、透明、复杂，大量信息通过自媒体平台进入公共领域，在此过程中产生的噪音直接影响着灾害信息传播效果。[③]

"四个有利于"是在新媒体时代提出的灾害信息传播效果评价标准，但是并不

① 徐占品，樊帆 . 原始传播时代的灾害信息传播 [J] . 新闻爱好者，2012（4）：11-12.

② 徐占品，刘艳增 . 传统大众媒介时代的灾害报道 [J] 湖南大众传媒职业技术学院学报，2013（3）：12-17.

③ 徐占品，刘利永 . 新媒体时代灾害信息的传播特点——以北京 7·21 特大暴雨山洪泥石流灾害为例 [J] 新闻界，2013（5）：48-53.

是仅仅针对新媒体时代的灾害信息传播实践，同时也可以用来评价历史上的灾害信息传播现象。比如在中国的 20 世纪六七十年代，关于邢台地震、唐山地震等的新闻报道，就存在一定的局限性。灾害信息的真实性和时效性得不到保障，就遑论指导防灾减灾科普宣传了。按照灾害信息传播效果评价标准去衡量，这一时期的灾害信息传播实践十分失败。

灾害信息传播历史是新闻传播史的重要组成部分，是了解灾害发生及救助规律的有效途径。在研究过程中，对历史上的灾害信息传播现象进行评价是无法回避的一个环节，因此，"四个有利于"标准则可以很好解决这一问题。

（三）"四个有利于"不只是一个微观标准，还是一个中观标准、宏观标准

灾害信息传播效果评价贯穿于灾害信息传播全过程，无论是微观层面的单条信息传播，还是中观层面的整个灾害事件从发生到救助到灾后重建的所有信息，乃至于宏观层面的跨区域和跨时间的灾害信息传播现象，"四个有利于"的效果评价标准均可适用。

微观层面的灾害信息传播，可以具体到一条微博、一个版面或栏目，这是组成整个灾害信息传播系统的最小单元，每一则信息都发挥着不可替代的作用，都是灾害信息传播系统中不可或缺的一部分。评价微观层面的灾害信息传播在使用"四个有利于"的标准时，不仅要关注信息本身所包含的信息量，还要综合考虑此信息所产生的影响。比如在"4·20"雅安地震中，微博发布的关于"寻找徐敬"信息，看起来是一条灾害求救信息，实际上是一则虚假信息，这就是微观层面灾害信息传播评价时需要特别注意的。

中观层面的灾害信息传播，具体指一次灾害事件中所有的相关信息的传递过程，无论是政府传播者、媒体传播者还是公众传播者，只要是在一定范围内进行流通的与灾害事件相关的信息，都包括在内。中观层面的灾害信息传播效果评价，更多的指向灾害信息传播所产生的社会效应，不再局限于微观层面的内容分析。中观层面的效果评价常常是事后评价，需要在灾害事件发生之后，尤其是灾害救助和灾后重建完成之后，再进行综合评价，以期从中吸取经验教训，指导以后的灾害信息传播实践。2008 年南方雨雪冰冻灾害在央视综合频道和新闻频道并机直播救灾过程，为汶川地震之后的 24 小时电视直播提供了经验。

宏观层面的灾害信息传播超越了灾害发生时间和灾害发生区域，是一个国家甚至是多个国家在一个时间段内的灾害信息传播状况，"四个有利于"的标准同样具有适用性。利用这个标准去衡量宏观层面的灾害信息传播，要结合国家和地区的政治经济文化状况，站在历史的高度，用公正的立场和发展的眼光去评价。

（四）"四个有利于"不是一个固化标准，而是一个动态标准

"四个有利于"标准是根据当前的媒介发展水平和社会发展形态提出来的，可以指导当前灾害信息传播实践和评价历史灾害信息传播现象，但这绝不是一个固化的标准，而应该是根据社会的进步和媒介的发展而不断变化的动态标准。

当今世界，媒介发展日新月异，人们的生活与媒介的关系也越来越密切。灾害事件频发产生的巨大信息需求，也成为推动媒介进步的动力。未来的灾害信息传播将变得更为快捷、更加全面、更有针对性。面对新的灾害信息传播图景，"四个有利于"的标准将无法完成效果评估的重任，届时，新的标准应运而生，以指导灾害信息传播实践。

综上，建立一套灾害信息传播效果评价标准具有重要意义，但是标准的建立并不能完全解决效果评估的问题，还需要有更为科学的效果评估办法，这需要我们不断地进行摸索研究，从而实现真正意义上的灾害信息传播效果评估，为当前的灾害信息传播实践提供理论指导。

第二节　灾害信息传播效果提升

2016 年 7 月 19 日，河北大部分地区出现降雨，部分地区出现洪涝灾害。截至 23 日 18 时，河北洪水受灾人口达 904 万，因灾死亡 130 人、失踪 110 人，其中，邢台死亡 34 人、失踪 13 人。[①] 邢台市大贤村灾情严重，死亡失踪人数多，群众情绪激动，7 月 22 日上午发生了围堵国道的群体事件，在媒体传播者缺席的情况下，公众传播者利用手机录制和拍摄视频、图片，并通过社交平台快速传播，引起各大媒体和全国受众关注，对政府形象予以重创。[②] 用灾害信息传播效果评价标准来衡量，这是一次失败的传播实践。提升灾害信息传播效果，可以指导政府部门加强舆论引导，做好正面宣传，传递和凝聚正能量，为经济社会发展创造良好的舆论氛围。

■ 一、以邢台洪灾为例看政府灾害信息传播

邢台洪灾中的舆情危机具有复杂性特征，自然灾害和群体事件并存，舆情发

---

① 范世辉 . 河北洪灾致 130 人死亡 110 人失踪 [OL] 新华网，2016-07-24:http://news.xinhuanet.com/local/2016-07/24/c_1119270847.htm.

② 徐占品 . 灾害信息传播者类型及其传播特点 [J] . 新闻界，2013（21）:28-33.

酵过程中形成破窗效应，负面效应迅速扩大，并引发其他灾区的非理性群体诉求，政府部门的应急传播缺乏主动性和及时性，导致网络舆情的负面声量大、持续时间长、影响范围广、舆情应对难。

（一）邢台洪灾网络舆情生发脉络

危机事件发生：2016 年 7 月 19—20 日，邢台遭遇入汛以来最强降雨，导致严重洪涝灾害，多个村庄遭到水淹。野沟门水库、朱庄水库相继泄洪，东川口水库漫坝，七里河漫堤，邢台开发区大贤村多人遇难。

舆情危机出现：2016 年 7 月 22 日 10：00，部分大贤村村民及死者家属因对救灾和伤亡人数统计不满，堵塞 107 国道，发生官员和村民互跪一幕。事件从封闭的微信空间转向开放的微博平台，迅速吸引新闻媒体和网络大 V 关注。

网络舆情持续发酵：2016 年 7 月 23—24 日，这一事件在互联网上快速发酵，情绪宣泄、虚假信息一度占据主导地位，官方发布的信息常常被"秒喷"，网络舆情呈一边倒趋势。

网络舆情迁延：25 日开始，网络舆情的诉求开始突破邢台洪灾这一范围，逐渐向邯郸、石家庄等重灾区蔓延。在破窗效应的影响下，其他地区也出现了群众情绪的非理性表达。

网络舆情逐渐回落：随着省委省政府防汛救灾工作组进驻邢台、石家庄、邯郸等地，加之纪念唐山抗震 40 周年活动的媒体集中报道，邢台洪灾网络舆情开始回落。

（二）邢台洪灾网民关注问题

通过对互联网上的网民言论进行抽样统计分析，发现在此次危机事件中，网民的关注点主要有以下几个方面：

第一，质疑当地瞒报灾情。21 日，大贤村民开始在微博上对央视新闻频道"未报道邢台受灾情况"和相关人员在接受采访时"未造成人员伤亡"的说法不满，成为 22 日大贤村部分村民围堵 107 国道的主要原因之一。25 日，《中国青年报》记者向石家庄井陉县相关人员询问死亡人员名单时，被告知"按照我们当地的风俗，公布死者名单犯忌讳"，[1] 再次引发网友质疑官方灾情统计。

第二，质疑泄洪预警不力。在社交媒体上，网民大量传播"政府泄洪没有及时安顿好村民"等信息，新闻媒体对此进行了报道，加之在 23 日之前相关部门"失语"，权威信息发布滞后，使得"政府失职造成了这场灾难"的刻板印象形成并在互联网上蔓延。

---

① 樊江涛，傅晓羚，蒋欣，等 . 小作河畔苦寻亲人［N］中国青年报，2016-07-25（01）.

第三，质疑发声渠道受阻。多位网友在微博上发文称，"@中国新闻周刊"发表的大贤村受灾图片不见了；"邢台"一词一度在新浪微博热搜榜排名第18位，一夜之间被其他内容取代；网易置顶新闻《邢台水库洪水灌进村庄致多人死 官员下跪"求理解"》不到1个小时就被评论5万余次，随后所有评论被清零。

第四，质疑打击"传谣"动机。7月26日，邢台警方依法处理3名洪灾期间散布谣言人员。该信息发布之后，引发部分网民情绪反弹，部分网友认为相关人员瞒报伤亡人数也属于造谣，也有人质疑打击"传谣"的动机是为了隐瞒真相。

（三）邢台洪灾应急传播存在的问题

第一，权威信息发布滞后，谣言势头难遏。7月19日邢台暴雨成灾，20日凌晨已造成人员伤亡。由于缺乏应急传播经验，当地政府对可能出现的舆情危机研判失误，导致市县政府全力组织救灾，忽视了灾情收集和信息发布的重要性。22日上午发生了大贤村民围堵国道的事件之后，邢台官方在22日晚上第一次公布受灾情况。直到全国媒体和社会公众的目光都投向邢台之后，邢台市政府才于23日下午和晚上先后召开两次新闻发布会。从时间上看，权威信息发布严重滞后，造成无源信息在社交媒体上广泛传播，其中包括大量谣言，由于缺乏权威信息的佐证，谣言信息难以辨别，谣言传播势头难遏。

第二，公众关切研判有误，信息供需失衡。邢台洪灾事件中，舆情应对成为应急传播的短板。市县政府忽略了对网络舆情中公众关切的问题进行收集，导致后期的新闻和信息工作缺乏针对性，无法根据受众信息需求进行信息生产，使得信息传播和舆论引导效果事倍功半。网络舆论的关注点主要集中在救灾重建、问责、信息公开等问题上，而进入传播渠道的权威信息单一地指向物质层面的救灾重建。据统计，本次危机事件中的信息来源以微博和微信为主体，二者占据了信息总量的80%，而前期的舆论引导主阵地在传统媒体上，这种平台的不对等也弱化了舆论引导效果。

第三，舆论引导手段单一，次生舆情频仍。危机事件发生之后，网络舆情呈现混乱局面，为了进一步净化网络空间，市县相关部门联系媒体对各种不实信息和鼓动性信息进行了阻断处理，但是在阻断虚假信息的同时，却未能及时将真实信息发布出去。权威信息的缺席使得新的虚假信息迅速填充，引发次生舆情。在本次危机事件之中，社会公众一度质疑灾情统计不准确，为此邢台市专门公布了死亡和失踪人员名单，有效回应了网民的质疑，但是在其他县市，一句因风俗不能公布名单的答复，又重新引发了公众的质疑。

■ 二、灾害信息传播效果提升建议

灾害事件中，政府的应急传播对营造良好的抢险救灾舆论氛围具有重要的作用。根据近年来各地政府的突发事件应急传播实践，结合当前的新闻舆论生态，我们认为从 6 个方面开展工作，将有助于政府部门在灾害事件中掌握舆论引导的主动权，将有助于灾害救助的顺利开展和政府形象的有效提升。

（一）组创新媒体矩阵，构建网络统一战线

在本次灾害事件中，互联网平台上的权威信息发布呈现出离散特征。信息内容、发布时间、发布形式都缺乏统一的设计和要求。权威信息一经进入传播渠道，就被汹涌的负面信息淹没，很难起到以正视听和引导舆论的作用。

在突发事件中，可以对省、市、县各级党委政府的官方网站、官微、公众号和部分机关公务员的个人微博、微信"临时征用"，组创一个覆盖范围广、传播效率高的新媒体矩阵，统一审核发布信息，并要求矩阵中的成员按时转发。这种组合可以迅速聚合各个新媒体平台的受众资源，以党政部门和公务人员为纽带，政府部门工作人员成为不带观点的网络宣传员，原本分散的受众建构起网络统一战线，借助组织传播的高效和人际传播的高信任度，实现舆论引导效果的最大化。

（二）强力推进信息公开，积极回应网民关切

2016 年 7 月 29 日，李克强总理考察国家防汛抗旱总指挥部，在召开防汛专题工作会议时强调：各地要实事求是公开发布汛情灾情，及时回应社会关切。既不掩盖事实，也不要夸大事实。让政府公布的真相跑赢网上不实传言。

在邢台洪灾舆情危机中，社会公众通过网络平台表达了对信息公开情况的质疑，无论是灾情统计，还是所捐款物的使用情况，抑或对事故原因和责任人的调查处理情况，都是社会公众最关心的问题。

地方政府可以进一步加强防灾减灾救灾过程中的信息公开，及时公布灾害中死亡和失踪人口名单，修复政府公信力；监察部门及时公布捐款捐物情况，受捐单位及时公布接收款物情况和发放情况，实现款物使用的公开透明；对事故和相关人员的调查，要及时通报进展情况；相关部门可以进一步扩大"造谣传谣"处理范围，不要将"夸大灾情"作为唯一谣言类型；及时公开灾后重建开展情况，消除公众隐忧。要进一步加强对舆情民意的收集和研判，增强舆论引导针对性。

（三）科学宣传先进典型，合理进行舆论对冲

2016 年 7 月 20 日，习近平总书记在东西部扶贫协作座谈会上专门就做好防汛抗洪抢险救灾工作发表重要讲话，强调要加强对防汛抗洪抢险救灾的宣传报道，向全社会广泛宣传第一线涌现出来的英雄模范和先进典型，对表现突出的集体和个人要予以表彰和嘉奖，弘扬正能量，激励广大干部群众把各项工作做好，确保经济社会发展良好势头，确保社会大局稳定。[1]

讲好救灾故事，需要科学宣传先进典型，防止无序的生硬宣传。在官方舆论场和民间舆论场并存的舆论生态中，如何表彰抢险救灾中的先进典型，是政府部门和新闻媒体都要认真思考的重要问题。可以采取"先经验后精神""先群体后个人""先一线再后方"的路径，深入挖掘救灾、防疫和重建中的典型做法，指导灾区开展生产自救；深入挖掘救灾一线普通干部群众的先进经验，在故事中突出人物，在行为中突出精神；深入挖掘特殊群体的救灾故事，比如军人群体、基层干部群体、大学生群体、志愿者群体等，通过对他们的报道引起社会公众共鸣。在灾后重建取得阶段性成果之后，再进一步升华，对涌现出来的先进典型进行表彰。通过这种循序渐进的宣传方式，既避开了可能造成的舆情反弹的风险，也实现了与负面舆情的舆论对冲，对于打好网络舆论翻身仗具有重要意义。

（四）畅通民众发声渠道，正面回应民众诉求

邢台洪灾危机事件中网民关注的热点问题之一就是质疑发声渠道受阻。当前情况下，地方政府要畅通舆情民意的"出入口"。一方面，充分利用新媒体的快速、互动、匿名等特点收集民众利益诉求。另一方面，通过报纸、广播、电视等传统媒体对民众正当、合理的利益诉求及时做出有效回应。通过新兴媒体和传统媒体的有效配合，实现信息的"一进一出"，可以有效避免形成民意的堰塞湖，也让潜在的舆情及时显露，从而快速化解危机。

（五）重视网络意见领袖，线下活动同步跟进

以邢台洪灾危机事件为例，网络意见领袖在信息传播、抗洪救灾、网络问政等方面积极发声，在一定程度上影响着互联网舆情的走势。检索发现，本次危机事件中，新浪微博网络意见领袖分为两类，一类是新闻媒体的官方微博，主要有@新浪河北、@新京报、@中国青年报、@人民网、@财经网、@中国新闻网、@环球时报等；另一类就是具有巨大粉丝数量的个人账户，主要有@闾丘露薇、@胡锡进、@作业本、@迟凤生律师、@王小山、@王宝强、@段郎说事等。

2009年发生云南的"躲猫猫"事件，成为了政府应急传播从"捂盖子"向"揭盖子"的转变，为之后的政府应急传播做出了示范。[2]在发生自然灾害等突发事件之后，

---

[1] 习近平.把确保人民群众生命安全放在首位 继续全力做好防汛抗洪抢险救灾工作[N].人民日报,2016-07-21(1).
[2] 巢乃鹏.从"对抗"到"协商"——以"躲猫猫事件"为例探讨政府网络舆论引导新模式[J].编辑学刊,2009(5):33-37.

各地政府的网信部门要快速收集本次事件中的意见领袖，并与之进行积极沟通，开展必要的线下活动，邀请他们到灾区实地考察，参加相关公益活动，召开座谈会倾听他们对抢险救灾的建议和意见。通过线上线下活动的结合，使这些掌握舆论"核按钮"的意见领袖全面真实了解救灾情况，从而积极正面地引导网络舆情。

（六）联合省外媒体报道，发挥第三方媒体作用

通过对邢台洪灾网上信息发布所属区域统计发现，北京、河北、广东、山东、江苏、上海、河南、浙江、湖北、天津等十省市的网友对洪灾关注度明显较高。在这十个省份中，北京、广东、上海、天津等地属于知识密集型省市，公众的社会事务参与程度较高。河北、江苏、河南、浙江、湖北等省份，主要是因为都受到了洪水灾害的侵袭，邢台事件成为了这些省份网民情绪爆发的突破口。

网络舆情应对要充分发挥第三方媒体的作用，可以结合区域协同发展战略，主动向外省请援，介入对省内抢险救灾工作的报道。一方面，弥补本地媒体影响力的不足，为相邻省份受众提供关于灾害的权威信息，切断其通过网络传播不实信息的传播链。另一方面，充分发挥第三方报道的"客观性"优势，对省内媒体报道内容进行印证，消除省内受众对本省媒体报道内容真实性的揣度。

三、灾害事件政府应急传播水平提升路径

近年来，国内自然灾害和危机事件时有发生，尤其是今年以来大部分地区遭遇的严重洪水灾害，对地方政府的应急传播能力提出了更高的要求。经济社会发展离不开良好的舆论环境，客观上要求地方政府不断提升突发事件应急传播水平。

（一）推行应急传播考核，强化应急传播意识

为了进一步引起对应急传播的重视，建议地方政府以适当的方式对部门或相关人员进行应急传播能力考核。对应急传播中表现突出的集体和个人予以表彰和嘉奖，对应急传播不力、造成重大损失的人员实施问责。通过考核和奖惩，增强各级党委政府部门和相关人员的应急传播意识，激发他们在突发事件中进行应急传播和舆情引导的主动性和积极性。

应急传播意识不强在市县政府部门表现尤为突出，在自然灾害和危机事件发生后，常常全部投入事件处理上，甚至于无人负责信息发布，应急传播滞后且效果较差。提升应急传播意识，有助于危机事件的高效解决，有助于为地方经济社会发展营造良好的舆论环境。

（二）完善应急传播预案，规范应急传播程序

总结此次洪灾中的应急传播教训，地方政府要对各级应急传播预案进行完善，

尤其要做好对市县级应急传播预案的修订工作，防止以后出现危机事件时，因为应对不当而错失应对时机，扩大影响范围。

应急传播预案要从事件应对和舆情应对两个方面着手，既要明确事件应对主体，也要明确舆情应对主体；既要明确信息发布内容，也要明确信息发布时效；各级应急传播预案要体现上下连接、左右联动，明确责任切割和顶层回应的启动条件；要形成责任机制、会商机制、评估机制。

相关部门要高度重视市县级应急传播能力的提升，目前国内发生的危机事件大多源于基层，因为应对不当而导致危机层层升级。因此要督促市县应急传播预案的定期演练，防止预案被束之高阁，从而最大限度降低应急传播难度，提升应急传播效果。

（三）重视应急传播培训，提升应急传播能力

加强应急传播培训，是提升应急传播能力的必要路径。建议各省市区的应急部门和新闻部门联合对各单位信息发布人员进行培训，尤其是要强化对各部门领导干部的培训。人人都有麦克风的新媒体时代，舆论生态较之以往发生了巨大的变化，领导干部尤其要重视应急传播能力的提升。

应急传播培训需要注意两个问题。第一，建构合理的课程内容。课程内容要既有理论讲授，又有案例分析，还必须包括实训实操。针对实际情况设计一套高质量的培训课程。第二，实现省市县相关人员定期轮训。从危机事件易发部门开始，实现逐级逐批轮训，尤其是从事信息发布和直接面对媒体的人员，更要定期补课。

（四）借力区域协同发展，建立应急传播联动机制

在区域性危机事件舆情引导方面，第三方媒体发挥的作用越来越大。各省可以借力区域协同发展战略，主动联合相邻省市建立突发事件舆情引导联动机制。

近年来，国家提出了一系列区域协同发展的战略，包括西部大开发、京津冀协同发展、振兴东北老工业基地、中原崛起、长江经济带、一带一路等，都为应急传播联动机制创造了条件。以京津冀协同发展为例，三地先后发生了"7·21"暴雨山洪泥石流灾害、"8·12"天津港特大爆炸事故、"7·19"邢台暴雨洪水灾害等自然灾害和安全生产事故，对危机事件中的舆论引导都积累了经验和教训。三地构建舆情引导联动机制，既可携手应对关涉京津冀协同发展的危机事件，也可以互相借力，联合应对区域舆情危机。

第八章　灾害信息传播机制

第一节　灾害信息生产

灾害信息生产是一个从灾害事实到灾害信息的过程。在整个传播链条里，信息生产既是传播者对新闻事实进行选择的结果，也是灾害信息发布和灾害信息反馈的开端。信息生产的过程十分复杂，受到很多因素的影响，其中包括新闻价值的导向、媒介资源的配置、新闻传播法律法规的约束，也受到经济发展状况、社会风土人情、人们思想观念的影响，更取决于传播者编码能力和水平。

▍一、灾害信息生产主体

广义上的灾害信息生产包括所有与灾害相关的内容加工，包括涉灾新闻、涉灾科普作品等公共信息和社交媒体上与灾害相关的私人化信息。狭义上的灾害信息生产专指专业的传播者生产的涉灾新闻。本书探讨的主要是广义上的灾害信息生产。从生产主体上来看，灾害信息生产主要有三类主体。

（一）涉灾新闻生产主体

陆定一在他的著名新闻学论文《我们对于新闻学的基本观点》中提出，新闻是新近发生事实的报道。这个定义规定了新闻的三个要素，即时效性、真实性和公开性。这个定义里面并没有对新闻生产的主题予以明确，说明新闻生产的主体并不一定是专业的新闻媒介机构或新闻工作者，这就为新媒体时代社会公众参与新闻生产留下了充分空间。随着传媒技术的进步，社会公众的信息需求发生了改变，相较于新闻事实来说，对新闻来源的要求逐渐降低，这就在一定程度上为自媒体新闻生产进行了加冕，使其逐渐成为新闻获取的重要形式，甚至成为新闻媒体机构获取新闻信息的重要来源。不同的新闻生产主体在从事新闻生产时的限制因素具有明显差别。新闻媒体受到双重管理体制的限制，必须考量涉灾新闻的社会效益和经济效益，也就是说既要通过前馈的形式猜测受众是否接受，还要用新闻宣传的政策法规和此前的惯例来揣度涉灾新闻是否会引发意识形态领域的危机。正是这种多重考量，常常导致新闻媒体在涉灾报道时错失第一时间，在报道时效性和报道全面性方面受到公众诟病。对自媒体平台来说，这些制约因素都不在其考量范围。他们的新闻生产活动仅仅是社交活动的附着物，除了新媒体平台的发布规则之外，几乎不用受到任何限制，甚至包括作为新闻所必须的真实性等要求。

（二）涉灾科普产品主体

习近平总书记在"科技三会"上发表重要讲话强调，"科技创新、科学普及是实现创新发展的两翼，要把科学普及放在与科技创新同等重要的位置。没有全民科学素质普遍提高，就难以建立起宏大的高素质创新大军，难以实现科技成果快速转化。"① 这标志着在顶层设计层面对科学普及工作的高度重视。

与其他主题的科普产品相比，涉灾科普产品具有更加鲜明的特点。其科普目的不是推进创新扩散，而是在于维护社会公众的生命财产安全。切实减轻灾害损失，一个方面需要推进科技发展，最大限度发挥科技支撑在防灾减灾救灾中的重要作用，另一方面需要通过开展科学普及提升全社会的防灾减灾救灾意识和能力，这"两翼"相辅相成，缺一不可。目前，我国涉灾科普产品开发还存在薄弱环节，主要表现在优秀作品不足、传播渠道不畅、社会力量参与积极性不高，其中的一个重要原因就是涉灾科普人才队伍建设滞后。从事涉灾科普产品生产的主要群体包括专业人员和业余人员两类。专业人员包括相关灾种管理机构的宣教人员，他们既熟悉涉灾科普的专业内容，又擅长使用新技术新手段制作科普产品，是涉灾科普的主力军，比如气象部门推进防洪防雷防台风的科普创作，地震部门重视防震减灾知识和技能的传播，消防安全宣传教育进机关进学校进社区进企业进农村进家庭进网站工作广泛开展，② 对提升全社会灾害认知能力和风险规避意识起到了重要作用。业余人员的数量庞大，分散在社会的不同阶层不同领域，既有相对专业的各类 NGO 组织人员，还有相关教学科研机构里的科普爱好者，也有坚持涉灾科普传播的"民科"等群体，他们生产的内容参差不齐，生产的目的也不尽相同。这一类主体的信息生产活动是不可控的，甚至会成为阻碍科学传播的桎梏，甚至在一定程度上造成了社会恐慌，误导社会公众认知。

（三）涉灾个人化信息主体

涉灾新闻和涉灾科普产品都是与灾害直接相关的，而一些涉灾的个人化信息则可能是一种间接联系。随着移动社交媒体的发展，人们的表达方式发生了变化，从

---

① 习近平. 为建设世界科技强国而奋斗——在全国科技创新大会、两院院士大会、中国科协第九次全国代表大会上的讲话 [N]. 人民日报：2016-6-1（2）.
② 许传升. 公众消防应急科普队伍存在的问题及改进建议 [J]. 安全，2018（12）：61-63.

此前的语言文字表达转向多媒体形式，从以前的私密化表达转向公开化，从以前的无平台表达转向多平台。这些变化使得一些个人化信息进入了大众传播渠道，甚至有的内容能够引发社会公众的广泛关注，掀起轰轰烈烈的舆论战，发挥舆论监督作用。2012 年 8 月，陕西省境内发生特大交通事故，网上流传一张时任陕西省安监局原局长杨达才面带微笑出现在事故现场的照片，引起了广大网友的愤怒声讨，以此为由头，网民通过"人肉搜索"发现杨达才佩戴多块名表。在强大的舆论攻势之下，纪检部门对杨达才立案调查。[①] 可见，在社会公众的关注之下，各类灾害事件暴露在聚光灯下，任何人发布的任何信息都有可能被无限放大，在围观中产生强大的社会效应。当然，涉灾个人化信息中的绝大多数是自我感受和事实表达，客观上发挥了协助灾害调查的作用，此类信息在聚合之后，形成涉灾大数据，对灾情研判、灾害救助具有非常重要的作用。以中国地震台网中心官方微博"@ 中国地震台网速报"为例，通过建在全国各地的地震台站获取的地震信息得出地震的基本要素之后，通过微博发布震情，其粉丝迅速在微博评论区进行留言，报告自己所在位置和震感情况，这就为地震部门初步判断灾情提供了重要依据。除此之外，也有不少个人化信息是反应个体对灾害事件及灾害事件中各类机构、个人的认识和评价。

二、灾害信息生产过程

灾害信息生产是一个复杂的过程，甚至表现为一种无意识状态。通过对各类主体的灾害信息生产行为进行分析，可以发现，灾害信息生产始于对灾害事件的感知，经过信息生产主体的价值确认和形式选择，最终对灾害信息进行符号化呈现的全过程。对于大多数信息生产者来说，这个过程可能是一气呵成的，甚至是在外部环境和自身认知的综合作用下的无意识行为，常常被研究者忽略，但是这个过程是灾害信息传播整个链条的第一环，往往决定着灾害信息传播的走向，也影响着灾害信息传播效果的发挥。

（一）灾害感知

灾害信息传播是以灾害事件为前提的。[②] 所谓灾害事件，可以是现实中发生的灾害事件，如洪灾、地震、地质灾害的发生，也可以是传播者观念中的灾害，如有人发布的涉灾谣言。无论是现实中的灾害还是观念中的灾害，都会被人们所感知，这也就成为了灾害信息传播尤其是灾害信息生产的必要前提条件。

①郑智斌，赵静静.微博反腐中的公民网络素养——以"杨达才事件"为例［J］.传媒，2015（2）：50-52.
②徐占品.灾害信息传播概念及应注意的问题［J］.新闻爱好者，2012（23）：20-21.

灾害感知主要是对灾害事件的直接感知，身处灾害发生地域范围之内目见耳闻身感，见证了灾害事件的发生、发展和造成的损失。不同区域的人们对灾害的感知不同，不同个体对灾害的感知也是不同的。有一些灾害事件影响范围非常广，个体感知都无法准确反映灾害的全貌，只有最大范围收集各类人群的灾害感知，才能从宏观上再现灾害发生的状况。而对于灾害事件的间接感知不在此范围内，一般来说，间接感知灾后的灾害信息生产，我们将之归于灾害信息反馈的范畴，在后文中将详细论述。

灾害与人类生产生活息息相关，产生的变动程度大，是人们易于感知的事实。但是，灾害感知也受到与灾区距离远近和个体敏感度的影响。以地震灾害为例，处于同一地区的人们，感知差异可能很大。有的在社交媒体上称"震感强烈"，有的则称"毫无知觉"。这种情况一般发生在距离震中距离比较远的区域或者虽然距离震中近但是震级小的地区。灾害感知是灾害信息生产主体动机萌发的主要诱因。动机萌发能够引发生产活动而成为特定生产行为的起始点，还能够推动生产主体进行和维持生产行为，以保证生产活动的顺利完成。

（二）价值确认

当信息生产主体感知到灾害之后，接下来就进入了第二个环节，也就是价值确认。首先，人们会对感知到的灾害进行判断，将外部信息与个人储备的信息进行交换，迅速确认发生的灾害种类。这一判断至关重要，决定着后期的灾害信息生产的准确性和采取应急避险措施的正确性。受到个体感知范围和认知水平的限制，有的人往往无法在第一时间做出准确判断。2008年汶川地震发生后，我们在汶川县映秀镇中滩堡村进行座谈时了解到，地震发生时，有村民感觉到天旋地转，抱着树都站不稳，看到附近山石滚落，以为是世界末日到来。同样的，在2016年7月19日邢台洪灾中，受灾最为严重的大贤村民面对汹涌洪水，也未能准确判断洪水会带来的灾难。在判断灾害种类之后，就是对灾害事件传播价值的判断。所谓传播价值，就是指凝聚在新闻传播事实中的社会需求，就是新闻传播本身之所以存在的客观理由，主要包括时效性、重要性、显著性、接近性以及趣味性等几个基本属性。价值判断是一个简短的心理过程，常常是在感知灾害的一瞬间，就会迅速作出是否值得进行信息生产的判断。

灾害信息传播的价值判断还取决于个体的媒介素养水平，人们在接触媒介的同时，也在不断模仿媒介，将媒介上的灾害信息抽象成自己的信息传播价值判断标准，选择那些曾经在媒体上出现过的事实和媒体选用过的报道角度来暗示和示范自己的价值确认。

（三）体式 / 渠道选择

灾害信息生产不同于文学生产。文学生产又称为文学创作，包括传统的文学写作和电子媒介时代的影视创作。文学生产是一个对人类精神活动实施为外化的符号化过程。[①]灾害信息生产直接来源于客观现实或主观世界中的灾害事件。从流程上来看，灾害信息生产主体在感知灾害并确认其价值之后，就会对呈现方式和传播渠道进行选择。

专业人员在灾害信息生产过程中会对产品体式和发布渠道进行综合考量。既要将灾害事实、个人理解结合起来，还要思考生产什么样产品以及在何种平台进行传播。这些都直接决定了灾害信息的符号化呈现。专业的新闻媒体和新闻工作者会对媒体平台、符号形式、传播体裁、报道角度进行斟酌，专业的科普人员也会对涉灾知识点、呈现形式、传播平台进行选择。这主要是因为不同的媒体平台对产品需求存在较大差异，比如纸质媒介的深度报道、广播的声音优势、电视的画面音像功能、新媒体平台的海量信息和互动性特征。即使同为社交媒体平台，微博、微信、QQ、钉钉等对发布的内容也各有特点。

灾害信息生产主体中的普通社会公众群体，对体式选择相对简单一些，他们在自己可控范围内进行选择。个人对文体样式的掌握程度有限，话语言说方式比较单一，不具备选择的可能。同时，个人掌握的传播平台十分有限，且使用习惯一旦固化，信息发布渠道很有可能就是唯一的。

（四）符号化呈现

传播依赖于信息流动，信息流动离不开符号。灾害事件的发生具有时间性和空间性，固定的时间和空间范围都限制了人们对灾害的直接感知。灾害事件只有符号化之后，才能形成信息，在各类传播平台上进行流动，这是大众传媒的基本运行逻辑决定的。在整个灾害信息生产过程中，符号化呈现是唯一客观呈现出来的，其他的各个步骤都是主观性的，也都是通过思维过程完成的，符号化呈现完整地体现了此前各个步骤的成果。

灾害信息生产的最后一个环节就是符号化呈现。随着传媒科技的进步，传播信息的符号形式越来越多，越来越综合。传统意义上的有声语言、文字、图画等被新技术变形、分解、重组，成为新的符号形式。任何传播方式的进步都是向着时效性提升和信息接受的舒适度提升两个维度进行的，符号的变化也是为了满足这两个维度的需求。

[①] 牛炳文，刘绍本. 现代写作学新稿 [M]. 北京：学苑出版社，2001：139.

由于灾害感知、价值确认和体式／渠道选择的不同，灾害信息生产的媒介化呈现也具有显著区别，同一个灾害事件，既可以写成文字新闻，也可以制作成广播新闻和电视新闻，还可以生产出适应融合媒介传播的全媒体产品。正是这些丰富的产品种类，才使受众尤其是外围受众了解到一个全面的灾害事件。

三、灾害信息生产偏差

灾害信息生产过程是主观的，灾害信息传播受众往往将灾害信息产品与灾害事件进行比较，考察二者之间的符合程度，据此对灾害信息生产过程进行评价。在此类比较中，最容易出现的有三类偏差。

（一）时效性偏差

"新闻"之新，在于对时效性的极致追求。在激烈的新闻竞争中，时效性仍然是各类传播者孜孜以求的核心价值。随着互联网络的兴起，新闻时效性大大提升，从纸质媒介时代的当晚报、次日报转变为即时报。尤其是在突发事件中，第一个对事件进行报道的媒体就掌握了事件的发言权，吸引受众的关注，取得先发优势。近年来，对新闻时效性的追求已经发展到了极致甚至变态的程度。2018 年 9 月，互联网流传出著名话剧表演艺术家朱旭病逝的消息，随即人民日报和央视新闻微博对此事进行了推送。稍后，北京人艺在其官方微博上进行辟谣。[①] 这一事件归根结底是过分追求时效性所致。

同样，社会公众对灾害信息生产时效性的要求也是非常高的。一方面，灾区受众迫切需要新闻媒体进行报道，第一时间引起政府部门、社会公众的关注，从而尽快尽多争取救助力量和救援物质。地方政府一旦对灾害事件隐瞒不报，灾区群众就会充分利用无边界的网络媒体进行信息扩散，冲破地方政府传统媒体的信息封闭，近年来此类事件多发，天津港特大爆炸事故、邢台、寿光、潮汕洪灾事件、泉州碳九泄漏事件，都出现过当地群众对政府信息发布滞后的质疑，甚至造成一定程度的社会稳定危机。外围受众出于对新闻事实的追求，也极为关注灾害信息的快速发布，他们急于了解灾害事实，从而决定采取何种行动来介入灾害事件。

（二）真实性偏差

无论是成建制的传媒机构还是个体传播者，都不可避免地出现灾害信息传播失实的现象。真实性是一个相对概念，任何经过主观加工的信息生产过程，都是传媒

---

① 曹岩. 辟谣！与北京人民艺术剧院核实朱旭去世消息不实［DB/OL］. 央视网，http://news.cctv.com/2018/09/14/ARTI6uzEqMLtOv9qTpo6ObSD180914.shtml.

机构和个体对客观事实的反映。尽管信息生产的主观性人尽皆知，但是受众对真实性的追求并不因此而降低。信息生产的主观性与受众对其真实性的需求之间的矛盾一直是信息生产过程中难以解决的。

灾害信息生产中的真实性偏差分为两种情况。一是无意偏差，就是生产者非主观故意造成的偏差。这主要是由于人们对客观世界的认知一直处于不断探索之中，加之生产者对灾害感知、价值确认、体式／渠道选择和符号化呈现等过程中存在明显的主观差异，这些偏差往往具有一个较长的反馈周期，是灾害信息传播中很难避免的问题。二是故意偏差，就是生产者故意制造的偏差。这就涉及到信息生产主体的道德问题，甚至由此产生法律后果。在信息生产过程中，生产者的个人意志要服从客观的灾害事实，一旦罔顾事实，任由个人意志支配灾害信息生产，并将私利、私欲等带入其中，将会产生严重的后果。近年来公安机关相继处置多起涉灾谣言，就是对灾害信息生产真实性偏差的有效有力纠偏举措。

（三）客观性偏差

真实性与客观性是一对容易混淆的概念，二者之间存在比较大的差别。真实性考察的是符号与事实之间的符合程度，客观性考察的是符号反映事实的全面性，客观性是与公正、平衡和全面报道这类字眼联系一起的，[①] 所以说客观性是在真实性基础上对信息传播提出的更高的要求。

灾害信息生产坚守客观性的难度更大。灾害事件产生的破坏性、变动性容易对信息生产者产生短期的剧烈冲突，从而从主观认识上产生偏差，导致信息生产的客观性受到影响。汶川 8.0 级地震发生后，社会公众受到地震灾害命名的影响，认为受灾害最为严重的就是汶川县，对北川等重灾区的关注存在一定程度上的滞后，这是一个特别具有典型性的信息传播案例。

灾害信息生产的客观性偏差与正面宣传为主的新闻传播方针具有本质的不同。客观性偏差常常是突出一种声音而压制另一种声音，而正面宣传为主的新闻传播方针是在尊重客观性的基础上实现的，其目的是"激发全党全社会团结奋进、攻坚克难的强大力量"。

▌四、灾害信息生产机制

灾害信息生产是伴随着灾害事件而长期存在的一种人类行为，既是出于社会公众自发，也依靠一套社会机制。正是完善的社会机制激发了灾害信息生产的动力，

---

① 刘建明 . 新闻学概论［M］. 北京：中国传媒大学出版社，2007:183.

也实现了对生产活动的有效约束，使灾害信息生产实现系统的自运行，为灾害信息发布提供产品。

（一）社会需求

社会需求是灾害信息生产的根本动力。灾害信息传播的社会需求是多维度的，公众的信息需求是维系个体与群体、主观认识和客观世界之间平衡关系的重要手段，灾区群众需要通过灾害信息传播扩大灾害救助成效，社会公众需要获取灾害信息维系社会交往。除此之外，专业的新闻媒体生产灾害信息以获得经济效益和社会效益，灾害科普产品的生产是为了满足社会公众对灾害知识和防灾减灾救灾技能的需求。

需求带动生产，生产影响需求，灾害信息供给与社会公众的需求之间不断博弈。各类生产主体，无论是专业的新闻媒体和科普机构还是业余的普通公众，都在生产能够满足需求的灾害信息产品，这些流散在信息市场里产品，接受受众的选择，又改变着受众的信息接受习惯和信息需求标准。

（二）激励机制

灾害信息生产不能是完全自发的，需要运用社会关系来进行调节，才能保证信息生产始终保持正向发展的态势。完善的激励机制是灾害信息生产的推动力。灾害信息生产中的激励机制是多维度的，既有自我激励，又有外部激励；既有精神激励，又有物质激励。尽管人工智能在新闻传播领域开始发挥作用，尤其是地震速报消息已经实现自动发布，但是仍然存在一些问题，需要进一步进行技术完善，[①]仍然不能完全摆脱人的作用。灾害事件中需要形式多样、角度多维的信息产品，受众对高度同质化的灾害信息并不认同。[②]

具有强大传播力的优秀灾害信息产品本身就是对生产者的极大激励。生产者与产品之间具有情感连线，他们珍视自己的产品，借助产品的传播提升自我实现的程度。从外部来看，适应市场需求的灾害信息产品会更大限度满足受众的信息需求，在"内容为王"的传播生态中，将对生产者、传媒机构的社会影响产生积极的作用，政府部门、其他社会组织、媒介机构都建有完善的机制来激励和引导社会公众进行灾害信息生产。这些机制对优秀作品生产者进行直接的物质奖励，或将其作为职称评审、职级晋升的重要条件，或授予生产者相关的荣誉称号。

（三）监督机制

正向的激励机制固然可以激发灾害信息生产，但是建立一个灾害信息产品的生

---

① 刘莉. 从九寨沟地震看人工智能时代的媒体转型［J］. 科技传播，2017（9）：20.

② 徐占品. 地震新闻报道的同质化问题［J］. 新闻爱好者，2011（8）：49-50.

产标准并对生产过程进行必要的监督是非常必要的。前文述及，灾害信息产品具有一定的破坏性，容易对人们生产生活和社会稳定产生消极影响，监督灾害信息生产才能从源头上保障灾害信息传播效果的实现。

专业机构和专业人员的灾害信息生产完成之后，在发布之前会有专门的审查环节，这些环节基本可以保证进入传播渠道的灾害信息产品是适宜的。这是一种事前监督，而业余人员的灾害信息发布常常是非制度化的，个体既是生产者也是发布者，没有专门的审查环节，此类产品的监督大多是事后监督。在开放的网络空间发布后，通过网络的自净功能，广大受众对其进行审查、讨论、反馈。

各类信息管理部门为了对灾害信息产品进行公开，也会制定相关的制度对生产行为进行约束。2008 年 5 月 1 日实施的《中华人民共和国政府信息公开条例》，规定了县级以上各级人民政府及其部门应当重点公开的信息包括"突发公共事件的应急预案、预警信息及应对情况"；设区的市级人民政府、县级人民政府及其部门重点公开的政府信息应当包括"抢险救灾、优抚、救济、社会捐助等款物的管理、使用和分配情况"；乡（镇）人民政府应当主动公开的信息包括"抢险救灾、优抚、救济、社会捐助等款物的发放情况"。同样，其他各类相关法规也都有相关规定，这是一种重要的监督方式。

（四）纠偏机制

纠偏机制是对灾害信息生产过程中出现的偏差和问题查找原因，制定措施并组织实施的一种制度体系。灾害信息生产会出现时效性偏差、真实性偏差、客观性偏差等问题，建立灾害信息生产的纠偏机制成为保证灾害信息传播顺利开展的必要举措。

纠偏机制重在引导，这是避免灾害信息生产出现偏差的最有效方式。营造良好的全社会关心灾害事件和防灾减灾救灾、关注灾害信息的舆论氛围，明确灾害信息传播的使命，推广和普及灾害信息传播效果评价标准，[①]引导生产者在信息传播的方针政策指引下开展灾害信息生产。纠偏机制要做好示范，政府部门和新闻媒体要将产品标准予以公布，使生产者有法可依，从而生产出符合传播规范的产品。在出现有害的灾害信息并影响到公众认知和社会稳定时，相关部门要联合媒体以正视听，向传播平台投入正确的产品，对错误内容进行对冲，并依据法律法规对恶意生产者进行惩处。

---

① 徐占品.灾害信息传播效果评价标准研究［J］.新闻爱好者，2013（9）：36-40.

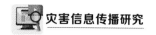

第二节　灾害信息发布

　　灾害信息发布是将灾害信息产品经由灾害信息传播媒介传递给灾害信息受众的过程，是灾害信息传播三个环节中最为关键的一个环节，既是生产环节的出口，也是反馈环节的基础。近年来灾害事件中出现的舆情事件，大都与灾害信息发布环节密切相关。在一定程度上甚至可以说，科学信息发布可以极大地避免灾害信息对社会造成的负面影响，甚至凝聚起磅礴的社会力量投入到灾害救助和灾后重建中去；反之，不当的信息发布可能使灾害事件的处置雪上加霜，加剧危机，甚至引发一定范围内的公共危机。

一、灾害信息发布类型

　　灾害事件常常造成巨大破坏，1976 年唐山 7.8 级地震导致超过 24 万人遇难，2008 年汶川 8.0 级地震造成 8 万人遇难或失踪。据国家减灾委发布的数据显示，2017 年各类自然灾害共造成全国 1.4 亿人次受灾，881 人死亡，98 人失踪，直接经济损失 3018.7 亿元；[①]2018 年各种自然灾害共造成全国 1.3 亿人次受灾，589 人死亡，46 人失踪，直接经济损失 2644.6 亿元。[②]2019 年和 2020 年各种自然灾害造成的受灾人数也均超过 1.3 亿。

　　灾害事件发生后，社会公众需要了解灾害信息，各级组织也迫切需要沟通信息以准确研判灾情开展救助，大众传媒需要将生产出来的灾害信息产品发布出去，以引起全社会的关注。传播类型主要包括人内传播、人际传播、群体传播、组织传播和大众传播。[③]这五种传播类型之中，用于信息发布的主要有个人发布、组织发布和媒体发布。

　　（一）个人发布

　　互联网络和移动终端的兴起，为广大网民进行信息发布提供了便捷。在分析灾害信息传播者时，我们将其分为三种类型，即公众传播者、政府传播者和媒体传播

---

　　① 民政部国家减灾委 . 民政部国家减灾办发布 2017 年全国自然灾害基本情况［DB/OL］. http://www.mca.gov.cn/article/xw/mzyw/201802/20180215007709.shtml.

　　② 丁怡婷 .2018 年全国自然灾害灾情较过去 5 年均值明显偏轻［N］. 人民日报，2019-1-9（14）.

　　③ 郭庆光 . 传播学教程［M］. 北京：中国人民大学出版社，1999；73，95-96.

者。[①]其中公众传播者就是灾害信息个人发布的主体。个人发布主要有两种形式，一是利用人际传播渠道，一是利用社交媒体平台。人际传播既有传统意义上的口耳相传，也包括借助现代化通信手段，前者传播范围有限，常常消弭于传播过程之后，而后者的影响可能会被放大，电话、手机、微信、QQ 的信息和通话功能彻底打破了人际传播的时空限制，在扩大传播范围的同时也加剧了信息的裂变。利用社交媒体平台进行信息发布再次提升了个人化灾害信息产品的传播力和影响力。

灾害事件中，社交媒体依赖传播的碎片化和即时性，常常成为最早发布信息的平台，受到社会公众的关注，媒体发布和组织发布往往从个人化发布平台上获取新闻线索和舆情线索。此外，媒体发布和组织发布的制度化传播，会对一些敏感信息进行"捂盖子"式处理，个人发布却会成为揭开盖子的导火索。2018 年发生的寿光洪灾、潮汕洪灾、泉州碳九泄漏事件都属于这种情况。当地主流媒体和相关部门在事件发生初期处于"失语"状态，而微博、朋友圈、贴吧、抖音等社交平台上图片、视频、语音产品夹杂着事实和情绪漫天飞舞，与制度化传播渠道的信息发布形成鲜明对比，一次次将政府和媒体的公信力放在汹涌的舆情之上烘烤，严重影响了党和政府的公信力。

（二）组织发布

组织传播依赖于组织内部严密的架构和完善的制度，是一种非常有效的传播方式。各类组织在自身运行的过程中，搭建了有效的信息收集平台，在灾害事件中往往掌握最为权威的信息产品，要满足社会公众的灾害信息需求，就必须将组织掌握的信息进行共享，强化组织发布。

与个人发布相对单一的形式不同，组织发布的形式更为多元。自 2008 年以来，国务院多次印发文件对各级政府信息公开工作进行指导。其中明确的信息发布形式就有"政府公报、政府网站、新闻发布会以及报刊、广播、电视等便于公众知晓的方式公开""在国家档案馆、公共图书馆设置政府信息查阅场所，并配备相应的设施、设备，为公民、法人或者其他组织获取政府信息提供便利""可以根据需要设立公共查阅室、资料索取点、信息公告栏、电子信息屏等场所、设施，公开政府信息"，公民、法人或者其他组织可以申请获取政府信息，对申请公开的政府信息，行政机关要做出答复等内容。[②]

有学者指出，政府突发事件新闻发布的基本形式有：发表新闻公报、声明、谈话，举行新闻发布会，召开背景吹风会，组织记者集体采访或单独采访，通过政府

---

① 徐占品. 灾害信息传播者类型及其传播特点［J］. 新闻界，2013（21）：28-33.
② 中华人民共和国政府信息公开条例［Z/OL］.http://www.gov.cn/xxgk/pub/govpublic/tiaoli.html.

网站发布新闻消息，利用电话、传真和电子邮件答复记者问询。[1] 其中最常用的是新闻发布会和通过新闻网站发布公告、声明、新闻消息等。新闻发布会形式多样，还包括吹风会、通气会、背景情况介绍会、工作午餐会等。[2]

（三）媒体发布

灾害信息具有商品属性，可以帮助大众传播媒介获得利润。为了更加真实、详细、及时地获取信息，大众传媒设立了一套专门的信息采集机构并拥有大量的专门工作人员。这些人员具有较强的信息处理能力，既是信息的生产者，也是信息传播的第一个"把关人"，他们对纷繁复杂的信息进行了基本的甄别和筛选，在积极谋求信息的客观性、真实性和公正性的前提下进行信息的量化生产。同时，大众传播媒介具有较大的社会影响力，这些影响力是由于其传播高质量的信息带来的，社会受众可以根据信息信度的高低来决定对该媒体的信任程度。正是由于大众传播中信息的信度相对较高，才使得在灾害事件发生时，社会受众对大众传播寄予了较高的期望值。同时，大众传播拥有的受众越来越多，对传播时效的要求越来越高，在灾害信息快速高效的传播中具有越来越重要的作用。[3]

灾害信息发布中，大众传播媒介是处于核心地位的，可以说大众传播媒介是灾害信息的"主处理器"，专业的人员和设备生产出优秀的灾害信息产品，专业的发布平台保证了灾害信息发布的强大影响力。尽管我们把个人发布和组织发布与媒体发布并列起来，但是必须承认，引起社会公众广泛关注的个人发布信息和组织发布信息，都一定是经由大众传播媒介进行二次发布的。比如地震信息的发布，尽管新浪微博账号"@中国地震台网速报"拥有超过1000万的粉丝，但是大多数人获取地震信息仍然是通过人民日报、央视新闻、新华网等媒体及其社交媒体账号。所以，无论碎片化信息如何获得受众的青睐，主流大众媒体在灾害信息传播过程中仍然发挥着一锤定音的作用。

二、灾害信息发布中的问题

因为灾害信息较为敏感，相关管理部门更加重视对灾害信息发布的指导和监管。由于各类发布主体对灾害信息发布的认识程度存在差异，甚至完全相反，导致灾害事件中的信息发布效果不一，科学恰当地发布有助于有效引导社会舆论，形成救灾合力；不当的信息发布可能使社会舆论环境进一步恶化，甚至引发次生灾害。通过对近年来各类案例的分析，总结出当前我国灾害信息发布主要存在四类问题。

① 王彩平. 危机应对：政府如何发布新闻 [M]. 北京：国家行政学院出版社，2012：63.

② 靖鸣，刘建明. 实用新闻发布学 [M]. 北京：新华出版社，2009：11-12.

③ 刘晓岚，徐占品. 灾害事件中信息传播流程特点探究 [J]. 福建论坛（社科教育版），2008（8）：189-191.

（一）滞后发布

灾害信息发布对时效性的要求较高，人民网舆情频道曾经提出过舆情应对的"黄金四小时"法则，主要是针对各类舆情主体，在出现负面舆情事件之后，最好四小时内进行回应。其实，对于灾害信息发布来说，四小时已经不能满足社会公众的信息需求了。常常因为几分钟、几十分钟的空窗期，就会招致一片抱怨，进而影响各类发布主体的公信力了。

即便如此，在各类重大灾害事件中，相关组织和媒体的信息发布滞后问题仍然存在并较为普遍。2015 年 8 月 12 日 23 时许，天津港危险化学品仓库"瑞海"公司起火并发生爆炸，造成 165 人遇难。这样一场引发社会公众广泛关注的灾害事件，天津市直到 8 月 13 日 16 时 30 分才召开第一次新闻发布会，此时距离事件发生已经过去 17 个小时。正是在权威信息缺席的这 17 个小时里，互联网上谣言不断升级，舆情混乱。[①]同样，在 2016 年邢台"7·19"洪灾中，邢台市政府召开的第一次新闻发布会是在 23 日上午。2018 年 8 月 17—19 日，山东寿光强降雨导致洪灾；8 月 23 日，潍坊市人民政府召开抗灾减灾新闻发布会，向社会各界通报相关情况。2018 年 11 月 4 日，停靠在福建泉州码头的一艘石化产品运输船发生了产品泄漏，造成 69.1 吨碳九产品漏入近海，严重污染了水体，网络舆论开始热炒，当地居民人心惶惶；11 月 8 日晚，泉州市政府新闻办才就该事件及处置情况发布通报。

一次次的灾害，一次次舆论危机，又一次次演变成信任危机。当公权力失去公信力时，无论发表什么言论、无论做什么事，社会都会给予负面评价。[②]灾害信息发布滞后正在成为一种顽疾，不断侵蚀政府和媒体的公信力。

（二）失实发布

新闻发布是为了向社会公众传播真相，但是在发布过程中会出现失实发布的情况。一方面，新闻事实正在发展变动之中，对事件的起因、经过和造成的后果的认识处于不断深化之中。另一方面，有一些组织在面对突发事件时，不愿意承认自身存在的问题，不想承担责任，面对新闻媒体或社会公众的信息需求时，发布虚假信息，误导社会舆论，企图蒙混过关。

2016 年 12 月，媒体曝光辽宁省鞍山市岫岩满族自治县瞒报 2012 年洪灾死亡人数。2012 年"8·4"洪灾造成岫岩县 38 名村民遇难，而政府上报的数字却是"死亡 5 人、失踪 3 人"。辽阳县至少 7 人遇难，而当地政府在灾后的统计结果却是"没有

---

① 丁柏铨. 对天津港爆炸事件新闻发布会得失的思考 [J]. 新闻爱好者，2016（1）：8—12.

② 朱铁志. 从"塔西佗陷阱"说起 [J]. 今日浙江，2014（5）：61.

一人因灾伤亡"。①2018年11月4日凌晨，福建泉州码头一艘石化产品运输船发生泄漏，69.1吨碳九产品漏入近海，造成水体污染。事故发生后，泉港区环保局发布通告称，共有6.97吨碳九物质从装卸码头和油船之间的连接软管处泄露。同日，再次发布通告，称"由于及时展开应急处置工作，当天下午就已经基本完成海面油污基本清理，大气挥发性有机物浓度指标也达到安全状态"。但在此前后，不少当地居民和自媒体爆出"空气难闻，令人不舒服"。②

灾害信息具有特殊性，甚至关系到政府官员和组织负责人的切身利益，在各种利益权衡之后，相关部门采取瞒报的方式进行发布。在新媒体时代，舆论监督呈现出新的形态，监督主体无处不在，一旦真相公之于众，必将引发舆论哗然，可见灾害信息传播中的失实发布会造成很大的负面影响，往往在严肃追责之后才能逐渐平息。为了避免出现这种现象，国家出台相关法律法规对突发事件尤其是灾害事件中的信息发布进行约束，但是仍然有一些发布主体铤而走险，以身试法。

（三）错位发布

灾害信息发布要直截了当，发布受众最为关心的问题。而在具体实践中，却常常出现信息发布与信息需求之间的错位，受众关心的没发布，发布的信息受众不关心，这就大大降低了信息发布的效果，甚至适得其反，造成社会公众的反感，引发新的舆情。

2012年5月10日，云南省巧家县白鹤滩镇花桥社区便民服务大厅发生一起爆炸事件，导致3人死亡、16人受伤。随后，巧家县委政府网站对此事进行了通报。通报全文798字，在用一句话介绍爆炸发生的时间、地点、伤亡人数之后，用了675字来详细描述"领导重视"，通报中提及姓名的领导就有市委书记、市长、县委书记、县长、县政法委书记、县委宣传部部长、常务副县长、三名副县长等10人。末段才提及救治和侦破工作进展，称"目前，4名重伤员已送往昆明抢救途中，其余轻伤员正在巧家县人民医院治疗。省、市、县公安机关正全力开展案件侦破工作"，并以"死者、伤者家属情绪稳定，社会秩序稳定"等明显失实的信息结尾。③2015年1月2日，黑龙江省哈尔滨市道外区一日杂品仓库发生火灾，黑龙江省哈尔滨市公安局官方微博"@平安哈尔滨"在3日凌晨发布消息，公布火灾基本情况。通报全文共585个字，其中"领导高度重视"就占去了258个字，提及的部门有省委、省政府、市委、市政府、

———————

① 辽宁辽阳瞒报洪灾遇难数：当初没人统计伤亡人数［N/OL］.澎湃新闻网，http://news.163.com/17/0328/22/CGL9S1GI000187VE.html

② 云间子.福建泉港碳九泄漏 带给我们哪些深刻教训［Z/OL］.侠客岛微信公众号：2018-11-9.

③ 云南巧家县通报白鹤滩镇社区大厅致3死14伤爆炸案［N/OL］.凤凰网，http://news.ifeng.com/mainland/special/yunnanqiaojia/content-3/detail_2012_05/10/14447817_0.shtml.

省委办公厅、省政府办公厅、省安监局、省公安厅、省健计委、省公安消防总队，提及的领导有省委书记、省长、省委秘书长、省政府秘书长、市委书记、市长、常务副市长、宣传部部长、副市长等人，而一些重要信息，如"大楼突然坍塌，造成消防队员伤亡，截至目前，有两名消防战士当场牺牲；15名消防战士及一名保安人员被送到医院救治，其中1名战士经抢救无效牺牲；另有两名消防战士失联；群众全部撤离无伤亡；火灾原因正在调查中"，则在文尾部分一笔带过。①

错位发布归根结底是信息发布主体的媒介素养和意识问题。灾害信息发布之前应该有充分的舆论调查，要了解社会公众关心的话题是什么，出现的情绪主要在哪些方面，如何才能满足受众的知情权并正确引导舆论。如果没有这个前馈的过程，单单从政府官员的思维方式和政府部门的工作惯性出发，就只能"对不上牙口"。

（四）草率发布

新闻发布的最主要形式是召开新闻发布会。新闻发布会一般包括两个环节，第一个环节是主动发布，第二个环节往往是答记者问。由于灾害事件新闻发布会特殊的内容和对象，必须庄重严谨、准备充分。一旦缺乏必要的准备，就很容易在答记者问环节被问得手足无措、"下不来台"。

2011年7月23日，北京开往福州的D301次列车与杭州开往福州的D3115次列车在温州境内发生追尾事故，造成40人死亡、172人受伤，直接经济损失19371.65万元。24日晚，在事故发生26小时后，官方召开首次新闻发布会，原铁道部新闻发言人王勇平通报事故情况，并回答记者提问。正是在这次新闻发布会上，"至于你信不信，我反正信了""这只能说是生命的奇迹"等语句在网络上热传并遭到批评。据了解，王勇平是在刚下飞机匆匆赶到现场，来不及了解情况的背景下参加新闻发布会的。②这不是个人失误，而是发布安排的失误。2015年天津港特大爆炸事件中的新闻发布也是较为轻率的，新闻发言人在媒体和记者面前屡现"本领恐慌"，不敢说话、不会说话、不善说话，面对记者提问，在回应中频频使用"不清楚""不掌握""不了解""无法回答"等词语。当场内记者高声喊出"只峰是谁"时，现场的新闻发言人也是一脸茫然，后来直接不再直播答记者问环节。③

灾害事件引发的社会关注程度高，新闻媒体和社会公众迫切需要了解相关信息，而互联网上充斥着大量流言，发布权威信息是最重要的传播手段。面对强烈的信息需

---

① 哈尔滨市通报"道外区太古街727号库房火灾"基本情况［N/OL］. 人民网，http://society.people.com.cn/n/2015/0103/c1008-26314228.html.

② 尹新蚕. 我国政府新闻发言人的角色困境与出路分析——"以7·23甬温线"新闻发言人为例[D].中共上海市委党校，2016.

③ 丁柏铨. 对天津港爆炸事件新闻发布会得失的思考［J］. 新闻爱好者，2016（1）：8-12.

求，新闻发布活动中任何瑕疵都可能聚焦舆论批评，除了准备不足之外，诸如原陕西省安监局长杨达才在车祸现场微笑等失误也常常引发关注，成为负面舆情的导火索。

■ 三、健全灾害信息发布机制

信息发布常态化应该是信息公开的一个发展方向，但是目前我国正在仍然处在强制发布向主动发布的过渡期。在灾害事件中，不能准确研判在灾害事件的社会影响、不想主动发布信息、不敢主动发布信息、不会主动发布信息仍然是大多数政府部门和社会组织的"阿喀琉斯之踵"，因此，建立健全灾害信息发布机制就显得尤为必要。

（一）强化法律法规的硬性约束

目前，我国已经出台的多部法律法规都包括对灾害信息发布的约束和限制，《中华人民共和国突发事件应对法》第四十三条中规定"可以预警的自然灾害、事故灾难或者公共卫生事件即将发生或者发生的可能性增大时"，县级以上政府应当"发布相应级别的警报""向上一级人民政府报告，必要时可以越级上报，并向当地驻军和可能受到危害的毗邻或者相关地区的人民政府通报"；第四十四条中规定发布三级、四级警报，宣布进入预警期后，县级以上政府应当责令有关机构和人员"及时收集、报告有关信息，向社会公布反映突发事件信息的渠道，定时向社会发布与公众有关的突发事件预测信息和分析评估结果""向社会发布可能受到突发事件危害的警告，宣传避免、减轻危害的常识，公布咨询电话"；第四十五条规定发布一级、二级警报，宣布进入预警期后，县级以上政府还应当"及时向社会发布有关采取特定措施避免或者减轻危害的建议、劝告"；第五十三条规定"履行统一领导职责或者组织处置突发事件的人民政府，应当按照有关规定统一、准确、及时发布有关突发事件事态发展和应急处置工作的信息"；第五十四条规定"任何单位和个人不得编造、传播有关突发事件事态发展或者应急处置工作的虚假信息。"

《自然灾害救助条例》第十三条规定县级以上政府或者自然灾害救助应急综合协调机构应当"向社会发布规避自然灾害风险的警告，宣传避险常识和技能，提示公众做好自救互救准备"；第十四条规定"自然灾害发生并达到自然灾害救助应急预案启动条件的"，应当"即向社会发布政府应对措施和公众防范措施"；第十七条规定"灾情稳定前，受灾地区人民政府民政部门应当每日逐级上报自然灾害造成的人员伤亡、财产损失和自然灾害救助工作动态等情况，并及时向社会发布。灾情稳定后，受灾地区县级以上人民政府或者人民政府的自然灾害救助应急综合协调机构应当评估、核定并发布自然灾害损失情况"。

《中华人民共和国防震减灾法》第二十九条规定了地震预报意见的发布制度，"国家对地震预报意见实行统一发布制度"，全国范围内的地震长期和中期预报意见，由国务院发布；省、自治区、直辖市行政区域内的地震预报意见，由省、自治区、直辖市人民政府按照国务院规定的程序发布；任何单位和个人不得向社会散布地震预测意见。同样，《地质灾害防治条例》第十七条规定"国家实行地质灾害预报制度"，预报内容主要包括地质灾害可能发生的时间、地点、成灾范围和影响程度等；任何单位和个人不得擅自向社会发布地质灾害预报；第四十条规定"隐瞒、谎报或者授意他人隐瞒、谎报地质灾害灾情，或者擅自发布地质灾害预报的"，依法追究责任。

《中华人民共和国政府信息公开条例》第十条规定县级以上各级人民政府及其部门应当并重点公开"突发公共事件的应急预案、预警信息及应对情况；环境保护、公共卫生、安全生产、食品药品、产品质量的监督检查情况"；第十一条规定设区的市级人民政府、县级人民政府及其部门重点公开的政府信息还应当包括"抢险救灾、优抚、救济、社会捐助等款物的管理、使用和分配情况"；第十二条规定，乡（镇）人民政府应当重点公开"抢险救灾、优抚、救济、社会捐助等款物的发放情况"。2016 年印发的《国务院办公厅关于在政务公开工作中进一步做好政务舆情回应的通知》中明确把"涉及突发事件处置和自然灾害应对的舆情"列入各地区各部门需重点回应的政务舆情范围。

灾害信息发布有法可依，更要做到"有法必依，执法必严，违法必究"。对于不能够按照要求进行信息发布的，要依法追究相关部门和人员的责任，对于因为发布滞后、发布不实、发布不当等造成消极影响的，无论是组织还是个人，都要从严追责，确保灾害信息发布的法律权威，

（二）推动考核评价的导向作用

除法律法规的硬性约束外，还要充分发挥考核评价的导向作用。对于大多数政府机构和社会组织来说，信息发布仍然具有较大的不确定性，甚至是需要承担较大风险的，意识上缺乏积极主动，开展方式上缺乏创新，与新闻媒体打交道的能力有待提升，常常与灾害事件中的社会情绪产生碰撞，形成负面舆情。

对灾害信息发布要实施绩效考核。各级党委和政府在推动政务公开的基础上，更加注重对突发灾害事件信息发布的考核，进一步督促具有发布职责的主体在规定事件内面向媒体和公众如实主动发布信息，通报事实、答疑解惑、引导舆论。绩效考核要以需求为导向，突出效果检验，要把信息发布提高到维护意识形态安全的高度，要坚持"以人民为中心"，把人民群众满意不满意作为重要的评价指标。重视考核结果的运用，将其纳入目标考核，对在突发灾害事件中有效开展信息发布的组织，要充分肯定，给予物质和精神奖励，对在信息发布方面表现不佳的组织，要对

其领导班子和主要负责人进行通报批评。

建立灾害信息发布的容错机制。灾害信息发布工作压力大，在经由媒体传播至社会公众的过程中，容易出现信息的变异，导致受众的误解误传，从而对信息发布主体造成一定的负面影响。在意识形态工作责任制及相关考核中，要将之与因不发布晚发布错发布导致的问题区分开来，要敢于给这样的单位和个人撑腰鼓劲。这样有利于打破各类组织在灾害信息发布活动中的顾虑，从而更好地推动信息公开，营造良好的防灾减灾救灾氛围。

（三）提升发布人员的能力水平

从区域和层级来看，我国的信息发布工作表现出明显的不平衡，层级越高信息发布越规范，层级越低发布越困难，经济发展好的地区信息发布工作效果明显，经济发展差的地区对信息发布越不重视。具体到灾害信息发布，还表现出灾害频发地区的信息发布工作优于灾害少发地区。而各地区各组织面临的共性问题是人的问题。

信息发布工作对人的要求很高，既要具有较高的媒介素养，又要对本部门的业务工作了如指掌，还要对国家关于信息发布的法律法规熟稔于心。但是这样的人员是稀缺资源，尤其是越往下越稀缺，正是缺乏专业的人员力量，才导致很多部门在信息发布时心里没底，从而影响工作实效。

开展专门的信息发布培训，可以一定程度解决发布主体的"本领恐慌"。培训要抓好两头，一头抓"领导干部"。需要对领导干部讲清楚当前的传播生态，使其真正认识到信息发布工作的重要性，以及不履行信息发布职责可能面临的风险，领导干部尤其是单位主要领导干部重视信息发布，会对团队建设、条件保障、工作开展方面进行支持，从而促进信息发布工作的开展。另一头抓发布人。就是对具体负责该项工作的人进行业务培训，帮助其建立完善的知识和技能体系，通过演练操作，增强其工作能力，强化其工作认同，切实开展好信息发布。

（四）培养社会公众的媒介素养

我们在前面用专门的章节分析了提升社会公众媒介素养的必要性、可行性和实施路径，此处不再赘述。但是我们需要强调的是，无论何种发布主体，媒介素养都是极其重要的。一方面可以帮助其了解信息发布的基本规范，减少发布无效信息和错误信息，避免制造谣言和传播谣言，使自己或本部门免于受到舆论谴责和法律制裁，真正实现在灾害事件中"帮忙而不添乱"；另一方面，媒介素养可以帮助其准确研判社会公众的信息需求，选择适当的时机以适当的方式发布适当的内容，正确引导社会舆论，树立个体和部门的社会形象。

第三节　灾害信息反馈

清华大学李彬教授认为，早期传播理论都含有两个基本假设：一是认为大众媒介具有无往不胜、难以抵御的传播威力；二是认为受众处于被动挨打、不堪一击的地位。这两个假设又互相关联、互为因果。正因为媒介威力无边，所以受众才显得软弱可欺，也正因为受众一触即溃，所以媒介便更加为所欲为。[①] 在大众媒介作为极端紧缺资源的时代，受众在传播过程中的地位被压制，成为一个单纯的传播对象。但是，随着大众传媒出现竞争，受众可以进行自由选择时代的到来，一个完整的链条才映现在我们面前，受众的信息反馈在传播中的重要地位才得以展现。

■ 一、灾害信息反馈的三种形式

灾害信息反馈不同于普通的信息反馈，这是由灾害信息及其传播过程的特殊性决定的。一般意义上的信息反馈主体自由度大，何时反馈、如何反馈、反馈什么，只要不触及法律底线和道德底线，都是没有限制的，反馈的信息只是一种对信息传播的态度和诉求，很难在社会生活中发挥作用。但是灾害事件中的信息反馈不同，有的内容承担着向灾害管理部门和救援部门提供信息的任务，对灾情调查、精准救助、灾区稳定都起到了重要的作用。归纳起来，灾害信息反馈主要有技术反馈、被动反馈和主动反馈三种形式。

（一）技术反馈

获得反馈信息是传播者的意图和目的，发出反馈信息是受众能动性的体现。[②] 在人际传播、群体传播和组织传播中，常常包含面对面的非介质化传播，信息的生产、发布、反馈是即时性的，并且呈现为一一对应关系，这就是我们常说的"一问一答"，语言内容、言说方式、表情态势都会作为信息反馈给传播者。但是随着信息复制技术的发展，大众传播媒介影响的受众数量在爆炸式增长，但是其与受众之间的距离也越来越远，获得精准的反馈信息成为一件十分困难的事情。

从生产到发布的过程是有迹可查的，可以清晰地看到生产过程和发布过程，但是灾害信息能否到达受众，到达多大范围的受众，却是很难监测到的。大众传媒也认识到了这一问题，采用了各种方法提升反馈效果。开通读者信箱，设立读者电

---

① 李彬. 传播学引论（增补版）［M］. 北京：新华出版社，2003.
② 郭庆光. 传播学教程［M］. 北京：中国人民大学出版社，1999：73.

话，甚至专门在宝贵的版面资源和节目资源中刊登播出受众的反馈信息，但是收效仍然不大，于是央视索福瑞之类的收视率调查公司开始出现，用调查的方式来获取反馈信息，可谓费钱费力，也从一个侧面反映出受众反馈对信息传播的重要性。

新媒体传播和大数据解决了这个问题。电子化的信息方式使得每一个受众的信息接受行为变成了一个可存储、可读取、可计算的数据，信息传播的全过程更加透明。新技术使得此前分散、隐蔽的受众反馈集合并呈现出来。在互联网后台可以清晰看到某一条信息或某一类信息的点击量，在微博上可以看到一条推送内容的点评赞情况，微信朋友圈里可以看到点赞，公众号可以准确记录订阅人数、阅读人数和点赞评论等内容。除此之外，各类网络平台都可以根据算法来了解公众的信息需求，并为其推荐相关的信息产品。可以说，技术反馈具有便捷性，正在成为传播者和传播平台调整传播行为的重要依据，在新传播模式中发挥重要作用。但是我们也要看到，技术反馈是一种比较简单的反馈形式，只能记录受众对灾害信息的阅读数量，但是并不能透析其对信息内容和传播方式的态度。

（二）被动反馈

技术反馈是针对传播者来说的，在技术更新中传播者占据主动地位，因为对于受众来说，这种信息接受行为是一直存在的，只是新的技术实现了对这些反馈信息的精准收集。在灾害信息传播中，还需要掌握灾害信息传播链条的完整性，受众对信息的认可程度，灾区受众和外围受众的信息需求。这就需要通过各种方式来拉近传播者与受众之间的距离，倾听他们的真实想法，在传统媒体时代，这种方式主要表现为传播者主动开展的信息收集行为，在这个过程中，受众接受传播者的问询，按照传播者的要求来反馈信息，是为被动反馈。

被动反馈主要通过传播者召开受众座谈会、电话访问、计算机辅助电话访问（CATI）等方式来进行。此类方式是传统的收视率调查、满意度调查的常用方法。被动反馈的优点是反馈内容比较深入，既可以获得受众的选择意愿，还可以获得受众的选择原因，甚至可以获取受众的相关建议。但是缺陷也是显而易见的，就是受众反馈的数据量少、代表性差，座谈会一次只能十数人到数十人，且受到空间制约。电话访问或CATI的到达率低，很多受访者配合度不高。

灾害事件中的信息反馈情况优于其他信息反馈情况，这主要是因为灾害事件本身具有的严肃性，更容易使访受双方之间建立信任，从而在到达率和诚实度等方面更高一些。据国家统计局社情民意调查中心人员表示，关于气象服务和防震减灾服务方面的调查，社会公众的参与度相对较高。无论如何，这种费时费力的获取反馈的形式正在日渐式微，终将被依托互联网平台和大数据技术的主动反馈形式所取代。

（三）主动反馈

主动反馈是灾害信息传播中的重要形式，这与互联网媒介的兴起并迅速融入社会生活的每一个角落是分不开的。针对各类主体发布的灾害信息，庞大的受众群体认识不同、态度不一。他们会将自己的态度和观点通过互联网平台进行反馈，这是受众在传播活动中的自觉。只不过在传统媒体时代，反馈的渠道比较单一，反馈难度大、成本高，受众在核算之后，对自身的反馈权利主动放弃，加剧了传播者与受众之间的隔阂。新媒体的出现彻底改变了这种状况，大大增强了受众进行信息反馈的便捷性，网络传播方式和各类社交媒体的出现，唤醒了受众的反馈意识，在创新扩散的过程中不断强化信息反馈。

灾害信息传播中的主动反馈与灾害信息发布有着明显的区别。灾害信息发布的主体是传播者，灾害信息发布的过程是直接从灾害事件到生成灾害信息的过程，生成的灾害信息是原创的，是直接由灾害事件引发的。主动反馈的主体是受众，主动反馈的过程是受众接收灾害信息后对生产者和发布者做出的反应，是由灾害信息引发的二次信息生产。在新媒体时代，这二者之间的界限越来越模糊，甚至在实际操作中难以区分，这是因为主动反馈也面临着一个信息生产的过程，即反馈内容的生产，但是诱发因素和生产目的仍然具有显著差异，这是进行区分的主要标准。

灾害信息传播中主动反馈主要有三种类型：第一种类型是对上位信息的补充。自上而下的灾害信息传播往往是通过技术手段获取并发布灾害信息，但是信息发布的完整性和信息发布的时效性之间此消彼长，发布越快完整性越差，发布越慢完整性越好。这就需要通过受众反馈来补充灾害信息，以满足受众的信息需求，并为灾害救助提供更为详细的参考。最具典型性的例子就是中国地震台网速报微博，在发布地震信息后，迅速有灾区受众补充自己所在区域的震感和损失情况，成为地震灾害救援的重要依据。第二种类型是对灾害情况的提问。此种情况主要发生在灾害信息传播意见领袖身上。他们在发布关于灾害的权威信息后，就在一定程度上获得了信息的定义权，希望了解更多灾害情况的受众就会对其提出新的问题，比如气象灾害发生后，社会公众会向中国气象局微博和中央气象台微博问及自身所处位置是否也会发生灾害或他处的灾害会不会影响自己。第三种类型是对上位信息的评价。受众对灾害信息的理解不同，也会对发布信息生成不同的态度，通过反馈的形式来表达自己的赞同、反对、质疑、愤慨等观点和情绪。

可以说，在所有的反馈类型中，主动反馈的价值最大，对灾害信息传播和救助所发挥的作用也最大，是反映灾害事件中社会意识形态的晴雨表和温度计，是灾害舆情监测的重要指标。

■ 二、反馈信息的应用处理

灾害传播中受众的反馈信息是分散和碎片化的。其一，分布在不同的平台之上。当前互联网社交平台数量繁多，加之各类门户网站的新闻都开通了评论功能，传播者的灾害信息发布分散在不同平台，受众的信息反馈就会分散在更多的平台。其二，受众的反馈形式多样。有简单的到达反馈，也有主动的态度、评价反馈，更有许多利用反讽、隐喻方式进行的反馈，如果沉浸在文本之中，很难观察到灾害信息反馈的主流和态势，在信息生产发布和正面舆论引导中出现偏颇。第三，受众的反馈往往是碎片化的。受众不是专业的信息生产者，他们的反馈往往是只言片语，并且要紧密结合上位信息的语境来进行互文式理解，这就使得灾害信息反馈更加复杂。正是考虑到这一实际情况，灾害信息传播会面临一个信息收集的问题。

（一）信息收集与舆情监测

反馈信息的收集其实就是一个舆情监测的过程。为了及时了解社会公众对某一事件某一部门的态度，不少组织开展了以维护形象为目的的舆情监测工作，随着社会治理和信息传播对舆情收集工作的重视，舆情市场应运而生，并且越做越大。目前，市场上各类舆情监测软件种类数以千计。

舆情监测的基本原理就是爬虫技术，监测范围就是全网信息，有的可以监测到境外脸书、推特等境外媒体信息，有的可以在一定范围内监测微信朋友圈信息。监测方式大都是关键词监测。舆情监测最主要的优势是可以对全网信息进行整合，按照需要来监测所需的信息，这样就可以挣脱微观信息的羁绊，从宏观上用量化比较手段对发展态势做一个全景式观照。

舆情监测的一个关键问题是对信息监测范围的扩展，只有把所有信息都收集起来，才能更加准确地了解社会公众的观点和诉求。以中国地震局为例，专门在直属单位成立涉震舆情研究室，开展 7×24 舆情监测，对所有涉及地震和地震局的信息都进行分析，其中重点包括对国务院涉及防震减灾工作的重大政策措施和中国地震局重大政策措施存在误解误读的舆情事件；防震减灾领域涉及公众切身利益且产生较大影响的舆情事件；防震减灾工作中涉及民生领域严重冲击社会道德底线的舆情事件；涉及重大地震灾害的舆情事件；上级部门要求下级部门主动回应的政务舆情"，[①]并从中发现社会公众对涉震信息的反馈，重点关注需要通过再反馈进行回应和处置的信息。舆情监测也面临一个难题，就是收集到的信息并非全是反馈信息，其中也包括各类主体发布的一手信息，也就是所谓的上位信息，在这个问题上，在

---

① 中国地震局.关于印发《中国地震局舆情监测与处置联动方案》的通知［Z］.2016-11-28.

一定程度上体现了技术失灵，目前单纯依靠舆情软件是解决不了的。但是，从宏观角度来看，对二者进行区分并没有太大意义，对反馈信息合理利用才是最重要的。

在灾害信息传播中，收集受众的反馈信息对灾情的获取、灾害救助的精准开展、调整灾害信息传播的策略具有重要意义，这也是在历次灾害事件中，党中央国务院和各级党委政府高度重视的一个方面，因此，做好涉灾舆情的收集是灾害信息传播的重要内容。

（二）信息利用与舆情研判

收集到的舆情信息要想发挥作用，还需要对其进行充分梳理、分析、研判。受众是由个体组成的，每一个体对符号的解码都是由其主观认识决定的，所以信息反馈的是一种纷杂状态，内容、形式、平台及语境都是不一样的，一团芜杂的信息，利用起来是难度很大的。

信息利用的前提是对收集的反馈信息进行数据处理，通过数据算法实现信息的规则化梳理，把无序的信息变成条理的数据，这样就可以对受众的反馈信息进行宏观把握，从而窥伺出数据中的受众信息偏好和舆情发展趋势。信息利用的一个重要指标是数量，也就是受众集中反馈的信息往往是容易引发舆情的热点内容，是需要重点关注的。

灾害舆情研判要在反馈信息利用的基础上进行分析，要综合考虑灾害事件造成的伤亡和损失情况、社会公众的情绪、上位信息的发布情况、舆情的时空范围等，还要通过受众的反馈行为变化来判断舆情事件所处的阶段，是在萌发期、发酵期、高潮期，还是在回落期、平复期，更要利用受众的反馈信息文本来判断公众关注话题，剖析舆情根源。总之，在灾害事件中，必须借助社会公众的反馈信息来进行舆情研判，从而确保灾害信息生产、发布环节减少盲目性，实现与社会公众的良性互动，在灾害事件中有效引导社会舆论，防止各类虚假信息和有害信息影响灾害救助和灾后重建，并被泛政治化解读从而影响国家的意识形态安全。

（三）信息评价与舆情处置

受众反馈的信息进行标准化处理之后，才能在舆情研判中的发挥作用，也才能为此后的舆情处置提供基础。灾害事件中的负面舆情常常成为影响政府、媒体、公众之间信息互动的制约因素，打破信息传播的正常运行，横生枝节，带节奏，吸引公众目光，从而消解灾害信息传播的舆论氛围。基于此，对灾害事件中的舆情事件进行及时处置和应对，解决现实问题，引导舆论回归，实现灾害信息传播的有效运行。

灾害信息传播中的舆情处置是依据反馈信息评价进行的。分析研判之后，要生成舆情应对建议，这一建议是要紧紧围绕反馈信息的内容。评价的重点是将反馈信息还原到事实中去，核对反馈信息的真实性，并判断其中存在的合理诉求和情绪化表达。在今年的灾害事件中，常常出现涉灾谣言，这些谣言信息有的是主观恶意造假产生的，还有一部分是对上位信息的误解。比如频繁出现的《地震警示！》谣言，在各地的出现具有阶段性特征，充分说明是对以往信息的误解误传，这就需要在舆情监测中进行准确评价，从而判断信息的性质，确定应对策略。

舆情应对最主要的是发布权威信息，这对时效性有很高要求。随着即时性社交媒体的发展，信息传播周期再一次缩短，新闻和信息的呈现方式不再以小时而是以秒计，这就要求舆情处置要加快反应速度，才能抢占先机，越早介入舆情事件，越有助于舆情消退。①舆情处置要坚持真实性原则。一句谎言需要用更多的谎言来遮掩，谎言越多，露馅的概率越大，一旦被发现说谎，就会造成更大的危机。舆情的化解是以舆情事件的解决为前提的，必须合理合法解决现实中的问题，在此基础上及时面向社会公众发布信息，才能彻底消除社会公众的汹涌舆情。

■ 三、灾害信息反馈之再反馈

灾害信息传播的最小单元是一个传播链条，这个链条始于传播者的灾害信息生产，经过媒介 / 个体的灾害信息发布，由受众的灾害信息反馈结束（图 8.1）。

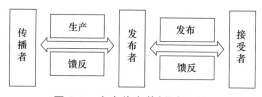

图 8.1　灾害信息传播过程图

这看似一个闭合的传播链条，但是现实之中的信息传播并非如此简单。尤其是在舆情事件之中，接受者的信息反馈通过互联网平台聚合形成舆情，生产者和发布者通过舆情监测和舆情研判，掌握反馈信息并开展舆情处置，在处置环节会出现生产发布与反馈的多次互动，直至舆情进入平息期。从这个角度来看，灾害信息反馈并不是一个传播链条的终结，而是舆情处置的起端。

（一）再反馈的主体

灾害信息传播与新媒体平台的耦合进一步加大了受众的反馈意识和反馈能力，传者和受者之间存在高频次多回合互动。从这个角度来说，再反馈就是舆情回应的过程。再反馈的主体也是舆情回应的主体。在一个完整的传播链条里，再反馈的主体可以视情况分为不同类型。

再反馈的第一类主体是信息的发布者。其发布的上位信息进入传播渠道到达受众之后，受众通过各类平台进行反馈，发布者通过舆情监测获取反馈信息，并针对反馈信息

① 邹建华 . 微博时代的新闻发布和舆论引导［M］. 北京：中共中央党校出版社，2012：40.

进行反馈，这类再反馈是一种答疑解惑式的。大多数舆情事件的应对都采用此方式。

再反馈的第二类主体是信息发布者的上级组织。由于灾害事件中的舆论引导及其重要，所以高度重视灾害信息反馈之再反馈的效果，一旦反馈的信息超出了发布者的回应范围，或者发布者已经丧失社会公众的信任，发布方就会求助可以综合协调、更具权威的发布主体。

再反馈的第三类主体是其他社会组织或个人。灾害事件中的信息反馈涉及方方面面，有时候会超出发布者及其上级组织的职责范围，需要沟通协调权威机构或个人做出回应。比如在灾害事件中，新闻媒体或灾害管理部门发布信息后，在一定范围内出现涉灾谣言的反馈，造成社会恐慌。舆情监测之后，一方面通过发布者发布辟谣信息，同时也需要公安部门来发布造谣的法律后果，必要时发布造谣事件的处理结果。

（二）再反馈的形式

发布权威信息。要牢牢把握权威信息发布的主动权，做灾害事件的第一定义人。监测到需要回应的舆情之后，涉事部门要利用好舆情回应的"黄金四小时"。通过网站和社交媒体发布权威信息。权威信息主要包括事件真相、初步处置情况、媒体和公众关切的问题、事件处置的情况。要加大权威信息的发布频率，成为媒体新闻报道的消息源，有效引导社会舆论。

召开新闻发布会或吹风会。重要舆情回应要求在 24 小时之内召开新闻发布会或吹风会。其他舆情事件酌情决定是否召开新闻发布会或吹风会。召开新闻发布会或吹风会要明确发布主题，确定新闻发言人，对发布的内容要进行严格把关。一般情况下，新闻发布会在室内举行，必要时，可以选择在救灾现场、重大工程场地举行。

接受媒体采访。出现舆情事件时，各单位可以主动联系媒体进行采访活动，遇到媒体采访时，一般情况下不应生硬拒绝。要利用好媒体采访的有利机会，对媒体讲明事件原委，必要时可以帮助媒体联系第三方专家，对相关内容进行印证，以便更好地引导舆论。

（三）再反馈的制度保障

重视主动发布信息平台建设，搭建新媒体传播矩阵。舆情回应要适应传播对象化、分众化趋势。进一步提高政务微博、微信和客户端的开通率，充分利用新兴媒体平等交流、互动传播的特点和政府网站的互动功能，提升回应信息的到达率。将官方网站、官微、公众号和部分个人微博、微信，组建成一个覆盖范围广、传播效率高的新媒体矩阵，在舆情回应时统一审核发布权威信息。同当地的宣传部门、网信部门建立快速反应和协调联动机制，加强与有关媒体和网站的沟通，充分利用好传统媒体平台，共同做好信息到达和舆论引导工作，进一步扩大回应信息的传播范围。

　　要将政务舆情回应情况作为政务公开的重要内容纳入考核体系。对出面回应的工作人员，要给予一定的自主空间，宽容失误。

　　建立政务舆情回应激励约束机制。将舆情工作纳入各项评比表彰范围。对工作消极、不作为且整改不到位的单位和个人进行通报或约谈。对不按照规定公开政务信息，侵犯群众知情权且情节较重的，会同监察机关依法依规严肃追究责任。定期对舆情回应的经验做法进行梳理汇总，定期召开舆情回应经验交流会，对先进典型进行推广交流，对先进单位、先进个人进行表彰。

第九章　灾害信息传播功能

第一节　救助动员功能

传播功能是指传播活动所具有的能力及其对人和社会所起的作用或效能。拉斯韦尔在 1948 年发表的《传播在社会中的结构与功能》一文中，将传播的基本社会功能概括为以下三个方面：环境监视功能、社会协调功能、社会遗产传承功能。赖特继承了拉斯韦尔的"三功能说"，并在 1959 年发表的《大众传播：功能的探讨》文章中提出"四功能说"：环境监视、解释与规定、社会化功能、提供娱乐。传播学科的集大成者和创始人威尔伯·施拉姆在 1982 年出版的《男人、女人、讯息和媒介》（中译本为《传播学概论》）一书中，从政治功能、经济功能和一般社会功能三方面对大众传播的社会功能进行了总结。他把环境监视、社会协调和遗产传承归入政治功能范畴，把社会控制、规范传递、娱乐等归入一般社会功能范畴，其重要贡献是明确提出了传播的经济功能，指出了大众传播通过经济信息的收集、提供和解释，能够开创经济行为。拉扎斯菲尔德和默顿特别强调大众传播的社会地位赋予功能、社会规范强制功能、作为负面功能的"麻醉作用"。[①]

灾害信息传播的特殊性是由灾害这一反常事件决定的。与其他信息传播活动相比，灾害信息传播的社会功能既有共性特征，也有个性差异。综合分析认为，灾害信息传播主要有三项功能：救助动员、引导监督、科普教育。其中，救助动员是灾害信息传播的首要功能。

■ 一、救助动员功能的表现

灾害信息传播灾害救助功能的发挥表现在两个方面：一是灾害救助；二是社会动员。灾害事件发生之后，救助工作旋即开展，但是救援主体与被救人员之间并不处在同一个对话空间，将二者关连在一起的就是灾害信息传播。

---

① 郭庆光.传播学概论［M］.北京：中国人民大学出版社，1999：113-116.

（一）灾害救助

灾害救助主要有自救互救和外部救助两种形式。自救互救主要是指灾区民众灾后自发开展的救援，是灾害救助中的主要方式，救助及时，救助效果好。专业外部救援是对自救互救的补充，主要作用是打通生命线工程、进行高难度技术性救援。外部救援人员少、难度大、效率低，且对灾害信息准确性的要求很高。

灾害信息的实用性很强。在外围受众看来，它是一种与新近发生或即将发生的灾害相关的一类特殊信息。但是对于灾区受众来说，灾害信息与开展灾害救助和保护生命财产安全息息相关。在所有的灾害事件中，灾害信息传播的理想状态就是让灾害信息在受众之间无障碍传播，使受困者可以发出求救信息，使救援者可以准确获得施救情况，使社会公众可以了解灾害救助的开展情况，并获得参与救助的方式。其中，灾害救助是灾害信息传播最为重要的功能。

从张衡发明地动仪到现在地震信息速报技术的实现，都体现了人类通过收集灾害信息来指导开展精准救助的愿望。无论是日本的应急广播体系，还是我国正在开展的地震预警系统建设，都是在努力修复灾害信息传播可能受到的硬件限制，愈合传播链条内部之间和链条与链条之间的损伤。近年来，气象部门的台风预报受到社会公众的关注和认可。2018年9月第22号超强台风"山竹"造成广东、广西、海南、湖南、贵州5省（区）近300万人受灾，5人死亡，1人失踪，160.1万人紧急避险转移和安置，直接经济损失52亿元。[①]中国气象局及时发布台风预报，并对台风动态及时发布，社会公众可以通过新闻媒体形象地看到台风的行进路径、各地的应对措施和应急管理部门的安全提示、救灾举措。这些信息构筑了一个完整的灾害信息传播体系，极大满足了社会公众的信息需求，对灾害救助提供了有力的信息保障。

无论是传统主流媒体，还是社交媒体，灾害信息传播过程都发挥了重要的救助功能。传统主流媒体收集和通报灾情，调度社会救援力量，尤其是对各类民间救援队等志愿服务性质的非政府组织参与救灾活动进行宏观指导，确保社会资源在灾区的分配更加平衡，最大限度提升灾害救助的效率。社交媒体通过发布个体求助信息的方式来寻求救助。比如，在2013年芦山地震发生后，微博上出现大量寻人信息，并有人发布当地被困人员信息。在这个过程中，微博用户通过人际传播的形式获取灾区的求救信息，再通过微博进行二次传递。微博等社交媒体发挥的是信息扩散的作用，正是这种二次扩散将被困人员的信息及时告知救援人员，在一定程度上增加

---

① 叶昊铭.应急管理部发布台风"山竹"灾情 直接经济损失52亿元［N/OL］.https://baijiahao.baidu.com/s?id=1611949757451010047&wfr=spider&for=pc.

了救援工作的针对性。

（二）社会动员

灾害事件产生的变动常常超出我们的想象，一场灾害可能导致一个民族、一个国家、一个物种的灭亡，一场灾害也可能改变人类文明的进程。人类的历史就是一部灾害史，也是一部与灾害抗争的防灾减灾史。人类在灾害面前，常常渺小如草芥，甚至只能眼睁睁看着山河改貌、同类丧生。但是，随着科技的进步，人类与灾害之间的关系也越来越和谐，摸清灾害发生的规律，提高灾害防治能力，可以有效减轻灾害损失。

灾害发生之后，个人能发挥的作用有限，常常需要一个群体或者一个区域甚至一个国家一起应对。将人们凝聚在一起抗击灾害，就需要灾害信息传播充分发挥社会动员功能。四川汶川 8.0 级地震发生后，新闻媒体通过播报灾情、救助信息，激发了社会公众的共情心、共理心，全国社会公众纷纷慷慨解囊，自发捐款捐物，大批志愿者开展各种形式的救助和帮扶，全国共完成捐款 400 多亿元。

社会动员不只是促进行动，在有些情况下，社会动员表现为阻止行动的开展。自汶川地震以来，中国的志愿者队伍发展开始壮大，在随后的几次灾害事件中，发挥了重要作用。灾区救助需要良好的社会秩序，而灾区物资供应比较紧张，这就决定了不可能容纳过多的救灾人员。2013 年四川芦山地震发生后，不少人凭着一腔热血进入灾区做起志愿者，原本好心想贡献出自己力量的他们却因为缺乏经验而变成了"负担"。当时，有某报记者在其实名认证的微博上发布消息："我遇到了四个成都大学生，三女一男，昨夜开着私家车啥也没带，却强行占据道路资源进入灾区，所谓志愿工作不过是帮助发了一会水，今天上午就又要忙着回成都了。四个人都叼着烟，很自豪地说自己来献爱心的。孩子，变味啦。"甚至因各路救援盲目涌往灾区方向，雅安地区道路拥堵，伤者出不来救援进不去。最后，不得不由国务院办公厅下发通知，要求非紧急救援人员、志愿者等未经批准，尽量不要自行前往灾区。吸取芦山地震教训，此后的重大灾害事件中，新闻媒体及时发布信息，提醒志愿者理性开展志愿活动，避免使灾区"雪上加霜"。

但是，灾害信息传播的社会动员功能是一把"双刃剑"，一旦失控而冲破救灾范畴，就可能引发群体性事件。2019 年 2 月 24 日 5 时 38 分，四川自贡荣县发生 4.7 级地震，震源深度 5 千米。地震发生后，"四川自贡 4.7 级地震""成都地震"等话题持续出现在新浪微博热搜榜上，社会影响很大。灾区受众利用社交媒体传播信息和情绪，直指荣县近期多次地震都是由页岩气开发导致的。震后一小时，微博上出现"何时能上热搜""众筹上热搜""刷话题上热搜"等具有社会动员性质的内容。

据悉，上午10时左右，四川自贡市荣县高山镇100多名群众聚集在镇政府，下午4时左右，微博账号"@曾省"推文称"荣县人民冒雨上街抗议，页岩气开采致本地区及周边近两年频繁地震，要求项目停工，部分游行人员被逮捕，疑似一名携带未成年儿童的女性，连孩子一起被带上了警车，具体情况不明。"当地群众发布的朋友圈截图显示，多段聚集人员打着"抵制页岩气开发"相关横幅的短视频在微信里刷屏。

次日，荣县再次发生两次4级以上地震，尤其是下午的4.9级地震造成2人死亡，引爆了当地公众的情绪。他们自发建立社交媒体群组，开展社会动员，直接导致了上千人围堵县政府，并在与警方的对峙中推倒县政府大门，造成严重的社会影响。此后，社交媒体分别就"刷热搜""质疑相关部门压热搜""26日凌晨3时将发生6级地震谣言""页岩气开采与地震有关"等议题发起动员，当地的群体传播甚至有"取代"当地政府和新闻媒体发布权威之势。在这起事件中，地震事件引发当地群众的集合行为，而灾害信息传播强大的社会动员功能，使得"地震与页岩气开采相关"的流言声量，借助"沉默的螺旋"效应持续上升，压制了地震部门专家发布的本次地震是"构造地震"的观点，直接破坏社会秩序，危及安全稳定。

■ 二、救助动员功能的瓶颈

灾害信息传播的救助和动员功能的发挥受到多种因素的限制，在具体的案例中，功能发挥也不稳定，甚至可能存在风险。在当前的媒介环境中，救助动员功能的发挥面临以下瓶颈因素。

（一）媒介限制

对救助信息来说，既有灾区发出的，又有灾区之外发布的。其中最重要的并且对救助起到作用最大的就是灾区发出的求救信息，这些信息直接决定着整个灾害救助的力度和效度。芦山地震发生后的一个小时里，有1300余条微博信息发出了"雅安发生较为剧烈地震"的信息。但是灾害信息传播基于这样一个前提：电力设施和互联网通信网络未遭到严重破坏。一旦遭到破坏，灾害信息传播的所有功能都会大打折扣，甚至完全丧失。事实如此，2016年7月3—5日，湖南益阳部分地区遭受泥石流和山洪地质灾害，600多个移动通信基站停电停止工作，造成通信信号中断；2017年9月23—25日，陕西平利县境内连降大雨，导致各个乡镇不同程度受灾，2个村断电，14个村通信中断。2018年7月4日，湖北遭遇入梅来第三轮强降水，灾害天气造成移动通信千余基站停电，600余基站退服，40余根线路杆倒塌。此外，灾害信息传播还需要传播者具备一定的技能，自然灾害多发生在经济比较落后的西部山区，群众文化水平不高，长期居住人员多为留守的儿童、老人和妇女，他们在媒介的拥有和使用方面均属于弱势群体，习惯于被动接受信息，通过主动传播信息开展救助或动员的可能性较小，并不现实。

（二）信息碎片化

灾害信息，尤其是社交媒体上的灾害信息，具有碎片化特征，一方面是传播平台对内容长度往往予以限制，导致传播者在信息发布时要尽量压缩字数，长话短说。编码的过程就是对信息进行简化的过程，符号在传递给其他受众尤其是救援组织时，还要对符号进行扩展性解码，从简化到扩展，一手信息经过了两次主观加工，信息内容会发生改变，影响救助的效率。此外，社交媒体信息的碎片化与社会公众对时效性的过度追求具有因果关系。移动社交媒体作为互联网媒介的延伸，其信息传播优势主要体现在时效性、互动性和草根性等方面。灾害事件发生后，对于受灾者来说，时间就是生命，各种求助信息也都会在第一时间传播出去。一味追求时效性，就可能牺牲信息的全面性。这也是导致灾害事件中的社交媒体救助信息碎片化的主要原因。尽管社交媒体可以不断地更新发布事态进展，但是多条信息连续发布时，又难以保证受众对信息的持续关注，可能造成部分信息遗漏而片面理解，从而影响到救助和动员功能的发挥。此外，灾害信息传播者的认知水平也是导致信息碎片化的原因之一。互联网媒介彻底打破了传统媒体的精英把关模式，将信息的发布门槛降低到了"人人都是传播者"。但是，不同的个体对灾害事件的认知不同，信息发布能力不同，这也就决定了灾害救助信息本身就是参差不齐。[①]

灾害信息的碎片化直接影响灾害救助的效率。灾区常常形成一个个地理孤岛和信息孤岛，迫切需要外部的救援物资进入，尤其是在一些人口稀少的地区，外部救援组织需要获得准确的受灾信息，才能开展具有针对性的救援。但是，碎片化的求救信息多是公众传播者发布的，由于缺乏全面的信息，救援组织无法统筹安排救援，可能违反"先近后远、先易后难"的救援原则，浪费宝贵的时间。除此之外，救助信息的首发者往往是灾害事件中被困的民众，或者是与其有着一定社会关系的人，在发布求救信息时难免带有较强的个人情绪，以引起救援组织的重视而能够在第一时间施救，这也会误导灾害救助和社会动员。

（三）虚假信息

灾害信息传播中，涉及灾害救助和社会动员的虚假信息，主要有两种。一是故意造假。一些缺乏社会良知的人，利用灾害事件中社会公众的同情心来获得个人私

---

① 燕道成. 微博传播的碎片化——以"占领华尔街"为例［J］. 中国石油大学胜利学院学报，2012（4）：31-36.

利，这样严重影响了社会秩序和灾害救助的开展。[1]2013年芦山地震发生后，一名微博用户发布消息："都忙转发一下，一位叫徐敬的女孩，21岁，请速回雅安水城县人民医院，妈妈伤得很重，想见她最后一面。爸爸的号码：151-××××-3486。"很多网友看到之后，不疑有他，纷纷转发，甚至一些经过实名认证的知名人士也转发了这一则信息。但是，很快被微博账户"@江宁公安"证实，雅安根本没有水城县，水城县在贵州，而留的手机号码又是甘肃平凉的，该号码在2012年12月就被媒体揭露高额吸费电话，拨打后就会产生高额话费，一些好心的网友已经上当受骗。[2]在芦山地震中，还有一些微博营销公司的水军账户使用"微博位置造假"软件，以此来增加粉丝，将僵尸账户变为活跃账户。除此之外，还有骗子打着募捐等旗号招摇撞骗，发布一些类似"爱心捐助""赈灾捐款""赴灾区救援需资金"等诈骗短信，社会公众一不留神就会上当。除了故意造假之外，还有一些信息是由于媒体传播特点造成的，公众传播者发布的信息，由于缺乏对新闻事件的具体描述和发布时间的不同，对同一事件发布的内容在传播过程中可能会被认为是两个甚至多个不同事件。比如芦山地震中先后两次在网上广泛传播挖掘机坠崖的消息，而事实上这本来就是同一件事情。

■ 三、救助动员功能的进路

救助动员虽然存在这样或那样的不足，也存在各种传播风险，但是不可否认，它是灾害信息传播过程中非常重要的一个功能，也是灾害信息传播天然具备的一种特质。所以，要通过完善和健全体制机制，来保障灾害信息传播合理发挥救助动员功能，真正对党和政府的灾害应对处置"帮忙而不添乱"，最大限度满足社会公众的信息和救援需求。

（一）畅通灾害信息传播渠道

灾害信息传播是灾害救助工作的耳目喉舌，既要获取信息精准施救，又要传播信息指导自救，保持灾害信息传播渠道的畅通意义重大。

第一，在物质层面上要保障经费投入，在全国范围尤其是灾害易发多发区域，尽快建成应急广播体系，并建设海事卫星等备份通信网络，无论发生什么类型的灾害，都能够确保灾害信息传播的畅通，不再出现因灾害导致交通、电力和通信基站的破坏而导致信息盲区的现象。日本在经历多次重大灾害后，政府和通信运营商联

---

① 陈虹，梁俊民. 微博传播与微博救助 [J]. 新闻记者，2012（2）：53-58.
② 网上出现假地震寻人启事号码疑为高额吸费电话 [N/OL]. 财经网，http://politics.caijing.com.cn/.

合建立了一套完善的防灾通信网络体系，包括中央防灾无线网、消防防灾无线网、防灾行政无线网、防灾互连通信网等。"中央防灾无线网"是以政府各职能部门为主，由固定通信线路、卫星通信线路和移动通信线路组成；"消防防灾无线网"是连接消防厅和都道府县的，在应急过程中实现互联互通的防灾相互通信无线网。①

第二，在技术层面上灾害信息传播要追求时效性和精准性，这就对网络传输速度提出了更高的要求，比如 5G 技术的普遍应用，进一步强化灾害信息的传播效率。此外，信息生产的过程也可以压缩时间，提高精度，既要对灾情自动收集技术进行完善，充分利用大数据、GPS 定位等快速准确获取灾情，再通过 AI 人工智能机器人写稿形式压缩人工写稿的时间，避免人工写稿的主观倾向性。此外，针对极端情况下被埋压人员发出求救信号这一需求，应该积极鼓励社会力量进行技术开发。

第三，在机制层面上要尽力破解那些阻碍灾害信息传播的部门和地区利益的阻碍。近年发生的灾害事件中，作为权威灾害信息发布主体的政府传播者，常常囿于领导传播意识的局限和地区狭隘利益的考量，而对灾害信息传播横加干涉，导致权威信息缺位，杂音噪音肆虐的传播乱象，甚至威胁到区域社会稳定。更有甚者，被国外媒体误读误解误报，向国内倒灌有害信息，影响意识形态安全。因此，要破除机制层面的障碍，确保灾害信息的及时准确传播，切实使主流媒体声音在多元中立主导，正确引导社会舆论。

（二）推进灾害信息供给侧改革

灾害救助中出现的社会动员过度现象，归根结底是主流媒体在灾害信息传播中未能发挥主导地位作用造成的。灾害事件中，受到传播技术和传播理念的双重限制，灾害信息成为敏感信息和稀缺信息，社会公众的需求与主流媒体的供给之间存在矛盾，社会公众的需求是难以改变的，要想调和矛盾，只能通过"供给侧改革"来强化主流媒体的灾害信息传播能力。

党和政府历来高度重视新闻宣传工作，党管媒体、党管网络、党管数据，是党管意识形态的重要手段，也是维护意识形态安全的必要举措。正是深刻认识到传统媒体与新兴媒体之间的竞争可能导致的后果，中央深化改革领导小组果断提出推进"媒介融合"，并逐渐将之延伸到县一级。媒介融合虽然是党和国家的制度安排，但要真正在灾害信息传播中发挥作用，还需要主流媒体积极主动进行"供给侧改革"，切实提升传播力、引导力、影响力、公信力，使受众从"要我看"转变为"我

---

① 钟翠霞. 自然灾害来犯通信运营商如何协助对敌？［Z/OL］. 飞象网，http://www.cctime.com/html/2017-10-11/1326813.htm.

要看"。

突发的灾害事件之后，往往出现一个权威主流信息的空窗期，各类自媒体信息肆意传播，导致各种杂音噪音、流言谣言混淆社会公众的视听，并对后期权威信息的发布形成干扰。这就要求主流媒体尽量压缩这一"空窗期"的长度，将权威部门的权威信息及时传播出去，并利用主流媒体的人力、物力、信息等资源优势，从权威性、全面性、接近性等方面改进信息传播工作，提高传播力和影响力。此外，主流媒体也要严格把关，既要传播公众需求的信息，也要及时纠正和澄清各类错误信息，真正在灾害事件中正确引导舆论，并提升主流媒体的公信力。

（三）加强灾害信息传播协同

灾害信息传播不是在真空环境下进行的，不是传和受的简单组合，是全社会各种因素综合作用的一个信息传递系统。任何因素的介入都会改变灾害信息传播的路径、形式、语义，影响灾害信息传播效果。在主流媒体守正笃行的基础上，充分协同社会各方力量，对灾害信息传播中的各种问题综合治理，协同解决，才能防止救助动员的溢出效应。

加强灾害信息传播协同，要从源头上对错误信息的发布进行干预，目前我国相关法律法规已经对在互联网平台发布和转发虚假信息造成社会影响的行为予以规范。但是在灾害事件中，仍然有不少人由于缺乏法律常识或者知法犯法，而制造或传播虚假有害信息。这就需要新媒体尤其是各类社交媒体平台进一步完善信息审核机制，对上述信息予以拦截封堵，防止危害舆论环境。一旦传播和扩散出去，各类社交平台也要开辟举报平台，并对举报内容进行核实，及时查删信息阻断传播。

灾害信息传播速度快、影响广，有时候单纯依靠信息对冲很难消除有害信息的负面影响，这就需要开展部门间的协同，通过法律渠道来解决问题，形成震慑，对恶意传播有害信息的组织和个人依法处罚。灾害信息传播不能是一种完全自由的方式进行，必须在约束和治理之下，有序传播，正确引导舆论，切实保障其救援和动员作用的发挥。

第二节　引导监督功能

灾害事件社会关注度高，易于成为舆论热点和焦点。灾害应对涉及部门多，领域广，社会公众对灾害事件中的各类现实问题开展舆论监督，促进灾害救助工作的更好开展，这就是灾害信息传播的引导和监督功能。

■ 一、引导监督功能的表现

舆论引导的主体是新闻媒体，对象是社会公众；舆论监督的主体是社会公众，对象是社会权利系统的运行，监督载体是新闻媒体。灾害信息传播中，新闻媒体坚持党性原则，正确引导社会舆论，为灾害救助营造良好的舆论环境，社会公众有序开展舆论监督，促进灾害救护顺利开展。

（一）舆论引导

灾害与社会公众生命财产安全密切相关，灾害相关话题容易引起社会公众普遍关注，灾害事件中的原始舆论生态具有复杂性，主流媒体和自媒体互相交织，权威信息与虚假信息捆绑传播，为社会公众及时准确认识灾害事件带来了困难。规范的灾害信息传播有利于开展舆论引导，凝聚全社会的防灾减灾救灾力量，提升全社会的安全感。

自媒体兼具信息传播、观点传播和情绪传播的三重功能，并非一种制度化的信息传播渠道，只是一种暴露在广大受众面前的私人信息发布空间，自媒体发布的信息具有很强的随意性，只要不影响社会稳定，不侵犯他人权利，自媒体上的信息发布就是自由的。灾害事件常常引发集合行为，这种集合行为由现实世界发展到网络世界。网络集合行为甚至比现实集合行为的危害更大，由于网络监管的缺失和网络信息匿名发表等原因，网络集合行为中的情绪更为激动，产生的影响也更大。[①] 灾害救助是一个系统工程，追求救助效果最大化，但是自媒体上的信息往往来源于个体，可能出现个体救助需求与专业救援行为之间的脱节，直接导致自媒体传播出现情绪化内容，在转发过程中被放大，直接或间接影响到灾害救助的开展。

2013 年芦山 7.0 级地震发生后，自媒体平台上的舆论呈现两极分化。一方面，多数公众都在发表和转发各种积极信息，祈福、募捐、救援等行为及时将社会舆论向正确方向引导；另一方面，少数网民利用微博等自媒体制造杂音、传播虚假事实，如"地震局只有千分之一预算用作预测""当地政府在救援方面无作为"，甚至要求中国红十字会"滚出雅安"。这些言论具有很强的欺骗性，导致一些不明真相的网民进行转发，影响了整个灾害救助的社会舆论。还有一些媒体和网民看到一些现象，不去进行实地调查了解，一味追求传播的时效性和轰动效应，将事情的表象带着强烈的个人情绪传播出去，造成了不良影响。比如所谓"中坝村村民地震期间大吃大

---

① 璩静. 微博对公共舆情的影响及应对策略［J］传媒.2013（2）：58-59.

喝"，事实为村民舒正山将乔迁新居办喜宴的猪肉分给本村村民，帮助村民自救。

灾害事件中的舆论引导，要坚持"以人民为中心"，把减轻灾害损失和降低灾害风险作为舆论引导的根本目标。灾害信息传播要构建媒介融合新态势，既要充分保证信息的公开透明，保障公众的知情权，又要严防虚假消息和谣言的滋蔓，还要遵守新闻传播规律，尊重受众的信息需求，防止过度传播现象出现。在这个过程中，主流媒体要主动抢占舆论高地，争取舆论大多数，充分发挥"舆论领袖"的作用，成为社会舆论的引领者，发挥各大媒体平台的传播优势，全面梳理灾害事件中的各种声音，甄选其中关于灾情、救灾和重建等方面的理性诉求和中肯批评予以回应或采纳，只有这样才能争取社会公众的支持，实现两个舆论场同频共振，挤压不实消息和负面声音的传播空间。

近年来的灾害信息传播实践充分说明，舆论引导权的丧失往往不是社交媒介或国外媒体夺走的，而是个别主流媒体拱手相让的。在 2019 年 2 月 24—25 日发生的荣县地震事件中，主流媒体面对社会公众汹涌的舆情束手无策，无法回答"页岩气开采与地震之间到底有没有关系"的关键问题，也未能及时理直气壮地对"26 日凌晨 3 时将会发生 5 级以上地震"的谣言进行辟谣，只是对社交媒体上的"社会公众冲击县政府"视频、图片、文字一删了事。当地主流媒体的这些做法不但不能引导舆论，甚至还助长了负面舆情的滋生，进一步激化了社会公众的情绪，加剧事态的严重性。

（二）舆论监督

2016 年，习近平总书记在网信工作座谈会上发表重要讲话指出，"互联网是一个社会信息大平台，亿万网民在上面获得信息、交流信息""网民来自老百姓，老百姓上了网，民意也就上了网""要把权力关进制度的笼子里，一个重要手段就是发挥舆论监督包括互联网监督作用""对网上那些出于善意的批评，对互联网监督，不论是对党和政府工作提的还是对领导干部个人提的，不论是和风细雨的还是忠言逆耳的，我们不仅要欢迎，而且要认真研究和吸取"。[①]

新媒体的发展在客观上促进了社会公众媒介素养的提升，信息发布、信息搜索、沟通反馈的良性体验也激发了社会公众使用新媒体的热情，信息多了、网民多了、参与意识强了，舆论监督的作用就越来越大。尤其是在灾害事件中，社会公众的关注点相对集中，任何问题都会在迅速传播中无限放大，引发全社会的关注。在

---

①习近平.在网络安全和信息化工作座谈会上的讲话[Z/OL].新华网，http://www.xinhuanet.com//politics/2016-04/25/c_1118731175.htm

2008 年汶川地震中，舆论监督一直伴随整个社会救灾过程，从网民曝光救灾帐篷外流成都某小区，到对红十字会采购价格的追查与核实，从关注地震预报科研水平，到对垮塌学校建筑质量的质疑，从"国际铁公鸡排行榜"到万科捐款舆论风波，以及丢下学生自顾逃命的"范跑跑"、辱骂灾区的非主流代表"辽宁女"，这些著名的"网络事件"，都是典型的舆论监督案例。[①] 监督对象包括政府机构、企事业单位、公职人员，甚至新闻媒体。舆论监督涉及的领域包括抗震救灾力度、捐助款项物资管理、企业社会责任、个人行为道德，以及灾害信息准确及时的公开报道等。

正是在各类灾害事件中无处不在的舆论监督，在一定程度上促进了我国公权力机构和公职人员在灾害事件中的规范运行。2012 年 8 月 26 日，陕西延安境内发生特大交通事故，导致 36 人遇难，时任陕西省安全生产监督管理局局长的杨达才因为一张在灾难现面带微笑的照片成为舆论关注焦点，照片引发的舆论声量甚至超过了交通事故本身。2017 年湖南洪灾事件中，财新网线后发表《湖南受灾最重宁乡探访，民众损失惨重指通知太晚》《湖南宁乡救灾持续，泄洪预警问题引关注》等视频和文章，直指当地政府部门通知泄洪时间不及时。[②] 这些舆论监督事件都在一定程度上为相关部门和人员敲响了警钟。

■ 二、灾害信息传播舆论监督的过度

网络媒体的社会监督功能得到加强，逐渐成为一条底层民众"申冤告状"的渠道。网络的虚拟性使得发言人隐藏在幕后，在论坛中通过复制粘贴迅速形成网民意见，网民以一种诱导的姿态来迫使现实社会对其认同，同时排斥现实社会对自我的认同，从而形成"话语霸权"，我们不能不警惕这种趋势。

（一）舆论监督过度的影响因素

网民数量的激增形成了目标一致、相对固定的话语者群落。网络媒介的诸多优点使得一部分传统媒介的固定受众在逐渐向网络媒介转移。特别是在灾害事件发生后，受众按照形成的媒介习惯，通过移动互联网媒介获取信息，而非传统媒体。[③] 网络在吸引其他媒介受众的同时，还在积极培育自己的固定受众，学生、白领等既具有网络消费需求又具有网络消费能力的群体成为了网络媒体最忠实的受众。这个受众群具有相似的教育背景，媒体使用的目标较为集中，在媒体的使用中具有规律性、依赖性和固定性，由此构成了特定的话语者群落。

---

① 迟晓明，李一行，常建军.灾害事件网络舆论监督多重性分析 [J].防灾科技学院学报，2009（1）：110.

② 单文盛，曾美雄.突发自然灾害事件中的网络舆情引导 [J].传媒观察，2019（1）：29.

③ 曹鹏.互联网已成为舆论监督主阵地 [J].新闻记者，2009（4）：36-38.

网络意见的匿名发表使网络舆情井喷式呈现。网络意见的匿名发表带来的选择性和自主性也促成网络的意义系统的多元性和非先验性，为个体的多种行动提供了可能。不同的"虚拟角色"构成了多元化的网络社会，同时又保证了个体的自由和自主。匿名的条件下，网络使用者可以勇于表达自己的意见。[①]网络媒介多关注现实社会中的负面内容，许多传统媒体不愿报道和不能报道的信息都通过网络进入了广大受众的视野。网媒受众具有社会舆论监督的能力，是网络舆情形成过程中的活跃因子，社会监督热情高涨。

现实社会对网民的话语权表达了认同和鼓励。网络话语如果只存在于虚拟世界，就不可能构成霸权。但是，如果现实社会对网民形成的虚拟意见表示极大的关切，一味地给予认同和鼓励，这种话语就会逐渐膨胀，具备了形成霸权的可能，甚至会形成新的社会危机。2008年11月，重庆出租车罢运，此消息一经在网络上传播，得到了大量网民的支持和援助，在舆论压力之下，问题得到了妥善解决。此后，海南三亚、甘肃永登和广东汕头等地相继发生出租车罢运事件，并都通过占领网络阵地的方式来迫使地方政府解决问题。诸如此类的网络事件时有发生，尤其是当弱势群体与强势群体之间发生争执时，网民意见大都形成一边倒的阵势，将强势群体推到社会舆论的风口浪尖。可以说，网络话语取得的一次又一次的胜利，使得网民群落将之视为能够解决所有问题的"法宝"。也正是在现实社会的不断认可和鼓励之下，网络话语正在逐渐超出理性的范围，最终向着形成话语霸权迈进。

（二）舆论监督过度的消极后果

尽管网民的话语空间主要是虚拟的网络世界，然而，无论是网络信息还是网络受众都与现实社会密不可分，网民在网络世界中的话语权与其在现实社会中话语权力的缺失之间的矛盾，很有可能会引发潜在的社会危机，尤其是在灾害事件中，伤亡和损失作为社会问题的催化剂，更易扩大危机。

第一，网络话语形成意见流，有碍灾害信息正常传播。社会公众通过媒体开展舆论监督，应该是对灾害信息的及时客观权威传播发挥积极作用。但是，社会公众在灾害事件中的舆论监督屡屡越位，常常出现煽情、有失公正的倾向性内容。这既是社会公众和媒体从业者缺乏专业性的表现，又是新闻媒体之间恶性竞争的后果，在报道灾害事件时，常常使得社会舆论先入为主，为灾害救助和灾后重建带来压力。网络新闻的来源主要有两个，一是来自网络媒体采编人员实地采写的新闻和转载的新闻，另一个是网民观点。网络新闻的受众是广大网民，他们在消费网络新闻

---

① 张再云，魏刚.网络匿名性问题初探［J］.中国青年研究，2003（12）：15.

的过程中，往往通过跟帖的形式发表意见，这些意见虽然参差不一，但是经过网民的讨论、阐释，最终形成一股或几股意见流。由于网络媒介庞大的信息量和快捷的更新方式，许多传统媒介倾向于转载网络新闻。传统媒介在转载网络新闻时，往往融入网民对该新闻事件的意见。所以，一旦出现有违客观公正的网民意见并形成网络审判时，将有碍于司法公正和新闻的客观报道。

第二，网民情绪互相传染，易引发新的社会问题。针对网络舆论，网民态度主要有三种形式：赞成、反对和中立。网民表示赞成或中立时，其情绪保持常态，往往不会通过跟帖等形式表达观点，这两种态度往往是以"潜水"形式存在的。但是，当网络事件本身或信息发布者的观点引起广大受众的反对时，网民情绪出现反常，发表观点的欲望就更为强烈，反对意见更多是显性存在的。针对具体的事件，受众态度是不同的，通过跟帖等形式在网络上进行意见反馈时，赞成态度和中立态度往往"失语"，反对意见得到强化更易成为"主流"。根据"沉默的螺旋"理论，被认为属于"主流"的意见越强势，而属于"另类"的意见就会更加衰退。[1]网民的反对意见往往带有很强的情绪，这些情绪以网络为媒，在网民之间迅速传播。网民在网络中可以自由的发表观点，但是他们在现实社会中的话语权却受到各种限制。当网民们在享受通过发表网络意见促使现实问题得以解决的快感的同时，却发现自己在现实社会中仍然力不从心。这种矛盾把网民的网络世界和现实世界对立起来，很容易形成新的社会危机。

（三）网络话语的私用性特点，导致网络侵权

互联网已经逐渐成为我国舆论监督的主阵地。[2]非理性的匿名传播方式导致网络话语具有了私用性的特点，网络暴力侵权的现象时有发生，"人肉搜索"的盛行就是一种表现。"人肉搜索"的运行途径具有一定的规律性，从具体的新闻事件出发，形成网民意见，社会监督的使命感和维护道义的正义感促使网民进行"人肉搜索"，直到当事人被彻底曝光在网络和现实之中并得到应有的道德惩罚和法律制裁后，这一网络事件方告结束，"人肉搜索"是网民利用自己的方式解决现实社会问题的一大举措，但是这种网络监督极易侵犯网络事件当事人的名誉权、肖像权、隐私权。由于侵权主体的缺失，受害者很难通过司法途径进行维权。网络意见的形成需要以网络事件为内核，但是网络事件的真实性和客观性不易考证。一旦有人利用网络意见满足个人私欲，广大网民很容易上当受骗，从而成为暴力

---

① ［荷］丹尼尔·麦奎尔.麦奎尔大众传播理论（第4版）［M］.崔保国，译.北京：清华大学出版社，2006：390.
② 曹鹏.互联网已成为舆论监督主阵地［J］.新闻记者，2009（4）：36-38.

侵权的帮凶。

三、正确开展舆论引导与舆论监督

虽然灾害信息传播具有舆论引导和舆论监督功能，但是不加约束地引导和监督也会导致网络话语权的过度和泛滥，带来新的社会问题，值得警惕。在灾害信息传播实践中，不能沿用传统的"捂盖子"思维，对待灾害信息传播中的网络话语，应该积极引导、有效监管，促使其科学发展。

（一）正确引导灾害信息传播中的网络话语

要想防止网络话语形成霸权，需要社会各界的通力合作，疏通信息传播渠道，引导网民理性思考问题和发表见解，铲除霸权得以形成的土壤。

首先，信息传播渠道的拓展和公众话语权力的强化是防止网络话语霸权的根本途径。现阶段网络话语集中在网络爆发出来，正说明了他们在现实社会中缺失话语表达的权利，在面对新闻事件反映出的社会问题时，转而寻求网络这一"观点的自由市场"。因此，随着信息传播渠道的拓展和公众话语权力的强化，网络话语形成霸权的可能性越来越小。

其次，社会公平正义是防止网络话语霸权形成的重要保障。灾害事件中，能够在网上引发关注的话题往往涉及弱势群体的利益，无论是汶川地震中关于"教学楼建筑质量的争论"，还是天津港特大爆炸事件中对"相关部门对危险化学品仓库的审批管理"的质疑，抑或是北京暴雨灾害中对"市政排水系统的设计"问题的不满，都反映了社会公众对相关部门不作为、乱作为等的不满，也反映了社会公众对弱势群体利益的关注，因此，只有充分实现社会的公平正义，网络话语霸权就失去了存在的理由。同时，相关部门也要保持独立性，坚持真理，增加与错误舆论作斗争的胆量和决心，不能一味迎合和满足网民意见。

最后，要严肃媒体信息转载纪律。其他媒体从网络媒体转载新闻时，要进行严格把关，防止虚假新闻和错误倾向的新闻出现。在网络话语影响社会公众判断问题时，传统媒体可以利用自身的公信力和把关能力传播事件真相，遏制网络话语的恶性发展，防止网络话语霸权的形成。

（二）提升社会公众在灾害事件中的舆论监督能力

网络向智能化方向发展，对受众的要求越来越低，网络受众的精英化必将被打破，随着网络受众数量的增加和层次愈加多元，互联网治理面临更大挑战，提升社会公众的舆论监督能力显得必要而紧迫。

目前，我国的社会公众无论是对媒介信息的批判思考，还是对媒介生产的积极介入，均处于偏弱水平，[①] 仍有较大提升空间。提高社会公众的舆论监督能力，就需要指导社会公众正确选择、准确理解、合理评价纷繁复杂的媒介信息，并具备基本的舆情研判能力，增加舆论监督的准确率，防止被虚假和有害舆论"带偏"，成为有创新性的传播者。需要培养社会公众对灾害信息传播媒介的认知能力，对灾害信息的理性批判能力及运用媒介开展自救互救和表达诉求的能力。[②] 在信息爆炸的今天，如果不能以正确的方式解读灾害信息，一旦被别有用心的人牵着鼻子跑，将会是非常危险的，因此，引导社会公众分清正确的和错误的或有用和无用的媒介行为和灾害信息，具有重要的现实意义。培养社会公众对灾害信息传播媒介和灾害信息的理性批判是网络健康发展的内在要求，更是正确开展舆论引导和舆论监督的基本前提。

（三）加强灾害信息传播监控

目前，在很多网站上出现了一些专门的"水军"，他们监测信息，以网民身份发表意见，并对所属组织进行信息反馈，甚至在一些灾害事件中开展危机公关，这些组织和个人具有网络公关公司的特点，大多属于"拿人钱财，替人消灾"的性质。这就要求我们在灾害事件中加强网络监控，实时了解网民动态，正确引导社会舆论，建立健全互联网的信息监控体系。实施网络监控，要建立相应的制度，完善网络立法，并大力倡导网络道德建设。道德和法律的双重约束，加之监控体系的完善，在保证网络话语权的同时，抵制网络话语中的消极成分，才能够减少网络话语中的噪音，从而提升网民意见的公信力，减少网络舆情的负面效应，切实维护舆论引导和舆论监督的有效开展。

第三节　科普教育功能

2016年7月28日，在唐山抗震40周年之际，习近平总书记考察唐山，提出了防灾减灾救灾工作的"两个坚持、三个转变"，即：坚持以防为主，防抗救相结合，坚持常态减灾和非常态救灾相结合，努力实现从注重灾后救助向注重灾前预防转

---

① 周葆华，陆晔．从媒介使用到媒介参与：中国公众媒介素养的基本现状［J］．新闻大学，2008（4）：65.
② 冷冶夫，刘新传．由"网络暴民"现象引发的对媒介素养教育的思考［J］．东南传播，2008（9）：31.

变，从减少灾害损失向减轻灾害风险转变，从应对单一灾种向综合减灾转变。[①] 落实"以防为主"，一要提高自然灾害防治能力，包括技术层面和物质层面；二要提升社会公众防灾减灾救灾意识。灾害信息传播沟通了灾害与受众之间的关系，在防灾减灾救灾科普教育方面发挥了重要功能。

■ 一、科普教育功能的表现

科技创新、科学普及是实现创新发展的两翼，要把科学普及放在与科技创新同等重要的位置。[②] 科普的重要性不言而喻，尤其是对于防灾减灾救灾来说，科普的效果直接影响到社会公众的生命财产安全，影响到社会稳定。科普的内容既有自然科学也有社会科学，科普的渠道既有大众传媒也有人际传播形式，科普的对象则是普通的社会公众。科技创新是探索未知的事物，而科学普及是已有事物的解释传播，这就决定了科普必须是浅显的，易于被社会公众理解和接受的。灾害信息传播的科普教育功能主要表现在以下三个方面。

（一）普及灾害知识

灾害是客观存在的，具有规律性。人类在与灾害作斗争的几千年历史中，积累了许多灾害知识，随着现代科学技术的迅猛发展，人们对灾害的认识更加科学更加全面。这些知识通过各种渠道向社会公众传播，比如，在义务教育体系之中，通过课堂讲授、课外实践和考试考核，使学习者主动学习，掌握灾害知识，提升防灾减灾救灾的科学素养。但是在义务教育之外，灾害知识的普及显得较为困难。因此，要利用灾害事件聚焦公众关注的契机，通过灾害信息传播来强化灾害知识的普及。

比如地震灾害，在 2008 年以前，我国十年间未发生较大影响的地震事件，社会公众对地震科学知识的需求几乎为零，加上新闻媒体对市场需求的迎合，也未能通过大众传播的形式开展地震知识普及。彼时社会公众对地震的了解非常有限，仅仅是"板块运动""张衡地动仪""地震伤亡惨重"等碎片化知识。2008 年 5 月 12 日四川汶川发生 8.0 级地震，新闻媒体对地震的报道铺天盖地，各类关于地震的科学知识才传播给社会公众，此后相继发生 2011 年玉树 7.1 级地震、2011 年云南盈江 5.8 级地震，社会公众对地震知识的了解逐渐增多。2012 年，中国地震台网中心官方微博"@中国地震台网速报"上线，开始即时播报国内 3.0 级以上地震信息和国外 6.0 级以上地震信息，社会公众据此了解到"地震三要素"所指的震中位置、震源深度、

① 新华社.习近平在河北唐山市考察时强调 落实责任完善体系整合资源统筹力量 全面提高国家综合防灾减灾救灾能力［N］.人民日报，2016-7-29（1）.

② 王春法.习近平科技创新思想的科学内涵与时代特征［N］.学习时报，2017-1-23（A1）.

震级各代表什么意思，才知道我们生活的地球每天都在发生地震，只是一些小级别地震人们很难察觉；才知道地震频发多发是我国的基本国情，并逐渐了解到活断层、构造地震、非天然地震、余震等概念。

2017年6月，中央气象台预报称，21日夜间至24日，华北地区将遭遇入汛以来最强降雨，其中京津冀等地将有暴雨、局地大暴雨，而"这次降雨过程由低涡和冷涡系统所致"。随后，对"冷涡"和"低涡"等专业概念进行了详细解读，社会公众在观看天气预报的同时也了解了这两个概念。2018年8月，北京市房山区大安山乡军红路发生新中国成立以来最大一次崩塌灾害，塌方量初步估计达到3万立方米，无人员伤亡，新闻报道中穿插科学知识，使社会受众了解到崩塌灾害的危害性及其致灾因素。

（二）提升防灾理念

灾害信息传播在传播科学知识的同时，也在积极改变着社会公众的防灾理念。2016年邢台洪灾中，大贤村位于七里河下游，由于七里河长期处于缺水状态，当地群众未能意识到潜在的灾害风险，直到7月18日起，邢台出现强降雨过程，突破历史同期极值，降雨超出河道承载量，东川口水库泄洪和邢台市区防洪分洪道两路水流汇入七里河，水流量达到580m³/s，而七里河在大贤桥迅速收窄，通过能力只有40m³/s左右，造成洪水漫过河堤决口，使开发区12个村进水，本次洪灾导致40余人死亡。灾害发生之后，当地群众才开始重视防洪，在灾后重建选址和加固时，之前的生活理念开始改变，把建筑物的防灾能力充分考虑在内。

日本是一个自然灾害多发的国家，人们在长期的与灾害共处的过程中，形成了完善的防灾文化，社会公众的防灾理念更为先进，体现在日常生活中，他们传统上的房子习惯使用木材，轻便而且成本低，发生地震等灾害也不会导致大的伤亡，灾后重建也相对更快，现在的楼房普遍都是抗震结构，内部装修也很少使用大吊灯、瓷砖、石膏板等容易坠落的生活用品或建材。灾害发生后，他们能够及时有序开展疏散。由于经历的灾害较多，很少出现灾后的恐慌和骚乱，社会秩序井然有序，更有利于灾害救助的开展。同时，应急广播体系在灾害预警、灾害报道、社会动员方面也提供了各种信息，社会公众按照要求采取避灾和救灾举措。

防灾理念对提升自然灾害防治能力意义重大。灾害事件常常并不直接导致伤亡，而缺乏防灾意识和灾害应对不当往往会加剧灾害的损失。比如在一些级别不大的地震中，有人避震不当在跑步过程中摔伤，有人慌忙之中跳楼逃生而摔死摔伤，还有人被自家房间里堆积的杂物砸伤，这些都是由于防灾意识不强导致的意外伤害。

（三）传播救灾技能

"防抗救相结合"中，防灾对减轻灾害风险的作用大于抗灾，而抗灾则大于救灾。救灾是一个托底行为，只有在没防住、没抗成的情况下，救灾才发挥作用。灾害是小概率事件，超出防灾抗灾作用范围的灾害更少，导致大多数社会公众对救灾技能的掌握相对欠缺，一旦所在区域发生灾害，就可能贻误时机，增加伤亡。

2008 年汶川地震发生后，当天晚上的央视《新闻联播》就播报了一条救灾技能相关内容"防震避震小常识"，详细讲解了如何躲避地震等知识。此外，在一些特殊的纪念日里，通过新闻媒体来普及防灾减灾知识、救灾技能已经成为常态，比如在 5 月 12 日的防灾减灾日和 11 月 9 日全国消防日等，新闻媒体都会通过各种形式来传播防灾减灾科普知识，提升社会公众的救灾技能。

中国气象局原局长、全国政协委员刘雅鸣在 2019 年全国两会的提案中谈到，回顾近年来自然灾害事件的应对情况，"收到预警不当回事儿""不知如何自救"的现象也时有发生，有时人们即便接收到及时准确的信息，也很难积极响应政府组织的避险撤离等行动，这反映出当前社会公众风险防范意识和能力仍然薄弱。[①] 这也为灾害信息传播开展救灾技能的科普提供了需求。

二、科普教育功能的瓶颈

防灾减灾救灾科普教育的重要性无需多言，无论是国家层面的顶层设计还是各部门、各地方的实施方案都对此进行了制度安排。甚至可以预见，不久的将来，在灾害主管部门、新闻媒体、非政府组织、企事业单位的共同努力下，我国社会公众的防灾减灾救灾科学素质会有明显的提升。但是就目前来看，灾害信息传播在发挥防灾减灾救灾科普教育功能方面还存在一些瓶颈因素。

（一）内容标准不统一

防灾减灾救灾科普教育与其他领域的科学普及最大的区别在于应用情境的不同。一些科学领域的科普主要是完善社会公众的科学认知，随着新知识的出现可以对旧知识进行淘汰，只是表现在认识层面的更迭和进步。但是防灾减灾救灾科普宣传是直接指导社会公众开展灾害应对，一旦内容出现错误，就可能导致防灾减灾救灾出现偏差，直接影响就是生命财产损失。正是从这个角度出发，防灾减灾救灾的科普宣传必须标准统一。

灾害信息传播具有多元主体，既有政府传播者、媒体传播者还有公众传播者。每一类传播者中，又分为不同的个体，个体对防灾减灾救灾科学知识的认识不同，直接

---

① 贾静渐 . 全国政协委员刘雅鸣：加强全媒体时代自然灾害信息传播体系建设［Z/OL］. 中国气象局微信公众号，2019-3-7.

反映在灾害信息传播之中，导致社会公众接受到的科学知识是标准不一的。比如，关于地震来了到底是"躲"还是"跑"的问题，各种专家通过媒体众说纷纭。有媒体报道说应该"躲"在坚固的家具下面，等地震过后再迅速跑出房间；有媒体报道说要尽快逃离建筑物；有媒体称室内避震要躲在墙角双手抱头；还有媒体称要双手呈托举状。可以说，各类媒体上关于避震的方法存在相互矛盾的地方，这就为灾害救助埋下了隐患。此外，关于"救援的黄金72小时"等说法也存在争议，各类媒体在进行灾害报道时，常常使用这个词语，社会公众理所当然地认为"灾后72个小时之内都应该可以救活"。事实上，灾后被困人员的存活时间要根据具体的情况来确定，周边有没有食物、水源，被困时有没有受伤，灾害种类是什么，这些都是灾害救援效果的影响因子。

防灾减灾救灾内容标准不统一的危害是很大的，也是当前灾害信息传播在涉及科普教育相关内容时，要加强灾害管理部门和新闻媒体之间的深度合作，对一些具有争论的科学内容，要充分考虑，多方求证，慎重传播，切实防止传播错误知识，维护灾区群众生命财产安全。

（二）时间衔接不顺畅

灾害事件的发生在时间上没有规律，但是面向社会公众的科普，却要遵循教育规律。这就暴露出一对矛盾，即科普教育的连续性与灾害事件的偶发性之间的矛盾。从当前的防灾减灾救灾科普教育实践来看。开展科普的最佳时间段有两个：一是固定时间，即每年的相关纪念日，比如防灾减灾日和消防日，全社会都会对防灾减灾予以关注，借此开展科普活动，事半功倍；二是非固定时间段，就是在重特大灾害发生后的应急科普活动，比如发生破坏性地震后开展的防震减灾科普宣传，在重大火灾后开展的消防宣传，在地质灾害后面向公众开展的地质灾害科普活动，都会起到较好效果。

灾害事件的偶发性导致灾害信息传播的偶发性，导致了防灾减灾救灾科普教育的偶发性，由于缺乏长期的规划，每一次灾害之后，新闻媒体的科普内容都是从最简单的开始；下次灾害发生之后，又会重复最简单的科普内容。灾害在不断发生，科普教育却无实质性提升。

人类是善于遗忘的，尤其是对灾害事件。一旦持续一段时间没有发生灾害，人们就会感觉自己距离灾害十分遥远，就会放松对灾害信息的需求，也失去参与防灾减灾救灾科普的兴致。当此时，特别需要主管部门和新闻媒体强化对灾害信息传播，对社会公众施加影响，调动其关注灾害信息的积极性。

（三）区域覆盖不平衡

除了时间上的衔接不顺畅之外，防灾减灾救灾科普宣传在地域上也有很大的差别。

我国幅员辽阔，不同区域的常见灾害也不相同。地震灾害主要发生在喜马拉雅地震带和南北地震带；台风灾害主要发生在东南沿海地区；森林火灾主要发生在云南、四川、广西等地；雷电灾害主要分布在东南地区的浙江－江西－广东带和华北地区的山东、河南地区；滑坡灾害主要分布在第一地势阶梯与第二地势阶梯的过渡地带及第二地势阶梯与第三地势阶梯的过渡地带，即西南、西北地区；洪涝灾害主要分布在秦岭－淮河以南地区，其他沿江沿河区域也较为常见；干旱灾害主要发生在西北和黄淮海地区。

不同区域易发的灾害不同，地方媒体和人际交流中的灾害信息传播很难做到各灾种的平衡，常见灾害的关注度和传播声量更大，社会公众掌握的科普内容就更多。随着全国交通愈加便利，各地区之间的人口流动越来越频繁，尤其是自然灾害易发区内，由于各类灾害易发，外出务工成为重要的经济来源，在人口流动中，防灾减灾救灾科普教育不平衡的弊端就显露出来，一旦遇到其他灾害，就很难应对。

此外，防灾减灾救灾科普功能在城乡之间的差异很大。城镇媒介普及率高，乡村媒介普及率低；城镇社会公众媒介素养高，乡村公众媒介素养低；城镇对自身安全的关注度高，乡村对安全的关注度低。这些都导致了防灾减灾救灾科普传播很难深入乡村。而乡村在面对灾害时，各种设施和社会秩序的脆弱性更突出，也更容易造成破坏和损失。

■ 三、科普教育功能的进路

防灾减灾救灾科普宣传事关人民群众生命财产安全，是灾害主管部门和新闻媒体的重要职责。破解瓶颈难题，充分发挥灾害信息传播的科普教育功能，是防灾减灾救灾和防范化解重大风险的重要一招。

（一）建设完整的灾害信息传播渠道

科普宣传要成为灾害信息传播的常态内容。无论是灾害主管部门还是新闻媒体对防灾减灾救灾科普宣传的重视都不够，虽然在各种公开场合，大谈特谈科普宣传的重要性，但是在具体的资源分配、配套措施、体制机制等方面，与科技创新相比，科学普及仍然是创新发展中明显的短板。

据中国科协的调查显示，2020年我国公民具备科学素质的比例达10.56%，比2015年的6.20%提高了4.36%。但是与发达国家相比，还有不小差距。科普教育任重道远，尤其是防灾减灾救灾科普教育更具有重要性和紧迫性。制约防灾减灾救灾科普教育的一个关键瓶颈是传播渠道和传播平台，因此，要从国家发展和人民福祉的高度来认识建设完整的灾害信息传播渠道的重要性。

在2019年全国两会上，全国政协委员、中国气象局局长刘雅明在提案中呼吁，要加强全媒体时代自然灾害信息传播体系建设，包括打造全媒体矩阵、建设专业化应急频道、实现权威信息的无障碍传播、强化自然灾害应急教育宣传等措施。其中，专门提到"自然科普节目应常驻权威主流网站，并在电视频道定期播放；利用新技术和新媒体手段，制作灾害仿真模拟等高科技、可视化的科普作品。"①这份政协委员提案里对于建立灾害信息传播渠道和平台提出了明确要求，这也是气象信息传播和气象科普教育实践中突出问题，不只是气象，所有的灾害管理部门在开展相关工作时都面临这一难题。

建立完整的灾害信息传播渠道，除了在全国范围内完善应急广播体系之外，还要建立常态的防灾减灾救灾科普平台，尤其是在具有强大影响力的主流媒体之上，开辟专门的栏目、节目、版面，使科普知识可以摆脱灾害发生频率的影响，而成为一种连续性、常规性的科普行为，在信息传播的影响下，助力社会公众掌握必要的灾害科学知识和防灾减灾救灾技能，切实减轻灾害损失，降低灾害风险。

（二）制订防灾减灾救灾科普标准

针对科普内容不统一的现象，必须由灾害管理部门、科协部门联合制订权威标准。针对每一个具体的科学问题，必须研究明确科普内容的准确性，防止将错误的内容传播出去，造成不必要的伤亡。

首先，要对防灾减灾救灾科学知识进行梳理订正。在应急管理部成立之前，我国有国家防汛抗旱总指挥部、国家森林防火指挥部、国家减灾委员会、国务院抗震救灾指挥部、国务院安全生产委员会、中央爱国卫生运动委员会等若干议事协调机构和联席会议制度，导致灾害应对九龙治水，各自为政，既浪费资源，又影响效率。体现在防灾减灾救灾科普教育方面，也是各司其职，互不衔接。地震局负责防震救灾科普、气象局负责洪涝干旱台风雷电等灾害相关知识的科普、自然资源部开展地质灾害防治科普、应急管理部门负责火灾消防知识科普和安全生产科普等，其实这里有很多内容是相关甚至是一致的。

基于此，防灾减灾救灾科普教育要以应急管理部成立为契机，加强科普内容的大梳理大讨论大订正。邀请各系统的专家和新闻媒体一起针对具体的科学知识进行完善，尤其是对于那些直接影响灾害救助的知识点要反复论证，确保准确性和权威性。要将已经明确的知识点建立一个科普数据库，严格信息准入关，放开信息出口，所有的组织机构和社会公众都可以从科普库里获取信息。此外，要对新闻媒体、科普志愿者等灾害信息传播主体的科普行为进行规范，对他们进行必要的培训，确保在灾害信息传播中辨别防灾减灾救灾科学知识的真实性，从而增强传播实效，防止虚假信息和错误科普。此外，还要建立必要的纠错机制，对在灾害信息传

---

① 贾静浙.全国政协委员刘雅鸣呼吁：加强全媒体时代自然灾害信息传播体系建设[N].中国气象报，2019-3-8（1）.

播中出现的错误科普内容及时修正，将负面影响降至最低。

（三）完善防灾减灾救灾科普教育机制

当前的灾害信息传播缺乏机制保障，其科普教育功能的发挥也得不到保障，为了真正实现并逐渐扩展灾害信息传播的科普功能，需要不断完善工作机制。

第一，要建立灾害主管部门和新闻媒体的合作机制。合作开展灾害信息传播是一个共赢方案，对于新闻媒体来说，扩展了新闻报道的范围，获得了权威信息，有利于在媒介竞争中居于有利地位；对于灾害管理部门来说，有利于扩大科普成效，助力防灾减灾救灾；对于社会公众来说，大大增加了获得科普信息的便利性和权威性，有利于保护个人的生命财产安全。应急管理部与中央广播电视总台于 2018 年 12 月 11 日签署战略合作备忘录，双方将在各类事故灾害应急救援信息采集和发布、应急新闻报道团队建设和应急常备物资储备、国内国际应急突发响应和救援现场采访报道、防灾减灾救灾科普宣传、国家应急广播体系建设等方面开展务实合作。[①]

第二，建立防灾减灾救灾科普宣传的激励机制。几乎所有灾害信息传播主体的科普宣传行为都是自发的，这大大影响了科普的积极性和实效。要从国家层面建立激励机制，通过评奖评优等形式给予组织和个人以物质奖励和精神奖励，对作出突出贡献的组织和个人进行重点宣传。充分调动社会力量开展科普宣传的积极性，为他们提供权威的科普内容，并通过政府购买服务等形式支持他们开展经营活动。

第三，建立防灾减灾救灾科普宣传的追责机制。只有激励机制是不完整的，还必须建立行之有效的追责机制。退出机制是惩罚机制，对那些不能正确开展科普宣传，甚至是故意歪曲捏造虚假信息的单位和个人要进行追责。对那些故意误导公众的新闻媒体和新闻工作者要提请新闻工作者协会等行业协会予以处理，必要时诉诸法律。对那些不能规范经营的企业，要使其及时退出市场，防止误传误导，造成重大损失。

---

①应急管理部与中央广播电视总台签署战略合作备忘录 黄明、慎海雄出席 [N].中国应急管理报，2018-12-12（1）.

第十章　灾害信息传播案例

第一节　从雨雪冰冻灾害到汶川地震

2008 年年初，一场雨雪冰冻灾害波及我国南方近 20 个省市，对国家经济建设和人民生活造成了很大影响；5 月 12 日，8.0 级特大地震又使得全世界的眼光投向四川汶川。对这两起灾害事件，全国乃至全世界的新闻媒体都给予了特别关注，适时报道灾害事件的发生、发展和灾害救助的开展及取得的成效，不遗余力地跟踪报道和深入挖掘，使得"雨雪冰冻灾害"和"汶川地震"在特定一段时间里成为人们关注的核心事件。主流媒体针对这两起灾害事件进行了详细报道，也经历了一个革故鼎新的过程，体现了我国主流媒体灾害信息传播模式的重大变化。

■ 一、主流媒体 2008 年冰冻灾害报道中存在的问题

（一）灾害的突发性和报道的滞后性

灾害事件具有突发性，它的发生往往集中在一个较短的时间里。我们并不否认，灾害事件会在一个较长时期内产生作用，比如洪水、地震、气象灾害等，它们发生的时间很短，但是带来的危害会在较长时间内存在。灾害的发生和其产生影响相比，虽然不能武断地判断谁的新闻价值更大，但有一点可以肯定，二者同样都是广大受众需知欲知而未知的信息。

任何新闻媒体在生产和发布信息过程中，都会通过前馈对新闻事实的新闻价值作出判断。不同的媒体对新闻价值判定的标准倾向性不尽相同电视新闻。电视新闻中区分新闻价值的方式主要有两种，其一是报道顺序，其二是报道时长。一般情况下，在电视新闻中播出顺序越靠前，播出的时间越长，表示该事件新闻价值越大。

在 2008 年初的雨雪冰冻灾害中，湖南、湖北、安徽等地 1 月 12 日即已成灾，部分地方交通中断，公路上滞留大量车辆和人员，水电及物资供应受阻，民众生产生活受到较大影响。但是直到 1 月 29 日开始出现对雨雪冰冻灾害的"轰炸式"报道，可以说，主流媒体此时才承认雨雪冰冻的新闻价值超越了其他议题，成为党和政

府、社会公众最为关心的事件，而此时，距离雨雪冰冻灾害发生已经过去了 19 天。可见，主流媒体对本次冰冻灾害引起足够重视相比较事件的发生时间来说，存在一定的滞后性。

（二）灾害的破坏性和报道的趋利性

灾害事件具有破坏性，雨雪冰冻灾害无论是在物质上还是在人的精神上，都对灾区群众产生了消极影响。主流媒体的报道在引导社会舆论的同时，也理应把灾害事件的破坏范围、破坏强度以及灾害成因及时准确地传播给受众。

据主流媒体对雨雪冰冻灾害进行了大量报道，说明其认识到了雨雪冰冻灾害巨大的新闻价值。但是，报道中缺少批评性内容和对灾害破坏性的描述，对灾害事件中的"人祸"成分报道不够，新闻报道趋利性明显。

（三）灾害的客观性和报道的主观倾向性

"真实性是无产阶级新闻理论的基本原则之一，是我们报纸、广播、电视新闻报道工作不可动摇的根本原则。"[1]灾害事件具有客观性，是不以人的意志为转移的，一旦发生就会按照自身的规律发展变化，新闻媒体应该客观真实地报道灾害事件的发生和发展过程，以期引发社会公众对灾害事件的关注和积极推进灾害救助工作的开展。

但是，主流媒体在雨雪冰冻灾害的报道中却体现出较强的主观倾向性，主要表现为报道中的矛盾现象。1 月 18 日，冰冻灾害在南方地区已经造成较大损失，电视报道称"黄淮江淮持续冰冻天气大部分地区交通恢复"，却在次日暗暗更正说："雨雪妨碍交通，寒冷仍将持续"。这种矛盾情形一再出现，1 月 14—16 日三天中断"雪灾"消息，1 月 23 日更有失实嫌疑，"2008 年全国春运全面启动，雨雪天气影响暂时消除"，其时湖南郴州已开始停电停水，广州火车站已有十多万人滞留，甚至在 1 月 25 日仍然报道称"交通运输部门保障春运安全畅通"。这些信息使得灾害应对雪上加霜。

二、主流媒体雨雪冰冻灾害报道出现问题的原因

为主流媒体在灾害报道中出现的一些问题，存在以下几个方面原因。

（一）缺乏深入调查研究

在我国新闻事业发展的过程中，我们不断地同错误新闻思想作斗争。1947 年 6 月由《晋绥日报》发动的解放区新闻事业反"客里空"运动中，就提出新闻工作者

---

① 雷跃捷.新闻理论［M］.北京：中国传媒大学出版社，1997.

要深入实际、实事求是，发扬新闻必须真实、新闻工作者必须实事求是的传统。新中国成立之后，我们对新闻真实性的要求从未间断、越来越严。

但是，主流媒体在雨雪冰冻灾害报道中，未能继承这一传统。"黄淮江淮持续冰冻天气，大部分地区交通恢复""2008年全国春运全面启动，雨雪天气影响暂时消除"这样的新闻把关不严是不可回避的事实。对这种社会关注度高的新闻事件，主流媒体置新闻真实性于不顾，易于招致受众不满。

诚然，灾害事件常常造成交通、电力等物质条件的破坏，新闻采编人员难以深入灾区采访和难以验证地方媒体稿件的真实性。这种客观因素确实存在，但是从新闻良知出发，克服困难寻求事实真相应该成为每个新闻从业者的崇高职业理想。

（二）新闻敏感和新闻价值的判定缺乏独立性

在雨雪冰冻灾害报道中，主流媒体屡屡被受众诟病，除了缺乏深入调查研究外，最大的问题就是新闻"把关"失误导致了新闻全面性的缺失。对新闻真实性的判定，不仅要从微观层面考虑，还要从宏观层面把握。个体的新闻事件可能是真实的，这种真实是经过"趋利性"加工过的，当把所有经过"趋利性"加工过的新闻事件堆积到一起，其"趋利性"迅速聚合，最终可能导致新闻的失实，这种新闻失实是最不易察觉的。新闻媒体必须在马克思主义新闻观的指导下，按照新闻业务规律，保持新闻报道的相对客观。

▎三、主流媒体灾害报道的启示

（一）主流媒体报道要平衡党性原则和受众需求之间的关系

新闻媒体要体现党和国家的意志，要满足广大受众的信息需求。新闻工作在思想上必须坚持马列主义、毛泽东思想、邓小平理论、三个代表重要思想、科学发展观和习近平新时代中国特色社会主义思想，要坚持辩证唯物主义和历史唯物主义的世界观和方法论，在政治上与党中央保持一致，在组织上坚持和服从党的领导，遵守党的纪律，切实做到"党媒姓党"。新闻媒体应该满足受众的信息需求。如果不及时报道受众共同关注的新闻，受众的新闻需求得不到满足，受众就会对媒体不满甚至反感，必然削弱新闻媒体的影响力，甚至有失去舆论引导权的风险。

在灾害性报道中，主流媒体要平衡好这一对关系。既不能为了刻意引导舆论而歪曲新闻事实，也不允许为了挖掘灾害新闻独特的新闻价值而传播有害信息，置正面引导于不顾。把二者紧密结合起来，拓展灾害新闻的报道面，使受众全面了解灾害情况，这既能够满足受众的知情权，也有利于灾害救助的顺利开展。在全面性报道中，通过舆论引导作用，创建适合救灾工作开展的社会环境。

（二）主流媒体要改变"机关作风"

主流媒体的"机关作风"主要表现为缺乏深入调查的工作作风。在灾害报道中，任何虚假或者偏颇的内容都会对救灾工作产生消极影响。新闻的客观性有两方面的含义：其一是指新闻报道的内容必须是客观存在的事实，任何企图用虚构、杜撰或者背离事实本身基本逻辑的报道来表现趋利性，不仅无法说服人，其生命力也必然是短暂的；其二是指对事实的选择一定要符合新闻传播的基本规律，既不能为了表现趋利性的需要，把一件有利于自己的、微不足道的小事当作重大新闻来报道，也不能故意回避不利于自己的重大事件。灾害报道是受众迫切需要了解的信息，对足以引起受众关注的重大变动的事实来说，任何掩盖、封锁都是徒劳的。[①]深入灾区，全面采访，得到第一手的资料，或者对地方媒体报送的新闻稿件进行认真核实，才能够真正保证新闻作品的客观性。主流媒体要改变"机关作风"，首先要加强领导，明确责任，把握政策，严格程序，要敢于动真碰硬，要结合实际务求实效。

（三）向草根媒体汲取营养才能促进主流媒体发展

雨雪冰冻灾害报道中，一些草根媒体发挥了重要作用，灾区受众或者了解灾区情况的受众主动充当传播者的角色，及时传播灾害信息。正是这些草根媒体的朴素报道，丰富了灾害信息传播内容，满足了受众的信息需求。灾害报道中，主流媒体要向草根媒体汲取营养，用草根媒介检验自身新闻报道的质量，提高在受众中的影响力和公信力。草根新闻的关注点可以帮助专业媒体更为迅速地捕捉社会焦点、热点、难点问题，不断提高新闻生产和传播的效率。但是，由于草根新闻在专业性等方面存在诸多不足，新闻传播质量不高。主流媒体要以此为参考，用以观照自身的信息生产和传播品质，取长补短。同时，对主流新闻媒体而言，传统的领导监督和媒体自我监督往往发挥作用有限，一般受众对媒体的监督也过于缓慢，草根媒体灵活机动的运行机制为专业媒体提供了参照，在网络平台上，草根新闻可以迅速地以自己的方式对专业媒体报道的偏差做出反应，主流媒体可以在草根新闻的反馈中做出及时有效的调整。[②]

天灾人祸本来就是一个正常社会中发生的"正常事件"，这正如一个社会的刑侦力量再强大，也照样会有罪犯存在一样。公众的知情权在得到充分的满足后，他们才会对新闻事件形成正确的舆论意见。在事件发生之初的恐慌，自然会

---

① 吴琪.灾难新闻报道的"堵"与"疏"[J].新闻爱好者，2003（3）：22-23.
② 王春玲，牛炳文.草根新闻探究[J].新闻战线，2007（5）：59-60.

随着对事实真相的了解而消失。也只有这样，我们的新闻传播的社会功能才能有效发挥。

四、主流媒体汶川地震报道取得新进展

从冰雪灾害到汶川地震，受众对主流媒体的态度发生了较大转变，这源于其在灾害事件报道的探索中取得了较大进展。

（一）时效性增强：迅速判断灾害事件的新闻价值

灾害事件具有较大的新闻价值，尤其是一些严重灾害，总是引起社会公众的高度关注。新闻媒体应该及时捕捉灾害信息，满足受众的信息需求，同时开展议程设置，促进灾害救助的顺利开展。因此，能否迅速判断灾害事件的新闻价值，关乎媒体灾害事件报道的成败。

南方冰雪灾害始于 1 月 13 日，汶川地震发生于 5 月 12 日，对两次灾害中《新闻联播》的相关报道进行收集和整理，发现《新闻联播》对汶川地震新闻价值的判断更加迅速准确（表 10.1）。

表 10.1　《新闻联播》冰雪灾害和汶川地震报道统计（从成灾之日起前 15 天）

灾害事件	冰雪灾害	汶川地震
新闻总数（条）	288	334
涉灾新闻（条）	29	266
所占比例（%）	10.07	79.64

随着大众传播议程设置功能的作用机制趋于明确化，一种新的机制引起了人们的注意，这种机制被称为"0/1/2…N"效果或"优先顺序模式"，即传媒对一系列"议题"按照一定的优先顺序所给予的不同程度的报道，会影响公众对这些议题的重要性顺序所做的判断。[①] 因此，《新闻联播》的头条新闻一般是受众认为的最重要的信息，对《新闻联播》头条新闻的量化分析也能够看出该栏目在灾害事件报道中的变化，从 1 月 13 日开始的 15 天里，《新闻联播》头条新闻中关于雨雪冰冻灾害的只有 2 条；而在汶川地震发生后的 15 天里，关于地震灾害的新闻头条竟有 14 条之多。

通过这些数据可以看出，雨雪冰冻灾害发生之后，《新闻联播》并未对其巨大的新闻价值及时做出准确判断，以至于政府组织、社会公众均未能及时关注这场影响

[①] 郭庆光 . 传播学教程［M］. 北京：中国人民大学出社，1999

近17个省市的灾害，这也影响了之后的灾害救助。汶川地震发生后，《新闻联播》迅速把新闻报道的重点转移到灾害事件上来，在前15天里，近80%的新闻都是关于地震灾害的，可见对灾害事件的新闻价值判断迅速准确，这也是我国主流媒体在灾害信息传播中取得的重要进步。

（二）倾向性减弱：灾害救助报道与灾情报道并重

资料统计发现，《新闻联播》在雨雪冰冻灾害中的新闻几乎全是正面信息。但是，网络博客等非主流传播平台向我们展现了灾害事件的另一面：物价上涨、救助迟缓、救灾物资的分配不合理等。在接受了雨雪冰冻灾害报道的教训之后，《新闻联播》对汶川地震的报道有了明显起色，对灾情的报道予以足够重视，无论是主震造成的损失，还是对余震的监测，甚至次生灾害的变化趋势都成为报道的重点。此前一直忌讳的伤亡人数和经济损失也在《新闻联播》中出现，并从5月15日到6月11日，除5月16日和5月19日外，每天都通过"抗震救灾最新数据"或"国务院救灾总指挥部权威发布"等形式向社会公众及时准确发布灾害损失。

（三）全面性提升：多角度全方位报道灾害事件

灾害的发生和许多因素有关，对灾害的报道不应该是单一视角。《新闻联播》对雨雪冰冻灾害报道主要聚焦在领导人行为、天气状况、救助情况、灾害破坏、英雄人物和社会关注等方面。其实，面对灾害事件，这些远远不够。汶川地震发生后，《新闻联播》把灾害事件作为一个整体进行了全方位报道，既有灾区人民的心理写照，也有社会公众的热切关注；既有国内各种力量的援助，也有来自国际社会的支持；既有抢救被埋压人员的场景，也有灾后重建的长远规划；既有人员和经济损失数据，也有抗震救灾涌现出的先进集体、先进个人。例如，《新闻联播》在5月11日和5月20日播报了"防震避震小常识"和"20万本救治防疫手册发往灾区"，为所有受众提供了自救的基本知识；5月20日、5月29日、6月3日、6月17日、6月21日和6月23日发布了对救灾物资使用的审查情况，满足了受众的知情权（表10.2）；6月5日和6月25日分别报道了"就业招聘和技能培训为灾区群众自力更生添动力"和"各地积极为灾区提供就业岗位"，为灾民的合理安置创造条件，诸如此类的方方面面的信息使得受众全面了解了汶川地震，这也标志着《新闻联播》对于灾害事件的报道正逐渐从"新闻点"向全面的"新闻事件"的嬗变。

当然，《新闻联播》在灾害事件报道中取得的进展并不局限于以上三个方面，其报道的人情味变浓、报道形式的多样化、领导人新闻更接地气等方面也都有了长足进步。

表 10.2　《新闻联播》救灾物资审查报道统计

日期	新闻标题
5 月 20 日	中央纪委监察部民政部财政部审计署关于加强对抗震救灾资金物资监管的通知
5 月 29 日	中央纪委监察部颁布《抗震救灾款物管理使用违法违纪行为处分规定》
6 月 3 日	中央纪委监察部对抗震救灾资金物资进行专项检查
6 月 17 日	贺国强强调继续加大力度狠抓工作落实确保抗震救灾款物及时有效用于灾区
6 月 21 日	抗震救灾款物全程监督分发流程公开透明
6 月 23 日	监察部、民政部、财政部、审计署通报抗震救灾资金物资监督检查情况

■ 五、主流媒体灾害事件报道取得进展的原因分析

《新闻联播》在此次地震灾害的报道中取得了较大的发展，尤其是在地震发生之初，广大受众对这些可喜的变化啧啧称赞。对这些现象进行深入思考后，认为这并非偶然。

（一）冰雪灾害为新闻联播灾害事件报道提供了经验教训

我们对汶川地震报道和冰雪灾害报道进行对比后发现，前者较后者无论在报道内容上还是在报道形式上都有了较大的进步。但是，这种进步是建立在冰雪灾害报道基础上的，也可以说，冰雪灾害报道为《新闻联播》灾害事件报道的发展提供了可以借鉴的经验。

首先，冰雪灾害报道中被证明是正确的报道方式被合理移植到汶川地震的报道之中。冰雪灾害发生后，从 1 月 29 日到 2 月 6 日，CCTV- 新闻、CCTV-1 推出了《迎战暴风雪》专栏，关注恶劣天气对交通和生产生活造成的影响，以及各地各部门积极采取的救灾措施和应急机制。该栏目对灾害事件进行了详细全面的报道，与《新闻联播》形成互补。汶川地震发生后，CCTV 再次使用了新闻专栏的方式，开通《抗震救灾，众志成城》栏目，全天 24 小时直播。

其次，《新闻联播》在冰雪灾害报道中受到的诟病为本次灾害事件报道提供了教训。灾害事件的突发性和新闻报道的滞后性、灾害事件的破坏性和新闻报道的趋利性、灾害事件的客观性和新闻报道的主观倾向性作为《新闻联播》冰雪灾害报道中的三对矛盾在本次灾害事件报道得到了有效解决。[①]

---

① 徐占品，迟晓明，李丹丹，等.管窥新闻联播 2008 年冰冻灾害报道［J］.防灾科技学院学报，2008（2）：123

（二）政府信息公开条例的实施为灾害事件报道的发展提供了条件

2007年1月17日，《中华人民共和国政府信息公开条例》经国务院第165次常务会议通过，该条例自2008年5月1日开始施行。该条例的实施和《新闻联播》对本次灾害事件的报道之间也有一定关系。该条例的第一章第二条中规定"本条例所称政府信息，是指行政机关在履行职责过程中制作或者获取的，以一定形式记录、保存的信息。"第二章第十条、第十一条和第十二条中分别规定了属于县级以上人民政府和乡镇人民政府重点公开范围的政府信息，其中包括"突发公共事件的应急预案、预警信息及应对情况""抢险救灾、优抚、救济、社会捐助等款物的管理、使用和分配情况"和"抢险救灾、优抚、救济、社会捐助等款物的发放情况"。

该条例还规定了信息公开方式，在第三章第十五条中指出"行政机关应当将主动公开的政府信息，通过政府公报、政府网站、新闻发布会以及报刊、广播、电视等便于公众知晓的方式公开"。^①大众传播的重要职能之一就是要满足受众知情权。《新闻联播》对灾害事件损失的公布以及对救灾物资使用情况的通报都是基于该条例的相关规定。可见，《中华人民共和国政府信息公开条例》的实施为官方权威媒体提供了用武之地，^②《新闻联播》利用了这个有利时机，开拓了灾害事件报道的新领域。

（三）灾害类型的不同也是导致本次灾害事件报道发生变化的主要原因

我们在讨论雨雪冰冻灾害报道与汶川地震报道的区别的时候，无法逃避这样一个客观现实，那就是冰雪灾害与地震灾害在灾害学意义上的特点明显不同。

雨雪冰冻灾害成灾过程较为缓慢。2008年初的雨雪冰冻灾害是在几次大规模的降雨和持续严寒天气条件下产生的，灾害程度逐渐加重，给灾区民众留下了适应时间，新闻媒体对其新闻价值产生麻痹；地震灾害成灾过程十分迅速，在短短的几十秒内就造成了巨大的破坏，这也是新闻媒体反应比较迅速的客观原因。此外，地震灾害发生后，中国地震台网中心迅速测出地震的大致震级和具体方位，立即上报党中央国务院，国家领导人的行动带动了《新闻联播》的适时报道，也带动了政府各部门之间的沟通协调。在此情形下，《新闻联播》于5月13日播发了"中央宣传部门和中央主要新闻媒体认真做好抗震救灾宣传报道工作"的消息，指导了抗震救灾中的媒体报道。但是在雨雪冰冻灾害中，缺乏"统一的政府灾害管理机构，应急管理体制存在缺陷"，^③使得媒体没有在第一时间对灾害事件予以重视，以致《新闻联播》在灾害发生初期出现了"失语"现象。

---

① 中华人民共和国政府信息公开条例［OL］.国务院门户网站，http://www.gov.cn/flfgcontent_593403.htm.
② 范玉吉.政府信息公开与新闻传播［J］.新闻记者，2007（7）：5.
③ 周跃云.建立健全我国突发性灾害应急管理体制的建议［J］.防灾科技学院学报，2008（2）：82.

在肯定主流媒体灾害事件报道取得成绩的同时，也要看到仍然存在的一些问题，比如对重灾区的报道和次重灾区的报道之间的不协调使得大部分救灾人员和救灾物资涌向四川，导致其他受灾地区救助活动开展缓慢；前期报道和后期报道之间的不协调导致了主流媒体在灾害事件报道取得进展后向以往报道模式回归；新闻报道与受众需求之间的不协调也使得主流媒体公信力下降，从而影响其新闻内容的被关注程度等。

第二节　甲型 H1N1 流感疫情报道

2009 年 3 月底至 4 月中旬，墨西哥、美国等多国接连暴发甲型 H1N1 流感（或称 H1N1 型猪流感）疫情，一百余人疑似因该型流感导致死亡。这一事件迅速引起世界各国卫生防疫部门的重视，新闻传媒随即介入报道，在世界范围内掀起了一场防控甲流的全民行动。这一次，中国媒体吸取了 2003 年非典型肺炎疫情初期新闻报道集体失语的教训，迅速全面对疫情进行了跟踪报道。从 3 月底到 9 月底的六个月时间里，新闻媒体关于疫情的报道呈现阶段性特征。

一、暴发期：媒介融合、反应迅速和立体报道

非典型肺炎之后，中国媒体对突发危机事件的报道一直被受众诟病。尽管在汶川地震的报道中，中国媒体表现出了可喜的进步，但是灾种的不同并未能使中国媒体走出"集体失语"的阴影。当一个类似于非典型肺炎的公共卫生防疫事件暴发时，中国媒体似乎找到了一个雪耻的机会，在这次新闻报道中，呈现出了媒介融合、反应迅速和立体报道的显著特点。

媒介融合是新闻媒体在面对重大新闻题材时的重要手段。随着新闻商品属性的彰显，媒介竞争接近白热化，但是在重大新闻事件发生时，单一的媒介力量有限，并不能最大程度呈现事件的全部信息，媒介融合是媒介自身发展和新闻事业进步的双重需要，是不同媒介之间实现共赢的重要途径。

媒介融合并非建立在媒介协商基础之上。在市场竞争作用下，差异化发展成为媒介的普遍追求。纸质媒介、传统电子媒介和新媒体都找到了自己的生存空间，这种发展的互补性成为媒介融合的前提。在甲型 H1N1 流感疫情全球性大暴发之后，我国的纸质媒体侧重于对新闻事件的综合报道、深度挖掘和背景介绍；传统电子媒

介则利用传播速度的优势对事件进行跟踪，及时将最新信息传递给受众；新媒体也不甘示弱，凭借强反馈性收集受众的信息消费需求，并形成良好的互动，大大提高了信息传播的效度。新闻事件一经发生，各种媒体都按照自己的方式去传播信息，媒介融合自然形成。

反应迅速是中国新闻媒体在甲型 H1N1 流感疫情暴发期的另一个重要特征。按照新闻接近性的要求衡量，暴发于美洲的流感疫情并不符合新闻选择标准。但是中国媒体正视了这一疫情的全球化蔓延趋势，迅速捕捉到了这一具有潜在价值的新闻事件，为受众做好思想准备留置了时间。甲型 H1N1 流感疫情在国内暴发之后，社会公众生活秩序井然有序，并未出现 2003 年那样的社会恐慌，不得不归功于新闻媒体对这一事件的及时报道和正确引导。

中国媒体从一开始极有可能对甲型 H1N1 流感疫情是抱有悲观情绪。他们做好了这一疫情在国内大范围暴发并造成人员伤亡的充足准备。各大媒体都及时跟踪报道这一事件，全方位、多角度关注疫情的进展，从美洲到亚洲、从亚洲到港澳、从港澳到大陆，疫情越来越靠近我们，新闻媒体的新闻敏感和职业思维使得他们具有某种莫名的兴奋，当然，这并非灾害事件中的幸灾乐祸，纯粹是职业反应。正是在这样的背景之下，新闻媒体在甲型 H1N1 流感疫情的暴发期对这一事件给予了立体报道。

立体报道是相对于单一报道和线性报道而言的。从媒介参与角度来看，立体报道需要各种媒体之间的合作，因此，立体报道是以媒介融合为基础的。除了多媒体参与以外，立体报道还包含了媒体对事态进展的动态关注。甲型 H1N1 流感疫情一直处于动态变化之中，感染人群的扩大、地域范围的扩大、病毒的变异、感染者的行踪等，都是受众急需了解的信息，在一个相当长的时间里，媒介从多方面对此进行了报道。

此外，对新闻事件的扩展报道也是立体报道的一部分。尤其是对于纸质媒介而言，缺乏信息传递速度上的优势，就会将信息传播的广度作为自己的巨大优势参与媒介间的市场竞争。在甲型 H1N1 流感疫情暴发之后，关于疫情的预防、流感的传播途径、历史上重大疫情的基本情况等等边缘信息也进入了受众的视野。

■ 二、平缓期：媒体和受众的新闻脱敏与同质化报道

从甲型 H1N1 流感疫情出现在中国大陆开始，媒体对这一事件的报道开始进入了一个相对平缓的阶段，在这个阶段中，媒体和受众对这一新闻事件的动态关注均出现了"麻木"态度。新闻价值的大小与这样几个因素成正比：事物变化的影响力、

事物变动的规模和空间、事物发展的速度。新闻价值的大小还与事物发生的可能性概率成反比。[①] 根据以上观点，甲型 H1N1 流感疫情是具有很大新闻价值的，事物变动规模是和原来没有出现疫情时进行比较的，因此，这种变动规模显得很大，这一新闻事件也就更容易引起受众的关注，更容易通过新闻传播者的把关进入新闻传播媒介。

这一疫情经过了暴发期之后，在平缓期的报道中，我们可以明显感到这一新闻事件的新闻价值发生了变化，这主要是因为参照物发生了移换。《文汇报》2009 年6 月 6 日报道"申城又现一例甲流确诊病例，目前，上海共有八例输入性甲型 H1N1 流感确诊病例。"这里的八例病例作为一个变动了的事实，其参照物为 6 月 2 日由上海市政府新闻发言人陈启伟披露的"本市发热门诊发现两例输入性甲型 H1N1 流感确诊病例"。[②] 在这一组数据的对比中，我们可以看到 6 月 6 日的新闻价值主要表现为增加一例病例，这一事实变动的范围较小，影响力较小，甚至变动速度也未能超出受众的预期，可见新闻媒体在平缓期对于甲型 H1N1 流感疫情报道的新闻价值并不大。

新闻敏感决定着媒体新闻报道的方向和内容。专业的新闻工作者总是靠着敏锐的洞察力对世界上所有运动着的物质进行判断，把那些适合于进入新闻传播渠道中的信息（指受众需知欲知而未知、适合媒介传递、被新闻传播外部环境所许可的信息）筛选出来，公之于众。专业新闻工作者的新闻敏感并不是一成不变的，它受到人们的主观世界和外部客观环境的双重制约。

在关于甲型 H1N1 流感疫情报道的平缓期中，新闻媒体和新闻工作者对这一新闻事件逐渐脱敏。在平缓期的中后期（主要是在 2009 年 7-8 月），随着甲流疫情变动速度的减缓和其他新闻事件对有限的媒体资源的需求，甲型 H1N1 流感疫情越发处于一种尴尬地位，像"鸡肋"一样，弃之可惜，食之无味。

新闻媒体对待甲型 H1N1 流感疫情的态度影响了受众对待这一新闻事件的态度。疫情在不断扩大，却未能发现积极的应对措施，并且事件造成的影响也并没有受众预料的严重。人们的社会生活并未受到太大影响，新闻媒体对这一新闻事件报道的淡化，受众也摆脱了敏感状态。我们分析受众在平缓期对甲流疫情脱敏的原因时，必然要谈到媒体灾害新闻报道的同质化现象。

同质化报道是中国媒体在这一时期的重要特征，也是引发受众麻木的主要原

[①] 蔡铭泽. 新闻传播学（第 2 版）［M］. 广州：暨南大学出版社，2007：108.

[②] 陈青. 本市新增两例甲流确诊病例［N］. 文汇报，2009-6-3（1）.

因。所谓新闻报道同质化，主要表现在两个层面：其一是内容层面，典型特点是各媒体报道千篇一律；其二是媒介运营层次，表现为各媒体策划手法相似、营销运作雷同，缺少独树一帜的盈利模式。我们通常说的同质化，主要是指内容的同质化。[①]

新闻媒体平缓期的同质化报道内容，主要表现为两个方面，一是表现在不同媒体对同一新闻的报道上，例如以下两则消息：

央视网消息（新闻联播 7 月 4 日播出）：卫生部通报，7 月 3 日 18 时至 7 月 4 日 18 时，我国内地新增甲型 H1N1 流感确诊病例 42 例。截至目前，我国内地共报告 1002 例甲型 H1N1 流感确诊病例，已治愈出院 720 例。[②]

据新华社北京 7 月 4 日电 7 月 3 日 18 时至 7 月 4 日 18 时，我国内地新增甲型 H1N1 流感确诊病例 42 例。其中，广东报告 15 例，北京报告 13 例、上海报告 7 例，福建报告 3 例，天津、江苏、山东、海南各报告 1 例。截至目前，我国内地共报告 1002 例甲型 H1N1 流感确诊病例。[③]

在上述第一则新闻中共包含了四个信息点：统计时间范围（7 月 3 日 18 时至 7 月 4 日 18 时）、新增病例（我国内地新增甲型 H1N1 流感确诊病例 42 例）、病例总数（我国内地共报告 1002 例甲型 H1N1 流感确诊病例）、治愈人数（已治愈出院 720 例）；第二则新闻也包含四条信息：统计时间范围（7 月 3 日 18 时至 7 月 4 日 18 时）、新增病例（我国内地新增甲型 H1N1 流感确诊病例 42 例）、病例分布情况（广东报告 15 例，北京报告 13 例、上海报告 7 例，福建报告 3 例，天津、江苏、山东、海南各报告 1 例）、病例总数（我国内地共报告 1002 例甲型 H1N1 流感确诊病例）。两条新闻的信息重合率达到了 75%。

新闻媒体在平缓期的同质化还表现在同一媒体对同类新闻的报道上，我们选取了《文汇报》6 月 6 日和 6 月 8 日的两则新闻在以下几个方面进行了比较：

新闻标题：

申城又现一例甲流确诊病例（6 月 6 日）

上海确诊两例甲流病例（6 月 8 日）

新闻导语：

上海市政府新闻发言人陈启伟昨天披露，本市发热门诊发现一例输入性甲型

① 李克强，罗云羽.差异就是市场 创新才有出路——对新闻同质化竞争的思考［J］.新闻知识，2006（8）：51.

② 我国内地新增甲型 H1N1 流感确诊病例 42 例［EB/OL］.中国中央电视台网站.［2009-07-04］.http://news.cctv.com/china/20090704/104592.shtml.

③ 内地新增 42 例［N/OL］.文汇报数字报纸.［2009-07-05］.http://ewenhui.news365.com.cn/wh20090705/.

H1N1 流感确诊病例。目前，上海共有 8 例输入性甲型 H1N1 流感确诊病例。（6 月 6 日）

上海市政府新闻发言人陈启伟昨天下午披露，本市发现两例输入性甲型 H1N1 流感确诊病例。目前，上海共有 10 例输入性甲型 H1N1 流感确诊病例。（6 月 8 日）

新闻主体：

患者为女性，中国籍，18 岁，现就读于美国某女子学校。6 月 3 日从美国乘坐美国大陆航空公司 CO087 航班于 6 月 4 日 13：30 抵达上海浦东国际机场，检疫部门专业人员登机检疫红外线测得该患者体温为 37.6℃，在机上留验约 15 分钟后测体温 36.6℃（腋温），随后回家。当晚，患者自觉发热、咳嗽等症状，在家属陪同下乘私家车到新华医院发热门诊就诊，经检查测得体温 38.5℃，诊断为不能排除甲型 H1N1 流感可能。昨天清晨，上海市疾控中心检测结果为甲型 H1N1 流感病毒核酸阳性。结合患者临床表现、流行病学调查和市疾控中心实验室检测结果，判定该病例为输入性甲型 H1N1 流感确诊病例。患者随即被用专用负压救护车送至市定点医院上海市公共卫生临床中心诊治。（6 月 6 日）

本市第九例患者为女性，中国籍，47 岁。6 月 3 日从美国乘坐 CO087 航班于 6 月 4 日 13：30 抵达上海浦东国际机场。因邻座其女儿被确诊为甲型 H1N1 流感病人而被要求实施居家医学观察。6 月 6 日 8：40，患者在例行检查中发现体温 37.6℃，即被送往浦东新区传染病医院进行隔离诊治，经医院诊断为不能排除甲型 H1N1 流感可能。6 月 6 日 22：10，上海市疾控中心检测结果为甲型 H1N1 流感病毒核酸阳性。结合患者临床表现、流行病学调查和实验室检测结果，判定该病例为输入性甲型 H1N1 流感确诊病例。患者随即被用专用负压救护车送至市定点医院上海市公共卫生临床中心诊治，目前患者情况稳定。经流行病学调查，患者的密切接触者为其两名家人，目前继续予以居家医学观察，健康状况良好，未出现流感样症状。（6 月 8 日）

新闻结语：

市卫生部门提醒市民，近期从有甲型 H1N1 流感确诊病例国家返回本市的人员，自回国之日起应自主居家观察七天，尽可能避免外出和与亲友的接触。如有发热、咳嗽等症状，应立即前往医疗机构发热门诊就诊。（6 月 6 日）

市卫生部门提醒市民，近期从有甲型 H1N1 流感确诊病例国家返回本市的人员，自回国之日起应自主居家观察七天，尽可能避免外出和与亲友的接触。如有发热、咳嗽等症状，应立即前往医疗机构发热门诊就诊。（6 月 8 日）

通过上述几个方面的对比，我们不难发现，同一媒体对同类新闻报道结构、报道语言几乎雷同，这也是受众对甲型 H1N1 疫情新闻报道脱敏的重要原因。

■ 三、反弹期：初衷与结果的悖离和被动报道

令所有媒体和受众都没有预料到的是 9 月份甲流疫情的强烈反弹。伴随着流感高发季节的到来和高校秋季学期的学生返校这一大规模的人员流动，甲流疫情迅速传播，媒体和受众猝不及防，只能被动接受。

我们把从 9 月份以来中国媒体对甲流疫情的报道时期称为反弹期。经历了暴发期和平缓期的新闻实践之后，媒体在对这一事件的初衷和实践结果发生了严重的悖离。在暴发期中，新闻媒体对甲流这一新闻素材抱有很大希望，他们希望能够弥补媒体在 2003 年对非典型肺炎疫情报道中存在的遗憾。中国的媒体在经历了冰雪灾害报道、汶川地震报道之后，已经积累了宝贵的危机事件报道的经验，因此，他们很有信心报道好甲流疫情。初衷是很好的，但是事实并未像中国媒体预计的那样发展。暴发期的新闻报道精彩而丰富，媒体从报道广度、报道深度、报道形式等角度对这一新闻事件积极报道。然而，在平缓期中，甲流报道的新闻实践越来越悖离新闻媒体的初衷。当然，这并不能完全归咎于新闻媒体的过失，自然灾害事件的发生发展并不以人的意志为转移，和媒体策划的活动具有很大不同。

反弹期新闻报道的又一特点是媒体的被动性。尽管我们知道新闻是事实决定的，事实是第一位的，新闻是第二位的。反弹期的新闻报道的总体特征主要是由这一时期的甲流疫情决定的。新闻媒体的议程设置功能很强，它们在建构着广大受众对社会的认识，尤其是对于仰视型受众而言，媒体的态度直接决定着他们的社会认知程度和认知内容。9 月份来，甲型 H1N1 流感迅速蔓延，在全国各省市的部分高校群现。这一新闻事实出乎人们意料，媒体仓促应对，新闻报道缺乏美感。

中国媒体对甲型 H1N1 流感疫情的报道给予我们最大的启示就是要防止新闻报道的同质化倾向。在自然灾害报道中只是一味强调信息的时效性、真实性、全面性等方面，但是对信息传递的外在形式关心甚少。尤其是目前国内媒体对地震灾害的报道，同质化倾向非常明显，新闻中专业术语偏多，模式性强，可读性差，这对于大多不具有专业背景的受众来说，无法调动消费信息的积极性，直接导致这些信息的利用效度不大。因此，在自然灾害报道中，应做到差异化报道，使受众对这类新闻可读、爱读，才能够起到科普宣传作用。

第三节　天津港特大爆炸事故信息传播

2015 年 8 月 12 日 23 时许，天津港危险化学品仓库"瑞海"公司起火并发生爆炸。一时间，微博、微信等社交媒体被火光冲天、浓烟滚滚的照片和视频刷屏。截至 2015 年 8 月 31 日 15：00，共发现遇难者人数 158 人。这一严重事故引起党中央国务院的高度重视，习近平总书记多次作出指示，中央政治局常委会专门召开会议听取事故汇报，李克强总理亲赴灾区指导现场清理和灾害救助工作。

国内外媒体迅速跟进，在信息需求和信息传播的拉锯战中，剥除了事故的一层层外衣，使社会公众关心的核心问题逐渐显现、明朗。天津市委市政府一方面紧急组织各方面抢险救灾，一方面向外发声，在发布真相、破除谣言、舆论引导方面做了大量卓有成效的工作，但是，政府和媒体的危机应对尚有进一步的空间。

▎一、爆炸事故中的新闻发布

（一）新闻发布会基本情况

截至 2015 年 8 月 31 日，天津市人民政府新闻办公室共组织了 14 场新闻发布会，针对最新灾情、现场处置、医疗救援、环境监测等问题面向国内外新闻媒体通报情况，并回答了记者提出的相关问题。

新闻发布会密度统计。第 1 次新闻发布会召开时间是 8 月 13 日 16 时 30 分，此时距离事故发生 17 个小时；此后至 8 月 15 日，每天上下午各召开一场新闻发布会；自 8 月 16 日至 8 月 23 日，除 19 日（爆炸事故头七）之外，每天召开一次新闻发布会。8 月 23 日之后，最新灾情通过天津市人民政府新闻办公室官方微博向外发布。统计发现，本次事故中新闻发布会召开密度大，持续时间长，基本保障了事故处置过程中权威信息的有效传播。

在这 14 场新闻发布会中，主持人均为天津市人民政府新闻办公室主任。经统计，有 25 人共计 46 人次担任新闻发言人，其中男性 22 人 42 人次，女性 3 人 4 人次。在所有新闻发言人中，天津市行政领导 27 人次，相关领域专家 14 人次，救援组织负责人 4 人次，企业负责人 1 人次。在参加新闻发布的天津市行政领导之中，省部级领导 8 人次，厅局级领导 17 人次，县处级领导 2 人次。

新闻发布会话题。在已经召开的 14 场新闻发布会中，前 6 场新闻发布会的记者提问环节均未在电视上进行直播，从第 7 场开始直播记者提问环节。在这些新闻发布会中，由主持人和新闻发言人主动发布的话题共 72 个，其中最多的是"处置和救援"，共 34 个，其次分别是"灾情" 14 个、"环境监测" 10 个。从第 7 场新闻发布会开始的记者提问共涉及话题 62 个，其中最多的是"质疑 / 回应质疑"，共 21 个，其次分别是"追责" 17 个、"处置和救援" 12 个。

（二）新闻发布会的经验和教训

第一，危机应对过程中高度重视信息发布和舆论引导工作。天津港特大爆炸事故发生之后，天津市委市政府迅速开展灾害救援工作，成立了由代理书记、市长为指挥长的救援指挥部，救援指挥部下设事故现场处置组、伤员救治组、保障维稳群众工作组、信息发布组和事故原因调查组等五个小组。救援指挥部把信息发布看作与现场处置、伤员救治同等重要，充分体现了对信息发布和舆论引导工作的重视。

在天津市人民政府新闻办公室组织召开的 14 场新闻发布会中，天津市行政领导 27 人次出席发布会，其中省部级领导 8 人次，厅局级领导 17 人次，县处级领导 2 人次。尤其是第 10 场新闻发布会上，天津市主要领导，滨海新区区委书记和天津市副市长等三位省部级官员通报情况并回答记者提问。对记者的提问不限时，整场发布会共进行了 94 分钟，充分体现了天津市政府通过信息公开正确引导舆论的迫切需要。

第二，及时收集社会舆情并调整信息发布策略。通过对全部 14 场新闻发布会进行分析，可以看出天津市人民政府新闻办公室高度重视收集社会舆情，尤其重视收集媒体和受众对于新闻发布会的意见和建议，并在之后的新闻发布会中予以改进。

天津方面为了显示对事故的重视，在首场新闻发布会中即派出了公安消防局局长、卫健委主任、环保局局长，其目的是增强信息发布的权威性。但是由于缺乏经验，也未能准确预测新闻发布会的媒体环境和记者诉求，首场新闻发布会就出现了官员被媒体问得哑口无言的尴尬局面。鉴于此，第二场新闻发布会及时调整人员，减少了行政官员，增加了相关专家。同样，新闻办公室也关注到了媒体和公众的要求，及时安排天津市领导、天津港集团领导先后出席发布会。

此外，针对前六场发布会未直播记者提问环节的质疑，从第七场发布会开始面向全国电视观众全程直播。针对媒体对数据监测、现场处置、医疗救援等方面的质疑，天津方面还专门安排记者到环境监测点和泰达医院进行实地采访。这些都是天津方面对于信息发布与舆论引导所做的工作，无论效果如何，其努力是必须要肯定的。

第三，新闻发布会形式和效果有待改进。发布时效较差，错失新闻第一定义权。权威发布一旦跟不上，谣言就会满天飞。事故发生于 12 日 23 时许，新闻办公室于 13 日 16：30 召开了首场新闻发布会，而此时距离事故发生已经 17 个小时了。在 17 个小时里，"有图有真相"的事实夹杂着各种谣言在微博、微信等社交媒体刷屏。这也就意味着，新闻发布会失去了事故新闻的第一定义权，为此后信息发布处于被动状态埋下了隐患。

发布内容单一，未能回应社会关切。在 14 场新闻发布会中，最主要的内容就是主持人介绍最新的伤亡情况、市公安消防部门介绍现场处置情况、市卫生和计划生育部门介绍伤员救治情况、市环境保护部门介绍环境监测数据。无论是灾情通报、伤员救治，还是环境监测数据，新闻通稿高度同质化，其变动仅仅体现为数字的变更。而对于受众初期关心的如何灭火、污染物扩散情况、会不会再次发生爆炸，中期关注的瑞海公司的资质和背景、现场到底有多少有毒有害物质，后期关心的遇难人员的抚恤、损失的补偿等问题，在新闻发布会中大多数未能得到主动回应。据《新京报》记者整理发现：在前六场发布会中，记者提问超过 60 个，其中过半问题未能当场得到答案。第三场发布会中，记者共提了 8 个问题，有 5 个问题被官员直接回答"不知道""下一场给答案"，第四场记者提的 9 个问题中，4 个被回复称"不了解"或"没办法给答复"。

发布会准备仓促，新闻发言技巧有待提高。新闻发布会尚有许多细节问题有待完善。新闻发布会有一个显著特点，行政部门领导是新闻发布的主体，占到了总人次的 62.8%。从行政领导到新闻发言人之间有一个角色转化。新闻发言人和现场记者不是领导与被领导的关系，而是传播者和接受者的关系，也是质询和被质询的关系。有的新闻发言人对这种角色的把握尚不到位。此外，突发事件涉及人员伤亡和财产损失，对新闻发言人的着装、语言、表情等方面有严格要求。本次新闻发布会中新闻发言人的着装正式、肃穆，无可非议。但是在语言上，则有失误之处，如第六场新闻发布会上有人上来就说"非常高兴和大家见面"，某位发言人多次说"这个我前面已经说过了"。在表情上，至少有两位发言人在发言过程中出现笑声，前后多达八次。此外，发布会音响设备调试不到位，新闻发言人对记者提问的预见性不够，这些都显得发布会准备工作十分仓促。

新闻发布会的对象是新闻媒体和受众，二者的评价也成为了衡量新闻发布会成功与否的重要标准。事实上，新闻媒体对新闻发布会不满意，《新京报》认为"公众关心的事故发生原因、相关责任方追责、安评环评等细节问题依然待解"，人民网舆情监测室撰文《火上浇油！天津新闻发布会出了怎样的问题？》，此类声音不绝于耳。受众对新闻发布会也不满意，微博、微信、网络论坛上对新闻发布信息的质疑、指责、揶揄、讽刺等内容到处可见。

（三）对于新闻发布会的几点建议

在突发事件处置过程中，新闻发布会具有权威性和开放性，是宣传和新闻最佳的结合样态，既是现代政治文明的重要标志，也是现代政府的执政手段和履行社会责任的必要举措。可以说，新闻发布会组织得成功与否，直接影响危机处置效果。结合本次事故 14 场新闻发布会中出现的问题，我们认为在以后的新闻发布工作中要注意以下几个方面：

第一，快速发布，回应社会关切。新媒体环境下，"只说不做"和"只做不说"都不是危机应对的有效方式，只有"做说并重""边做边说"才能有效解决问题并引导舆论，才有可能使危机事件转"危"为"机"。在危机事件处置中，新闻发布会是规定动作，避之不开。

首先，要做到快速发布。突发事件发生后，第一时间向媒体和公众通报事件、时间、地点等基本要素。待部分记者赶到时，就可以召开第一次新闻发布会。第一次新闻发布会不在于信息的全面，而在于快速通报事实，掌握事故定义权，一旦出现新的信息可以随时补充。

其次，新闻发布会的内容要准确回应社会关切。新闻发布会不是自说自话，而是建立在舆情监测的基础上进行的信息发布和舆论引导工作。新闻发言人要设身处地地站在媒体和受众的角度，思考他们关心什么问题，从而确定新闻发布会的主要话题，这样才能掌握信息发布的主动权，树立新闻发布会信息的权威性。

第二，高层回应，协调各方关系。在天津港特大火灾爆炸事故中，前六场新闻发布会中均未出现天津市领导。从第 7 场开始（第 11 场除外），每场发布会都有天津市领导出席。面对重大灾难事故，需要高层回应，这本是危机处置、舆情应对的基本法则。在前几场新闻发布会中欠缺总体统筹，权威性高级别的行政官员缺席使得同级部门在说明信息方面不敢发声、不敢担责、对于可能涉及"兄弟单位"的信息披露，也是小心翼翼怕踩过了线。如此一来，诸事要"商量"、情况要"了解"就成了发布会的常态。

此外，参加新闻发布会的人员应该实现"行政官员"和"业务专家"相结合，新闻发言人应相对固定。在选定新闻发言人时，要充分考虑记者会问到哪些问题，据此搭配"行政官员"和"业务专家"。此外，新闻发言人的选定还可以考虑适当的女性发言人或现场工作人员，这些都有利于缓和发布会现场的紧张气氛。同时，新闻发言人要相对固定，出席人员如果不断变化，发布会上就可能出现"相关单位没参加这场发布会"的搪塞以及"这不是我的职责"的推诿。

第三，精心筹备，保障顺利进行。在本次事故的新闻发布会中，至少两场新闻发布会的话筒存在问题，过程中不断更换话筒。这就要求新闻发布会的筹备工作要精心细致，从而保障各类硬件设施的正常运行。

为了增强新闻发布会效果，在发布会现场还可以适当安排一些事故现场参观采访和准备一些实物、图片等道具。本次天津港特大火灾爆炸事故中，天津市政府新闻办公室除了安排常规的新闻发布会之外，还在 8 月 18 日 15：00 组织媒体记者采访市环保局在滨海新区设立的空气质量监测点，请环保局专家现场发布最新的监测信息，并回答了记者提问。当天晚上，还组织了媒体记者采访泰达医院，请医疗专家介绍救治的相关情况，并现场回答了记者提问。这些举措一方面让媒体记者身临其境，感受环境监测和灾害救助的现场氛围，另一方面有效回应了媒体和公众对伤亡人数和环境监测数据的质疑。

第四，掌握技巧，防止次生舆情。本次事故中的新闻发布会出现了大量次生舆情，主要是由信息不对称造成的。对于媒体和公众而言，他们迫切需要通过新闻发布会获取真相，而新闻发布会未能有效满足这种信息需求。这就使得媒体和受众纷纷给其"差评"。除了信息不对等之外，新闻发言人在新闻发布过程中缺乏娴熟的发言技巧，也在一定程度上诱发了次生舆情。

首先，初期的新闻发布要重事实轻结论。对于记者提及的问题，不能轻易的否认或承认，要以摆事实为主，慎下结论。在第一场新闻发布中，就有发言人说"饮用水、食品等生活必需品已全部发放到位；目前受灾的群众和遇难受伤人员的家属基本得到安置，情绪稳定"，这些结论性言论言之过早，在此后的事故进展中不断被证明"不实"。其次，新闻发言人必须有身份意识。前面述及，新闻发言人不是高高在上的领导和学术精深的专家，而是接受媒体质询的传播者，这就需要降低身段，与媒体平等沟通，必要的时候甚至还需要适当示弱。再次，新闻发言人要有情境意识。新闻发言人的衣着、言行、表情都要符合当时的情景。尤其是直播的新闻发布会，许多记者和亿万受众都在关注着新闻发言人的一举一动，稍有不慎，就会产生次生舆情，原陕西省安监局局长杨达才的"微笑局长"事件值得鉴思。

第五，完善机制，创新培训形式。新闻发布工作难度大，压力也大。新闻发布会成功与否，新闻发言人是关键。从这次事故的新闻发布来看，完善新闻发言人制度，做到定人定岗很有必要。每一个部门在确定新闻发言人时，需要考虑到两种情况，一种是主导型的新闻发布，一种是参与型的新闻发布。所谓主导型新闻发布会是指本部门主导召开的新闻发布会，这主要是针对部门危机事件进行的。参与型新闻发布会是指其他部门主导的，但是其中有部分内容涉及本部门的新闻发布会。本次事故中前几场新闻发布会的失误即在于此，所有新闻发言人都是参与者身份，缺乏主导者，这就导致不敢说、不知道怎么说，略显混乱。

二、爆炸事故中的传统媒体报道

（一）天津传统媒体报道情况

第一，天津卫视对事故的报道。天津卫视对本次事故的报道主要集中在《天津新闻》《津晨新闻》《12点报道》《新闻直播》等栏目。天津卫视在事故开始时的报道比较谨慎，在管制和宣传纪律的限制下，选择了自律和自我边缘化，以至于引起了网络舆论的批评。但是从新闻报道的中后期开始，尤其是央视的报道重点转移到国庆阅兵之后，天津卫视及时接棒成为了信息传播的主角。

13日上午天津卫视正常播出了电视剧和其他节目，在12：00的新闻栏目中对该事件进行了15分钟的报道。14：00—14：15的《新闻直播》栏目通报了该事件的最新进展。16：00—16：15的《新闻直播》栏目对天津市新闻办组织的首场新闻发布会进行了部分播出。在18：30—19：00的《天津新闻》中进行了重点报道。

迫于舆论压力，天津卫视在13日晚上和14日的节目安排上进行了调整，其所发公告显示，原计划周四播出的《宝贝你好》《爱情保卫战》，周五播出的《爱的正能量》及部分商业广告暂停播出。周四晚上改播百集大型纪录片《记住乡愁》。并以滚动字幕形式播报事件的最新进展。

天津卫视在8月14日7：00—8：00的《津晨新闻》栏目分别从回顾新闻发布会、灾情通报、记者连线、救援进展、环境数据通报、社会捐赠等方面进行报道；11：00左右播出的"遇到突发爆炸，谨记七大逃生准则"，通过信息设计对普通民众起到了防灾减灾科普宣传的作用。

在18：30—19：00的《天津新闻》栏目里，分别报道了现场救援、灾情通报、先进典型、灾情处置最新进展等内容。10：00和18：00分别召开了事故的第二次和第三次新闻发布会，每场新闻发布会持续15分钟左右，天津卫视对新闻发布会进行了直播。

在此后的报道中，央视的新闻报道重点发生转移，天津卫视则逐渐接过了对事故跟踪报道的大旗，加大报道力度，注重报道效果，较之事故初期的报道有了明显改进。

第二，天津广播电台相关报道。常规节目设置未打破，周末版继续播出。天津广播作为事发地媒体，没有在第一时间打破线性的节目规制，进行大型特别节目的直播，8 月 15 日和 16 日周末版广播节目照常播出，而仅是在各档新闻节目中播报大量的相关内容，同时天津滨海广播与天津新闻广播并机直播节目。但是，在中国传统习俗的"头七"当日，即 8 月 18 日，天津广播电台各频率从 7：00 开始，并机直播名为"为逝者哀悼，为生者祝福，为天津加油"的特别节目，打破节目表的线性规划，全天进行发布会直播、记者最新情况连线，并以广播特写的形式将事故发生后七天内的感人故事、救援奇迹等整合播出。

早、午、晚新闻为时间节点，天津新闻"全情投入"。8 月 13 日当天，天津新闻广播报道主要以新华社消息为主，而后记者连线和自采内容开始增多，并在以后每天的重要新闻节目，如"天津新闻""909 早（午、晚）新闻"都对当日以及前日的重要事故消息进行整合播报，关注热度逐渐上升，直至 8 月 18 日进行特别节目直播，以"慢热"的速度投入到当地事故灾害的报道中。

虽然没有打破常规节目设置，但是该频率对于此次爆炸案的关注程度极高，体现了事发地媒体的责任意识。各档新闻节目持续关注突发事故，随时滚动消息、记者连线，其中 909 早新闻、午新闻以及晚新闻节目将一段时间内的重要消息整合播报，组合成为事故报道较明显的时间节点。另外，"天津新闻"作为新闻节目中的重中之重，从 8 月 14—18 日的节目内容全都是事故处置相关新闻。"天津新闻"节目的全情投入足以说明天津广播对此次爆炸突发事件的重视程度，然而，从我们追踪记录的节目主要内容也可以看出，突发新闻侧重于领导人批示与工作指导，以及政府工作规划等方面，从内容上，与关注问责和涉事企业起底的新媒体出现不同报道方向。

多关注政府工作和救治情况，信息重复率高。由上述"天津新闻"内容可知，天津新闻广播在传统媒体思维定式下，以领导人指挥工作以及政府工作规划为重要内容，试图起到稳定民心，振奋救援信心的作用，这既是"事后报道"思维所主导的，同时也是传统广播面对严格的新闻监管和喉舌功能所进行的业务实践。

在信息获得方面，天津广播电台的新闻信息多来自新华社、中国之声等权威媒体，而自采内容中，除了政府工作批示之外，记者报道多以了解伤亡治疗情况（医院）为主，多为救治医院和居民安置点的相关情况，对于救援以及爆炸现场的第一手消息较少。这些信息在各档节目中反复播出，重复率较高，如此一来，相较于电视声画结合的多元观感和网络的海量信息，突发事件中广播新闻的可听性降低。

第三，《天津日报》《每日新报》《今晚报》报道情况。在此次突发事件报道中，天津充分利用了纸质媒介传播的优势，有效避开了与广电、新媒体的同质化竞争，在新闻、评论、图片等方面的表现都可圈可点，尤其是《天津日报》《今晚报》《每日新报》等报纸的专题报道，每天开辟多个专版，在事故报道的深度、广度、新度上都有突破，舆论引导和舆论监督功能得到强化。

《天津日报》作为天津市委机关报，侧重于对事故的权威信息发布，尤其是对国家领导人的指示批示，侧重报道事故处置现场对救灾指挥的贯彻执行。自事故发生的次日至8月22日，《天津日报》共计安排了37个专版予以报道，其中10个头版。从8月14日起，《天津日报》开辟专版对事故现场清理、救援开展情况、环境监测数据进行了全面的报道，尤其是8月20日在第二版专门刊发整版文章《灾后环境安全吗？瑞海公司啥背景？》，积极回应社会关切，产生了很好的舆论效果。

《每日新报》和《今晚报》是天津两家影响力最大的都市类报纸。在此次事故中，两张报纸不但与党报的报道有较大差异，两张报纸之间的报道也各有特色，体现了同城报纸之间的良性竞争态势。《每日新报》在15天里，共刊发了105个专版。最具特色的是头版报道语言，简洁有力、笔端常带感情，《致敬，我的兄弟》《我们是兄弟　兄弟，懂不！》《留住了时间　却没留住你》《如果雨能听懂　这座城的悲伤》等标题在舆论引导方面具有很强的感染力。

《今晚报》最具特色的是其整版照片。从8月14—23日，除了19日之外，每天都有一个照片专版，分别报道了《救援现场　生死时速》《抢救生命　刻不容缓》《众志成城　奉献爱心》《8小时，地毯式搜寻排查》《祭牺牲英烈　哀罹难同胞》《全力以赴　救死扶伤》《现场清理　严谨有序》《深入核心区　拉网式清理》《各方努力　恢复生活》。《今晚报》除了照片版之外，还有大量专版，自8月13—26日，共有50个专版。

（二）传统媒体报道的经验和教训

突发灾害事件往往造成重大人员伤亡和财产损失。无论是灾区受众还是外围受众，其信息需求都具有一定的特殊性。突发灾害事件常常作为各种社会矛盾集聚之后的突破口，引爆社会公众的消极情绪。所以说，无论是何种危机事件，政府、媒体、公众很难做到良性沟通，实现三方满意。

第一，传统媒体的报道融合互补有效引导社会舆论。此次事故中，天津媒体很好承担了属地媒体新闻报道和舆论引导的重任。无论是天津卫视和天津广播电台直播节目中的电话连线，还是新闻发布会上的记者提问，都可以看出天津媒体记者的高度敬业精神。从呈现出来的新闻作品来看，充分体现了各种媒体之间的融合互补。传统媒体的新媒体内容侧重信息的发布时效，天津卫视对事故处置现场、医疗救助现场和新闻发布现场的报道声画结合感染力强，广播媒体特有的非排他性面向特殊受众群体传播信息，纸质媒体充分挖掘深度报道，大量刊登图片，还配发新闻评论。值得一提的是，《天津日报》《每日新报》《今晚报》在 8 月 18 日"头七"哀悼日和刊登第一批、第二批遇难人员名单的当天，都对报头进行了色彩处理，将原来的红色变为灰色，营造了尊重逝者的庄严肃穆和气氛。通过媒体的融合互补报道，社会舆论引导取得了明显效果。通过对在津受众的访谈发现，社会公众情绪稳定、人们生活秩序井然，并未产生严重的次生灾害。

第二，时效性仍是传统媒体突发新闻报道的"阿喀琉斯之踵"。传统媒体为了保障信息的真实性和权威性，需要对信源进行严格的核实，需要在大量一手碎片信息中筛选、制作符合传统媒体传播特点的内容，并需要层层把关。这与信息传播的时效性要求是矛盾的。因此，对于突发事件的报道，传统媒体很难在传播时效上超越新兴媒体。天津港特大火灾爆炸事件亦是如此。

最早对该事件进行报道的电视媒体是央视新闻频道 8 月 13 日凌晨两点的《新闻直播间》栏目，而此时爆炸事故已经发生 3 个小时了。广播媒体也没有打破常规线性节目，进行特别节目直播，而是在各档新闻节目中及时更新，尤其是在事故发生后第七日进行大型直播节目，虽然在内容上逐步并入突发事件特别报道的轨道，但在时效性方面未免有些滞后。

第三，"现场连线"的信息渠道单一，无法满足受众的信息需求。在本次事故中，天津卫视根据实际情况开设了直播栏目，对现场清理、人员救援、环境监测、受灾情况、先进人物进行了报道，其报道形式主要是电话连线。但是，单一的电话连线呈现的更多的是现场情况，既无法进入核心区域告诉受众事故的影响到底有多大，也无法回答受众关于问责的质疑。广播媒体也是如此，采用分派记者在事故现场警戒区、居民安置点、救治医院以及新闻发布会现场等主要地点持续进行采访，由不同坐标的记者发回连线和录音报道串联自采内容，记者工作范围清晰、效率较高，但同时报道规划容易落入定式，失去特色。

第四，新闻发布会未能完整播出，将受众带着疑问推向新媒体。天津市政府新闻办公室针对"8·12"特大火灾爆炸事故共召开了 14 场新闻发布会。遗憾的是，无论是天津卫视还是天津广播电台，在前 6 场新闻发布会直播中均至记者提问环节中断，这成为了本次事故新闻报道的一个"笑柄"，不但未能击破谣言、引导舆论，反而留给观众更多的遐想，将受众带着各种疑问推向了新媒体中去寻找答案，这也在一定程度上为谣言的传播提供了土壤。

以上种种都导致了传统媒体在本次火灾爆炸事故的新闻报道中传播效果欠佳，未能在舆论引导中主动担纲。

（三）对传统媒体新闻报道的几点建议

首先，帮忙而不添乱。突发灾害事件与自然灾害事件一样，信息传播的第一要义是有利于灾害救助的顺利开展。采写第一手新闻一直是新闻记者的追求，但是在突发性事件中，特别是涉及人民生命财产安全时，媒体记者应该恪守新闻职业道德。如果将自己的利益建立在牺牲别人利益甚至是生命之上，即使取得了"猛料"，也将受到良心的谴责。

媒体在报道突发性事件的过程中，要如实地将事件真相告知公众，因为公众享有最基本的知情权。但在报道过程中更要注意千万别添乱。在本次事故的报道中，仍然有媒体断章取义，不经核实而报道新闻，以至于出现了一些媒体自己制造的谣言，为整个事故救援制造了重重阻力，比如在新闻发布会上大喊"只峰是谁"的记者，比如报道"对核心区三公里范围内的居民进行疏散"的媒体，这些报道都缺乏核实，都是建立在猜测的基础上，容易误导受众，影响救援。

其次，疏导而不掩盖。突发事件中的新闻报道，发挥着重要的传播事实和舆论引导功能。信息获取渠道日趋多元，任何掩盖信息的做法都无异于掩耳盗铃、自欺欺人。在本次事故的报道中，天津卫视饱受诟病，一些专家学者、影视明星和草根民众集体发声，指责其节目安排和事故报道。尽管天津卫视也努力做了改进，包括调整娱乐节目的播出时间、增加新闻直播节目的体量，也可以看出其试图掌控舆论引导主动权的各种努力，但是这距离新媒体时代受众的信息需求还是有一定距离的。

传统媒体并不是当前传媒生态中的一个独立王国，信息获取渠道的多样化使得任何信息封锁都只能是徒劳无功的。这就要求传统媒体对敏感信息的处理要转变思路，从简单粗暴的"堵"转为更具技巧的"疏"。以此看来，完善媒体危机事件报道预案尤为重要。而这些都要体现在突发事件报道预案之中，否则仍然会因为没有经过允许而不敢报道，从而贻误时机，错失新闻报道和舆论引导的主动权。

再次，快速而不同质。传统媒体是舆论引导的中坚力量，因此在重大突发事件之中，必须率先发声，获得突发事件的第一定义权。唯其如此，才能在此后的舆论引导中占据主动地位。但是在突发事件初期，面临信息源缺少的现实困境，传统媒体在快速报道的同时还要防止出现新闻报道的同质化现象。同质化报道丧失媒体个性、浪费新闻资源，还会使受众经济、时间、感情受到伤害。这就要求突发事件中的各媒体要明确定位，根据自身特点选择新闻。在本次事故中，天津的三家纸质媒介就很好地避免了同质化现象。同一篇通稿，党报发得严肃，都市报语言活泼，各有特点。

防止同质化报道，还可以从拓宽媒体的传播功能入手。在本次事故的报道中，传统媒体主要致力于新闻报道,通过各种形式为受众提供最新事态。但是,传统媒体还可以在此基础上拓展其他传播功能。传统媒体可以强化突发事件中的观点传播功能。新媒体胜在快,但是其碎片化的特点导致受众需要对信息进行二次甄选,费时费力还受到媒介素养的限制。传统媒体可以充分利用新闻评论解读新闻,传播观点,从而掌握舆论引导的主动权。传统媒体可以强化突发事件中的知识传播功能。突发灾害事件常常伴随着重大人员伤亡和经济损失,必要的防灾减灾知识是观众须知欲知而未知的信息。结合突发事件的特殊时机,利用传统媒体的传播优势,做实做足防灾减灾科普知识传播大有裨益。

最后,有序而不慌乱。突发事件因其突发性,在事件发生初期的应对中,容易出现各种无序和慌乱。为了避免出现这种无序,媒体应该完善突发事件报道预案并在突发报道事件中严格遵循预案。媒体的突发事件报道预案应该进行细化,具有可操作性。在突发事件发生时,相关责任人第一时间各就各位,有序开展报道。媒体要加强对媒体人员突发事件报道的培训,加强防灾教育。

此外,传统媒体在新闻报道中还要防止煽情报道。本次事故中,天津卫视在初期的报道中就开始塑造先进典型,出现了煽情报道的端倪。电视媒介要强化灾害信息传播监督和管理。一方面,要倡导电视工作者理性报道突发事件,营造坚强面对灾害的媒介氛围,拒绝"悲切切""哭啼啼"的电视镜头,引导公众理性救灾。另一方面,要对灾害信息传播中的煽情报道予以明确界定,一旦出现这样的报道,要进行必要的追责处理。

■ 三、新媒体传播

(一)天津传统媒体的新媒体内容分析

事故发生之后,新媒体成为了第一时间传播信息的平台,其时效性是传统媒体无可比拟的。在初期的信息发布中,天津传统媒体的新媒体账号发挥了强大的作用。@天津卫视微博热议话题紧跟事故进展,感性话题注重细节挖掘。从"世界上最帅逆行""我爸就是你爸"到"袁海姐姐""队长,火灭了吗"与消防员相关热议微博话题直戳网友泪点、大量消防员故事细节被挖掘,表达公众对消防救援人员冒死救援的高度评价。从事件发生之初对事件进展的关切到向消防员致敬、赞颂,以及针对官方新闻发布会的讨论、评价,对天津卫视在事故发生后继续播放韩剧而非新闻报道是否合理的讨论。更多相关话题仍在微博这一开放信息平台中持续更新、发酵。

在微信平台上,"天津日报"的《天津日报滚动发布 | 爆炸最新消息 & 不靠谱

传言汇总》在 12 小时内阅读数过 10 万，在舆论引导方面发挥了重要作用，而像"CCTV12 平安 365"推送的《天津滨海爆炸事故回放 目前已有 17 人遇难》较为单薄的信息，在距离事件发生近 24 小时时阅读数为 365。

（二）传统媒体的新媒体账号和天津官方微博微信

天津政府官方微博账号经历了发布滞后到实时跟进的转变，但传播内容单一、传播效果不佳。相对于网民对天津"8·12"爆炸事故的高度关切，天津政府官方微博在事故发生后响应迟缓，多个政务微博账号均是数个小时后才发布相关信息。另外，在事故发生之初政府官方微博还存在淡化事故严重性、减少事故影响的倾向。尽管 13 日天津各政务微博开始实时跟进事故进展，发布相关信息，但传播效果仍然不佳。例如：@天津发布、@平安天津，受限于粉丝人数及其微博内容仍以情况通报、服务信息、救援人员伤亡等内容为主。另外，部分政务微博在事故发生后"祈求伤亡数字可以停止 祈求不要再有伤痛""我们众志成城""我们一定不辱使命"等非事实性消息，无谓煽情，引发众多网民批评，其信息传播效果欠佳。

在对待微博微信上传播的内容时，相关部门的监管较为严格，在朋友圈内传播的许多信息"因违规无法查看"。这种方法可以在一定程度上阻断朋友圈的继续传播，但是也存在一定的消极影响。

（三）对新媒体监管的建议

在本次突发事件中，以社交媒体为代表的新媒体发挥了强大的作用，不但信息传播的速度快于传统媒体，甚至在舆论引导中也占据了主导地位。事实证明，事故处理的过程中，很多问题都是由微博微信等社交媒体来推动的。那么，在突发事件中对新媒体进行有效的监管十分必要。

第一，快速有效开展舆情监测。舆情监测是利用和管理社交媒体的基本前提。随着国家对互联网的整治和一批网络大 V 的落马，微博的信息发布正在逐渐趋于理性。加之微博是一个开放空间，其自净功能较强，一些虚构的网络谣言会很快被识破。近年来，微信的蓬勃发展大有超越微博之势，作为一种圈子文化，微信的监管要比微博更为困难。这也对"双微"进行舆情监测提出了更高的要求。突发事件中，舆情监测具有双重功能，一是了解民间舆论场在关心什么，这可以作为政府新闻发布的指向标；二是对已经发布的内容进行效果评估。

第二，合理利用舆论对冲机制。危机事件出现之后，危机处理主要指向两个维度，其一是事件的处理，其二是信息的发布。一旦信息发布不当，危机事件就会转为舆情危机。面对舆情危机，主要有两种解决方案，其中一个就是"柔性机制"，采取发布信息进行舆论对冲。政府主导的微博微信，要主动制作具有积极引导价值的信息，并将其投入到民间舆论场中，以避免负面的、虚假的信息主导民间舆论场。舆论对冲机制的优势是充分体现了"观点的自由市场"，将事实和观点的判断权利交给受众，这种慢热型的舆论引导方法对受众的影响是最深刻的。

第三，及时封堵有害信息传播。在舆情监测的过程中，要对社交媒体的舆情进行合理研判。尤其是对其中的虚假信息等危害较大的内容，要进行强制删除。微信朋友圈是一个熟人圈子，其中的信息传播和信息接收会黏合着熟人关系而"不设防"。这也是微信朋友圈正在成为谣言的多发区的主要原因。但是，这里需要强调的是，强制删除社交媒体中的内容是要坚持适度原则的，只适用于那些明显虚假的信息，而不适合一些正确反映事实的信息。